污 泥 热 处 理

姬爱民　崔　岩　马劲红　张荣华　著

北 京
冶 金 工 业 出 版 社
2014

内 容 简 介

本书从我国城镇污水污泥产生量巨大的现状出发,分析了污泥来源、组成及其危害,并对现有城镇污泥处理、处置相关的国家政策进行解读;在遵循污泥处理的无害化、减量化、资源化"三化"原则下,探讨污泥处理及处置的一些常用方法的原理、影响因素、技术设备及应用;对处理城镇污泥最有前景的热化学转化技术进行了详细讨论,为寻求适合我国城镇污泥的资源化处置技术提供参考、借鉴。

本书可供从事环境保护、能源开发等工作的科研、技术人员阅读,也可供进行相关政策和法律法规制定的政府工作人员参考。

图书在版编目(CIP)数据

污泥热处理／姬爱民等著. —北京:冶金工业出版社,2014.8
ISBN 978-7-5024-6683-1

Ⅰ.①污… Ⅱ.②姬… Ⅲ.①污泥处理—热化学—化学热处理
Ⅳ.①X703

中国版本图书馆 CIP 数据核字(2014)第 175776 号

出 版 人 谭学余
地　　址 北京市东城区嵩祝院北巷 39 号　邮编　100009　电话　(010)64027926
网　　址 www.cnmip.com.cn 电子信箱 yjcbs@cnmip.com.cn
责任编辑 常国平　美术编辑 吕欣童　版式设计 孙跃红
责任校对 郑 娟 责任印制　牛晓波
ISBN 978-7-5024-6683-1
冶金工业出版社出版发行;各地新华书店经销;三河市双峰印刷装订有限公司印刷
2014 年 8 月第 1 版,2014 年 8 月第 1 次印刷
148mm×210mm;8 印张;233 千字;246 页
39.00 元
冶金工业出版社　投稿电话　(010)64027932　投稿信箱　tougao@cnmip.com.cn
冶金工业出版社营销中心　电话　(010)64044283　传真　(010)64027893
冶金书店　地址　北京市东四西大街 46 号(100010)　电话　(010)65289081(兼传真)
冶金工业出版社天猫旗舰店　yjgy.tmall.com
(本书如有印装质量问题,本社营销中心负责退换)

前　　言

随着我国城市化进程和社会经济的快速发展,生活污水产生量逐年增加,在日趋严格的污水排放标准控制下,污水处理水平不断提高,污水处理过程中产生量最大的副产物——污泥也随之增加。污水厂污泥含有丰富的氮、磷、钾等植物所需营养元素,同时也含有大量有机物、重金属和致病微生物,如果处理不当不仅会造成环境污染,而且会造成资源浪费。如何在保证如此大量污泥减量化、无害化的同时,又能够使其最大程度地资源化,是世界各国共同关注的焦点。

污泥中有机物含量约 60%,其具有燃料价值。污泥热处理技术以污泥燃料特性为基础,以污泥的无害化为目标,具有处理迅速、占地面积小、无害化、减量化和资源化效果明显等优点,被认为是很有前途的城市污泥处理方法,日益受到重视。

本书围绕国内外污泥热处理技术的预处理、热处理技术的原理、科技成果和实践经验进行了有针对性的介绍,主要内容包括:污泥的产生及危害;污泥处理处置的政策与标准;污泥的常用预处理方法;污泥热处理主要技术介绍,包括污泥的单独焚烧和混合焚烧技术的原理、工艺过程、焚烧设备及污染物控制技术,污泥用作制砖、水泥、陶粒等轻质建材原料的工艺技术及优缺点;污泥热解技术的原理、技术设备、产物特性及应用前景,并介绍了热解机理及热解动力学求解过程;污泥碳化、直接液化与湿式氧化技术与相关案例。

　　本书由姬爱民、崔岩、马劲红、张荣华著。其中,第 1 章由姬爱民撰写,第 2 章和第 3 章由姬爱民、崔岩撰写,第 4 章由姬爱民、马劲红撰写,第 5 章和第 6 章由姬爱民、崔岩、张荣华撰写,第 7 章由姬爱民、崔岩撰写。全书由姬爱民负责统稿。

　　由于作者水平所限,书中难免有不当之处,敬请读者指正。

作　者

2014 年 5 月

于河北联合大学

目　录

1 污泥的产生及危害

1.1 城镇污水厂污泥产生现状

1.1.1 城镇污水处理状况

随着中国城镇化水平的提高，城镇污水排放量的增加，另外中国污水治理力度加大，污水排放标准变得更加严格，我国污水处理技术与污水处理产业近几年发展较快。根据预测，到2015年城镇污水年处理量将达到 $360.95 \times 10^8 m^3$，污水处理率将超过 60%。

20世纪80年代至今，中国城镇污水处理厂污水处理工艺技术得到了长足的发展，目前中国污水处理厂采用的工艺基本涵盖了世界各国的先进工艺，采用较多的仍然是活性污泥法及其变种工艺，如传统活性污泥法、SBR、A^2/O、A-B法、氧化沟、生物滤池、土地处理等。

据报道，截止到2011年年底，我国已有637个设市城市建有污水处理厂，占设市城市总数的 97%。截止到2011年年底，我国累计建成污水处理厂1841座，形成污水处理能力 $1.12 \times 10^8 m^3/d$；比2010年年底增加污水处理厂153座，新增污水处理能力 $6 \times 10^6 m^3/d$。我国设市城市、县累计建成城镇污水处理厂3135座，污水处理能力达到 $1.36 \times 10^8 m^3/d$，比2010年年底增加处理能力约 $1.1 \times 10^7 m^3/d$。此外，目前我国正在建设的城镇污水处理项目达1360个，总设计能力约 $2.9 \times 10^7 m^3/d$。全国已有20个省、自治区、直辖市实现了辖区内每个县（市）建有污水处理厂。

尽管我国的污水处理技术水平已接近发达国家，但与发达国家相比，我国城镇污水处理事业从数量、规模、处理率、普及率以及机械化、自动化程度上，还存在着较大的差别。据资料介绍，美国是目前世界上污水处理厂最多的国家，其中 78% 为二级生物处理厂；英国共有处理厂约8000座，几乎全部是二级生物处理厂；日本城市污水处理厂约 630 座，其中二级污水处理厂及高级污水处理厂占 98.6%；瑞典是目前污水处理设施最普及的国家，下水道普及率 99% 以上，平均 5000 人 1 座污水处理厂，其中 91% 为二级污泥处理厂。

按照《城市污水污染控制技术政策》要求，城区人口达 50 万以上的城市，必须建立污水处理设施；在重点流域和水资源保护区，城区人口在 50 万以下的中小城市及村镇，应依据当地水污染控制要求，建设污水处理设施。

1.1.2 城镇污水厂污泥排放状况

污泥是污水处理过程中产生量最大的副产物，城镇污水厂污泥的产生量受污水水质、污水处理量、处理工艺、处理水平、污泥脱水程度等因素影响。一般情况下，污水厂脱水后的污泥为来自不同污水处理单元的混合物。

根据我国污水处理量，我国城镇污泥产量见表 1-1。2003 年全国污水排放总量已达 $148.0 \times 10^8 \mathrm{m}^3/\mathrm{a}$，污泥产量为 $296.0 \times 10^4 \mathrm{t}$ 干污泥/a。污水处理厂排放污泥量体积庞大，而且产量大约以 10% 的速度在逐年增加。2008 年我国城镇生活污水排放量 $330.0 \times 10^8 \mathrm{t}$，城镇生活污水处理率为 57.4%，约产生含水率 80% 的污泥 $18.9 \times 10^6 \mathrm{t}$，折合干污泥为 $3.8 \times 10^{12} \mathrm{t}$；根据预测，到 2015 年我国污水处理率将超过 60%，污泥产量将达到 $(120 \sim 200) \times 10^{12} \mathrm{t}$，换算成干污泥为 $(24 \sim 40) \times 10^{12} \mathrm{t}$（按含水率为 80% 计算）。如对污泥不加处理，会对环境造成严重的污染。因此，如何合理的处理城市污泥以及污泥的资源化利用问题显得越来越重要。

表 1-1 我国城镇污水厂污泥产量

年份	城镇污水处理厂/座	污水排放总量/m³·a⁻¹	污水处理量/m³·a⁻¹	污水处理率/%	污泥产量/t·a⁻¹ 含水率为80%	干污泥
1991	87	299.7×10^8	44.5×10^8	14.86	445×10^4	89×10^4
1992	100	301.8×10^8	52.2×10^8	17.29	522×10^4	104.4×10^4
1993	108	311.3×10^8	62.3×10^8	20.02	623×10^4	124.6×10^4

续表 1 - 1

年份	城镇污水处理厂/座	污水排放总量/m³·a⁻¹	污水处理量/m³·a⁻¹	污水处理率/%	污泥产量/t·a⁻¹	
					含水率为80%	干污泥
1994	139	303.0×10^8	51.8×10^8	17.10	518×10^4	103.6×10^4
1995	141	350.3×10^8	69.0×10^8	19.69	690×10^4	138×10^4
1996	309	352.8×10^8	83.3×10^8	23.62	833×10^4	166.6×10^4
1997	307	351.4×10^8	90.8×10^8	25.84	908×10^4	181.6×10^4
1998	398	356.3×10^8	105.3×10^8	29.56	1053×10^4	210.6×10^4
1999	402	355.7×10^8	113.6×10^8	31.93	1136×10^4	227.2×10^4
2000	427	331.8×10^8	113.6×10^8	31.93	1136×10^4	227.2×10^4
2001	452	328.6×10^8	119.7×10^8	36.43	1197×10^4	239.4×10^4
2002	537	337.6×10^8	134.9×10^8	39.97	1349×10^4	269.8×10^4
2003	612	349.2×10^8	148.0×10^8	42.39	1480×10^4	296×10^4
2004	708	356.0×10^8	163.0×10^8	45.78	1630×10^4	326×10^4
2005	791	496.0×10^8	257.9×10^8	52.00	2579×10^4	515.8×10^4

1.1.3 城镇污水厂污泥来源与分类

1.1.3.1 城镇污水厂污泥来源

传统城镇污水处理厂中污泥来源、类型及特征见表 1 - 2。

表 1 - 2 传统城镇污水处理厂中污泥的来源、类型及特征

来 源	污泥类型	备 注
格栅	栅渣	来自格栅或滤网，组成与生活垃圾相似，但浸水饱和
沉砂池	无机固体颗粒	砂池沉渣一般是密度较大的较稳定的固体颗粒
初次沉淀池	初次沉淀污泥和浮渣	进厂污水中所含有的可沉降性物质，污泥处理处置的主要对象
曝气池	悬浮活性污泥	产生于BOD的去除过程，常用浓缩法将其浓缩

来　源	污泥类型	备　注
二次沉淀池	剩余活性污泥和浮渣	曝气池活性污泥的沉降产物，污泥处理处置的主要对象
化学沉淀池	化学污泥	混凝沉淀工艺过程中形成的污泥

1.1.3.2 城镇污水厂污泥分类

污泥的成分、性质主要取决于处理水的成分、性质和处理工艺，其成分很复杂，有多种多样分类方法，并有不同的名称。城镇污水处理厂污泥可按不同的分类准则分类，常见的有以下几类：

（1）按污泥的来源特性不同分为生活污水污泥、工业废水污泥和给水污泥。

（2）按污泥的成分和某些性质分为有机污泥和无机污泥、亲水性污泥和疏水性污泥。

（3）按污泥处理的不同阶段分为生污泥或新鲜污泥、浓缩污泥、消化污泥、脱水污泥和干化污泥。

（4）按污泥的不同来源分为栅渣、沉砂池沉渣、浮渣、初沉污泥、剩余活性污泥、腐殖污泥和化学污泥。

（5）按分离过程可分为沉淀污泥（如初沉污泥、混凝沉淀污泥、化学沉淀污泥等）和生活污泥（如腐殖污泥、剩余活性污泥、生物膜法污泥等）。

1.1.4 城镇污水厂污泥产生量预测

污水处理厂的污泥主要集中产生在初沉淀池和二沉池，其污泥产量的可采用如下方法计算。

1.1.4.1 初沉池污泥量

$$M_1 = \frac{100C\eta Q}{10^3(100-P)\rho} \tag{1-1}$$

式中　M_1——初沉池污泥量，m^3/d；

　　　Q——污水处理量，m^3/d；

　　　C——进入初沉池的悬浮物浓度，kg/m^3；

　　　η——初沉池沉淀效率（城市污水厂一般取50%），%；

P ——污泥含水率（一般取 95% ~97%),% ;

ρ ——初沉池污泥密度（以与水的密度相同，按 $1000kg/m^3$ 计）, kg/m^3。

1.1.4.2 剩余污泥量

A 剩余污泥干重 ΔX_T

每日排放剩余污泥干重 ΔX_T 等于活性污泥系统中每日产生活性污泥干重：

$$\Delta X_T = \frac{\Delta X}{f} = \frac{(aQL_R - bX_V V)}{f} \qquad (1-2)$$

式中 ΔX ——每日产生的挥发性剩余污泥量，kg；

Q ——平均体积流量，m^3/d；

a, b——污泥产率系数和污泥自身氧化率，以生活污水为主的城市污水，a 一般为 0.5 ~0.6，b 为 0.06 ~0.1；

L_R——曝气池进出水 BOD_5 浓度差，kg/m^3；

V——曝气池容积，m^3；

f ——曝气池挥发性悬浮固体和悬浮固体浓度之比，一般取为 0.75：

$$f = \frac{MLVSS}{MLSS} \qquad (1-3)$$

B 剩余污泥量

$$M_2 = \frac{\Delta X_T}{(1-P) \times 1000} \qquad (1-4)$$

式中 M_2——剩余污泥量，m^3/d；

P ——剩余污泥含水率，一般取 99.2% ~99.6% 。

城镇污水厂污泥的产生量的主要影响因素为污水的水质、水量、污水处理工艺、污水厂污泥处理工艺的操作条件等。

1.2 城镇污水厂污泥特性

1.2.1 城镇污水厂污泥组成

城镇污水厂污泥成分复杂，通常污泥具有的特征：含有机物多，性质不稳定，易腐化发臭；重金属、有毒有害污染物的含量高，污水处理过程中许多有害物质富集到污泥中；含水率高，不易脱水；含较多植物营养素，有肥效；含病原菌及寄生虫卵等特性，应当以危险废物来对待。城镇污水厂污泥的组成如图1-1所示。另外由于污水厂污泥产量很大，若任意堆放不进行有效的处理处置将对环境和人类以及动物健康造成较大的危害。

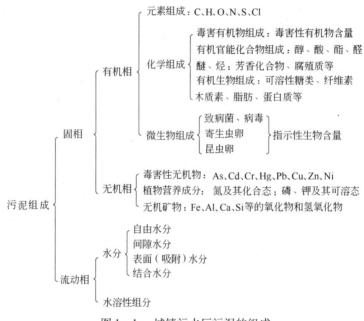

图 1-1　城镇污水厂污泥的组成

我国城镇污水处理厂污泥中重金属含量情况见表1-3。我国城镇污水处理厂不同污泥的植物营养成分及细菌数分别见表1-4和表1-5。

表1-3　我国城镇污水处理厂污泥中重金属含量（以干污泥计）（mg/kg）

项目	Cd	Cu	Pb	Zn	Cr	Ni	Hg	As
平均值	2.01	219	72.3	1058	93.1	48.7	2.13	20.2
最大值	999	9592	1022	30098	6365	6206	17.5	269
最小值	0.04	51	3.6	217	20	16.4	0.04	0.78

注：表中数据为2006年140个城镇污水处理厂的统计数据。

表1-4 我国城镇污水处理厂污泥的植物营养成分（以干污泥计）（%）

污泥类型	总氮（TN）	磷（P$_2$O$_5$）	钾（K）
初沉污泥	2.0~3.4	1.0~3.0	0.1~0.3
活性污泥	3.5~7.2	3.3~5.0	0.2~0.4

表1-5 我国城镇污水处理厂污泥中细菌与寄生虫卵均值表（以干污泥计）

污泥类型	细菌总数/个·g^{-1}	粪大肠菌群数/个·g^{-1}	寄生虫卵/个·g^{-1}
初沉污泥	471.7×10^5	158.0×10^5	233（活卵率78.3%）
活性污泥	738.0×10^5	12.1×10^5	170（活卵率67.8%）
消化污泥	38.3×10^5	1.2×10^5	139（活卵率60%）

1.2.2 污泥的物理性质

污水污泥的来源和形成过程十分复杂，不同来源的污泥，其物理、化学和微生物学特性存在差异，正确地了解污泥的各种性质是选择合适的污泥处理处置工艺技术的基础。

1.2.2.1 污泥的含水率

污泥的含水率一般都很大，相对密度接近于1。可采用如下公式计算：

$$P_W = \frac{W}{W+S} \times 100\% \qquad (1-5)$$

式中　P_W——污泥含水率,%；

　　　W——污泥中水分质量,g；

　　　S——污泥中总固体质量,g。

污泥的含固率可用如下公式计算：

$$P_S = \frac{S}{W+S} \times 100 = 100 - P_W \qquad (1-6)$$

式中　P_S——污泥含固率,%；

　　　W——污泥中水分质量,g；

　　　S——污泥中总固体质量,g。

一些代表性污泥的含水率见表1-6。

表 1 - 6 一些代表性污泥的含水率

名　称	含水率/%	名　称	含水率/%
栅渣	80	浮渣	95 ~ 97
沉渣	60	生物滴滤池污泥	
腐殖污泥	96 ~ 98	慢速滤池	93
初次沉淀污泥	95 ~ 97	快速滤池	97
混凝污泥	93	厌氧消化污泥	
		初次沉淀污泥	85 ~ 90
空气曝气	98 ~ 99	活性污泥	90 ~ 94
纯氧曝气	96 ~ 98		

1.2.2.2 污泥的密度

A 污泥的相对密度

污泥的密度是指单位体积污泥的质量，其数值通常以污泥相对密度，即污泥质量与同体积水的质量之比来表示。污泥相对密度的计算公式为：

$$\gamma = \frac{100\gamma_S}{P_W\gamma_S + (100 - P_W)} \qquad (1-7)$$

式中　γ——污泥相对密度；

　　　P_W——污泥含水率，%；

　　　γ_S——污泥中干固体相对密度。

B 污泥干固体相对密度

污泥干固体包含有机物和无机物。污泥干固体相对密度与其中的有机物和无机物比例有关，这两者的比例不同，则污泥干固体相对密度也不同。若以 P_V、γ_V 分别表示污泥干固体中挥发性固体（有机物）所占比例和相对密度，以 γ_f 表示灰分（无机物）的相对密度，则污泥干固体相对密度可用如下公式表示：

$$\frac{100}{\gamma_S} = \frac{P_V}{\gamma_V} + \frac{100 - P_V}{\gamma_f} \qquad (1-8)$$

$$\gamma_S = \frac{100\gamma_f\gamma_V}{100\gamma_V + P_V(\gamma_f - \gamma_V)} \qquad (1-9)$$

1.2.2.3　污泥的体积

污泥的体积为污泥中水的体积与固体体积两者之和，即：

$$V = \frac{W}{\rho_W} + \frac{S}{\rho_S} \qquad (1-10)$$

式中　V——污泥体积，cm^3；

　　　S——污泥中总固体质量，g；

　　　W——污泥中水分质量，g；

　　　ρ_W——污泥中水的密度，g/cm^3；

　　　ρ_S——污泥中干固体密度，g/cm^3。

1.2.2.4　污泥的脱水性能

污泥脱水是污水处理工业中最具挑战性的技术难题之一，因此污泥脱水性能是城市污水污泥的一个重要物理性质。衡量脱水性能的指标为污泥比阻。

污泥比阻是指单位质量的污泥在一定压力下过滤时，单位过滤面积上的阻力即单位过滤面积上滤饼单位干重所具有的阻力，单位为 m/kg。污泥比阻（r）常用来衡量污泥的脱水性能，它反映了水分通过污泥颗粒所形成的泥饼时，所受阻力的大小。通常，初沉污泥比阻为（20 ~ 60）× 10^{12} m/kg，活性污泥比阻为（100 ~ 300）× 10^{12} m/kg，厌氧消化污泥比阻为（40 ~ 80）× 10^{12} m/kg。一般来讲，比阻小于 1×10^{11} m/kg 的污泥易于脱水，大于 1×10^{13} m/kg 的污泥难以脱水。机械脱水前应进行污泥的调理，以降低比阻。

污泥比阻公式是从过滤基本方程式，即著名的卡门（Carman）公式得出的。

表1-7 是不同污泥的比阻和压缩系数。

表1-7　不同污泥的比阻和压缩系数

污泥类型	比阻/m·kg^{-1}	压缩系数	备　注
初沉污泥	4.7×10^{12}	0.54	
消化污泥	（13 ~ 14）× 10^{12}	0.64 ~ 0.74	
活性污泥	29×10^{12}	0.81	均属生活污水污泥
调节的初沉污泥	0.031×10^{12}	1.0	
调节的消化污泥	0.1×10^{12}	1.2	

1.2.2.5 污泥的热值

污泥中含有有机物质，因此污泥具有燃料价值。由于污泥的含水率因生产与处理状态不同有较大差异，故其热值一般均以干基（d）或干燥无灰基（daf）形式给出。表1-8为各类污泥的燃烧热值。污水污泥的物理特性见表1-9。

表1-8　各类污泥的燃烧热值　　（kJ/kg）

污泥 种类		燃烧热值（以干泥计）
初次沉淀污泥	生污泥	15000~18000
	消化污泥	7200
初次沉淀污泥 与腐殖污泥	生污泥	14000
	消化污泥	6700~8100
初次沉淀污泥与 活性污泥混合	生污泥	17000
	消化污泥	7400
生 污 泥		14900~15200

表1-9　污水污泥的物理特性

污泥（包括固体）	特 性
栅渣	含水量一般为80%，容量约为0.96t/m³
无机固体颗粒	密度较大，沉降速度较快。也可能含有有机物，特别是油脂，其数量的多少取决于沉砂池的设计和运行情况。含水率一般为60%，容重约为1.5t/m³
浮 渣	成分复杂，可能含有油脂、植物和矿物油、动物脂肪、菜叶、毛发、纸、棉织品、烟头等。容重一般为0.95t/m³左右
初沉污泥	通常为灰色糊状物，多数情况下有难闻的气味，如果沉淀池运行良好，则初沉污泥很容易消化。初沉污泥的含水量为92%~98%，典型值为95%，污泥固体密度为1.4t/m³，污泥容重为1.02t/m³
化学沉淀污泥	一般颜色较深，如果污泥中含有大量的铁，也可能呈红色，化学沉淀污泥的臭味比普通的初沉污泥要轻

污泥（包括固体）	特 性
活性污泥	褐色的絮状物。颜色较深表明污泥可能近于腐殖化，颜色较淡表明可能曝气不足。在设施运行良好的条件下，没有特别的气味，活性污泥很容易消化，含水率一般为99%～99.5%，固体密度为1.35～1.45t/m³，容重为1.005t/m³
生物滤池污泥	带有褐色。新鲜的污泥没有令人讨厌的气味，能够迅速消化，含水率为97%～99%，典型值为98.5%。污泥固体密度为1.45t/m³，污泥容重为1.025t/m³
好氧消化污泥	褐色至深褐色，外观为絮状，常有陈腐的气味，易脱水。污泥含水率：剩余活性污泥为97.5%～99.25%，典型值为98.75%；初沉污泥为93%～97.5%，典型值为96.5%；初沉污泥和剩余活性污泥的混合污泥为96%～98.5%，典型值为97.5%
厌氧消化污泥	深褐色至黑色，并含有大量的气体。当消化良好时，其气味较轻。污泥含水率：初沉污泥为90%～95%，典型值为93%；初沉污泥和剩余活性污泥的混合污泥为93%～97.5%，典型值为96.5%

1.2.3 污泥的化学性质

1.2.3.1 污泥的基本理化特性

城市污水处理厂污泥的基本理化成分见表1-10。由表可知，城市污水处理厂污泥是以有机物为主，有一定的反应活性，理化特性随处理状况的变化而变化。挥发分是污泥最重要的化学性质，决定了污泥的热值与可消化性。

表1-10 城市污水处理厂污泥的基本理化成分

项　目	初次沉淀污泥	剩余活性污泥	厌氧消化污泥
pH值	5.0～8.0	6.5～8.0	6.5～7.5
干固体总量/%	3～8	0.5～1.0	5.0～10.0
挥发性固体总量（以干重计）/%	60～90	60～80	30～60

项　目	初次沉淀污泥	剩余活性污泥	厌氧消化污泥
固体颗粒密度/g · cm^{-3}	1.3 ~ 1.5	1.2 ~ 1.4	1.3 ~ 1.6
容　重	1.02 ~ 1.03	1.000 ~ 1.005	1.03 ~ 1.04
BOD$_5$/VS	0.5 ~ 1.1	—	—
COD/VS	1.2 ~ 1.6	2.0 ~ 3.0	—
碱度（以 CaCO$_3$ 计）/mg · L^{-1}	500 ~ 1500	200 ~ 500	2500 ~ 3500

1.2.3.2　污泥的化学构成

污泥的来源和处理方法很大程度上决定着它们的化学组成。污泥的化学构成包含植物营养元素、无机营养物质、有机物质、微量营养物质等。

（1）植物营养元素。污泥中含有植物生长所必需的常量营养元素和微量营养元素，其中氮、磷和钾在污泥的资源化利用方面起着非常重要的作用。

（2）无机物质。污泥的无机物组成也是按其与污染控制有关的各个方面进行描述，其中包含毒害性无机物组成、植物养分组成、无机矿物组成等三个主要方面。

1）植物养分组成是按氮、磷、钾 3 种植物生长需要的宏量元素含量对污泥组成进行描述，既是对污泥肥料利用价值的分析，也是对污泥进入水体的富营养化影响的分析。对污泥植物养分组成的分析，除了总量外也必须考虑其化合状态。因此，氮可分为氨氮（NH$_3$ – N）、亚硝酸盐氮、硝酸盐氮和有机氮；磷一般分为颗粒磷和溶解性磷两类；钾则按速效和非速效分为两类。

2）生物污泥的无机矿物组成，主要是铁、铝、钙、硅元素的氧化物和氢氧化物。这些污泥中的无机矿物通常对环境是惰性的，但它们对污泥中重金属的存在形态有较大影响。

3）无机毒害性元素，主要包括砷、镉、铬、汞、铅、铜、锌、镍等 8 种元素。

（3）有机物质。研究城市污水污泥的组成是选择污泥处理与利用技术的依据。由于城市污水中含有各种成分，因此污泥的组成也很复杂，含有多种有机相和无机相物质。

生物污泥有机物的组成首先是元素组成，一般按 C、H、O、N、S、Cl 6 种元素的构成关系来考察污泥的有机元素组成。

生物污泥有机物的另一种组成描述方式是化学组成。由于污泥有机物的分子结构状况十分复杂，因此按其与污染控制及利用有关的各方面来描述其化学组成，其中主要包括：毒害性有机物组成、有机生物质组成、有机官能团化合物组成、微生物组成等。

1）毒害性有机物组成。所谓的毒害性有机物是按其环境生态体系中的生物毒性达到一定的程度来定义的，各国均已公布的所谓环境优先控制物质目录中可找到相应的特定物质。生物污泥中主要的毒害性有机物有多氯联苯（PCBs）、多环芳香烃（PAHs）等。

2）有机生物质组成。有机生物质组成是按有机物的生物活性及生物质结构类别对生物污泥有机物组成进行描述，前者可将污泥有机物划分为生物可降解性和生物难降解性两大类；后者则以可溶性糖类、纤维素、木质素、脂肪、蛋白质等生物质分子结构特征为分类依据。这两种生物质组成描述方式，能有效地提供污泥有机质的生物可转化性依据。

3）有机官能团化合物组成。有机官能团化合物组成是按官能团对生物污泥有机物组成进行描述的方法，一般包括醇、酸、酯、醚、芳香化合物、各种烃类等，其组成状况与污泥有机物的化学稳定性有关。

4）微生物组成。为了揭示生物污泥的卫生学安全性，一般采用指示物种的含量来描述污泥的微生物组成。我国一般采用大肠杆菌、粪大肠杆菌菌落数和蛔虫卵等生物指标。国外为了能间接检查病毒的无害化处理效果，多将生物生命特征与病毒相似的沙门氏菌列入组成分析范围。

污泥中含有的有机物组成见表 1-11。

表 1 – 11   污泥中含有的有机物组成

有机物种类	初次沉淀污泥	二次沉淀污泥	厌氧消化污泥
有机物含量/%	60 ~ 90	60 ~ 80	—
纤维素含量（占干重）/%	8 ~ 15	5 ~ 10	30 ~ 60
半纤维素含量（占干重）/%	2 ~ 4	—	8 ~ 15
木质素含量（占干重）/%	3 ~ 7	—	—
油脂和脂肪含量（占干重）/%	6 ~ 35	5 ~ 12	5 ~ 20
蛋白质（占干重）/%	20 ~ 30	32 ~ 41	15 ~ 20
碳氮比	(9.4 ~ 10):1	(4.6 ~ 5.0):1	—

污泥中含有的有机物质可以对土壤的物理性质起到很大的影响，如土壤的肥效、腐殖质的形成、容重、聚集作用、孔隙率和持水性等。污泥中含有可生物利用有机成分包括纤维素、脂肪、树脂、有机氮、硫和磷化合物等多糖，这些物质有利于土壤腐殖质的形成。

（4）微量营养物质。污泥中包含的微量营养物质，如铁、锌、铜、镁、硼、钼（作为氮固定作用）、钠、钒和氯等，都是植物生长所少量需要的，但它们对微生物的生长像钙一样重要。氯除了有助于植物根系的生长以外，其他方面的作用还不十分清楚。

土壤和污泥 pH 值能影响微量元素的可利用性。

1.2.4   污泥的生化性质

大多数废水处理工艺将污水中的致病微生物去除后，将其转移到污泥中去。污泥中包含多种微生物群体。污泥中微生物体可以分类为细菌、放线菌、病毒、寄生虫、原生动物、轮虫和真菌。这些微生物中相当一部分是致病的（如它们可以导致很多人和动物的疾病）。污泥处理的一个主要目的就是去除致病微生物，使其达到合格标准。

未处理的污泥施用到农田会将微生物和病毒的污染传播给庄稼作物以及地表和地下水。污水处理厂、污泥处理设施、污泥堆肥、污泥土地填埋和污泥土地利用等如果操作不当，都可能产生大气和工农业产品的致病体污染。污泥资源化利用和处置之前的有效处理对于防止致病体带来的疾病是十分重要的。

致病微生物可以通过物理加热法（高温）、化学法和生物法破坏。足够长的加热时间可以将细菌、病毒、原生动物胞囊和寄生虫卵降低到可以检测的水平以下（热处理对寄生虫卵的去除效率是最低的）；使用消毒剂（如氯、臭氧和石灰等）的化学处理方法同样可以减少细菌、病毒和带菌体的数量，例如高 pH 值可以完全破坏病毒和细菌，但对寄生虫卵却有很小或几乎无作用，病毒对 γ 射线和高能电子束辐射处理的抗性最大；致病微生物的去除可由微生物直接检测或监测无致病性的指示生物来衡量。

1.3 污泥的危害

1.3.1 污泥对水环境的影响

目前，城市污水处理厂普遍采用活性污泥法及其各种变形工艺，进厂污水中的大部分污染物是通过生物转化为污泥去除的，污水成分及其处理工艺的不同直接影响污泥组成。随着污水处理要求的日益严格，污泥成分会更加复杂。在人们的日常生活中，大量废弃物随污水进入城市污水管网，据文献报道大约有 8.0×10^4 种化学物质进入到污水中，在污水处理过程中，有些物质被分解，其余的大部分被直接转移到污泥中。根据文献记录污水污泥中的有机物分为 15 类共 516 种，其中包含 90 种优先控制污染物和 101 种目标污染物；而且污泥中经常含有 PCBs、PAHs 等剧毒有机物以及大量的重金属和致病微生物，以及一般的耗氧性有机物和植物养分（N、P、K）等。

因此，城市污水厂污泥中含有覆盖面很广的各类污染物质。并且污水处理厂均有大量工业废水进入，经过污水处理，污水中重金属离子约有 50% 以上转移到污泥中，这些污泥如果不进行有效处理就作为农业利用，将对地表水和地下水造成污染，严重的可导致环境污染事故。同时，污泥的集中堆置，不仅将严重影响堆置地附近的环境卫生状况（臭气、有害昆虫、含致病生物密度大的空气等），也可能使污染物由表面径流夹带向地下径流渗透，引起更大范围的水体污染问题。

1.3.2　污泥对土壤环境的影响

　　污泥中含有大量的 N 、P、K、Ca 及有机质，这些有机养分和微量元素可以明显改变土壤的理化性质，增加氮、磷、钾含量，同时可以缓慢释放许多植物所必需的微量元素，具有长效性。因此，污泥是有用的生物资源，是很好的土壤改良剂和肥料。污泥用作肥料，可以减少化肥施用量，从而降低农业成本，减少化肥对环境的污染。但是，由于污水种类繁多、性质各异，各污水处理厂的污泥在化学成分和性质上有很不相同，由许多工厂排出的污水合流而成的城市污水处理厂的污泥成分就更加复杂。在污泥中，除含有对植物有益的成分外，还可能含有盐类、酚、氰、3，4 - 苯并芘、镉、铬、汞、镍、砷、硫化物等多种有害物质。当污泥施用量和有害物质含量超过土壤的净化能力时，就可能毒化土壤，危害作物生长，使农产品质量降低，甚至在农产品中的残留物超过食用卫生标准，直接影响人体健康。因此，对污泥施肥应当慎重。

　　造成土壤污染的有害物质主要是重金属元素。农田受重金属元素污染后，表现为土壤板结、含毒量过高、作物生长不良，严重的甚至没有收成。污泥中的重金属元素，根据它们对农业环境污染程度而分为两类：一类对植物的影响相对小些，也很少被植物吸收，如铁、铅、硒、铝；另一类污染比较广泛，对植物的毒害作用重，在植物体内迁移性强，有些对人体的毒害大，如镉、铜、锌、汞、铬等。

　　（1）锌。锌是植物正常生长不可缺少的重要微量元素，锌在植物体内的生理功能是多方面的。缺乏锌时，生长素和叶绿素的形成受到破坏，许多酶的活性降低，破坏光合作用及正常的氮和有机酸代谢，而引起多种病害。如玉米的花白叶病、柑橘的缩叶病。过量的锌，使植株矮小、叶退绿、茎枯死，质量和产量下降。锌在土壤中含量一般（20 ~ 95）× 10^{-6}，最高允许含量为 $250 × 10^{-6}$。据报道，由污泥带入土壤的锌量为 $56mg/m^3$，连续 30 年不会造成土壤和作物的污染。

（2）镉。镉是一种毒性很强的污染物质，它对农业环境的污染已在日本引起了举世闻名的"骨痛病"，镉对植物的毒害主要表现在破坏正常的磷代谢，叶绿素严重缺乏，叶片退绿，并引起各种病害，如大豆、小麦的黄萎病。试验证明，土壤含镉 $5 \times 10^{-6} \mu g/m^3$，可使大豆受害，减产 25%。镉属累积性元素，在植物体内迁移性强，生长在镉污染土壤上的农产品含镉量可达 $0.4 \times 10^{-6} \mu g/m^3$ 以上。在正常环境条件下，人平均日摄取的镉量超过 $300 \mu g$，就有得"骨痛病"的危险。土壤镉的含量通常在 $0.5 \times 10^{-6} \mu g/m^3$ 以下，最高含量不得超过 $1 \times 10^{-6} \mu g/m^3$。

（3）铬。铬也是植物需要的微量元素。在缺乏铬的土壤加入铬，能增强植物光合作用能力，提高抗坏血酸、多酚氧化酶等多种酶的活性，增加叶绿素、有机酸、葡萄糖和果糖含量。而当土壤中的铬过多时，则严重影响植物生长，干扰养分和水分吸收，使叶片枯黄、叶鞘烂、茎基部肿大、顶部枯萎。土壤铬的含量一般在 $250 \times 10^{-6} \mu g/m^3$ 以下，最高含量不得超过 $500 \times 10^{-6} \mu g/m^3$。六价铬含量达 $1000 \times 10^{-6} \mu g/m^3$ 时，可造成土壤贫瘠，大多数植物不能生长。

（4）汞。汞是植物生长的有害元素。汞可使植物代谢失调，降低光合作用，影响根、茎叶和果实的生长发育，过早落叶。汞和镉一样属于累积性元素。据报道，当土壤含可溶性汞量达 $0.1 \times 10^{-6} \mu g/m^3$ 时，稻米中含汞量可达 $0.3 \times 10^{-6} \mu g/m^3$。土壤汞的含量在 $0.2 \times 10^{-6} \mu g/m^3$ 以下，最高含量不得超过 $0.5 \times 10^{-6} \mu g/m^3$。

（5）铜。铜是植物的必需元素。土壤缺乏铜时，破坏植物叶绿素的生成，降低多种氧化还原酶的活性，影响碳水化合物和蛋白质代谢，能引起尖端黄化病、尖端萎缩病等症状。过量的铜产生铜害，主要表现在根部，新根生长受到阻碍，缺乏根毛，植物根部呈珊瑚状。土壤含铜量一般在 $10 \times 10^{-6} \sim 50 \times 10^{-6} \mu g/m^3$ 之间，可溶性铜的最高允许量为 $125 \times 10^{-6} \mu g/m^3$。据报道，土壤含铜 $200 \times 10^{-6} \mu g/m^3$，将使小麦枯死。

1.3.3 污泥对大气环境的影响

污泥中含有部分带臭味的物质，如硫化物、氨、腐胺类等，任意堆放会向周围散发臭气，对大气环境造成污染，不仅影响厂区周围居民的生活质量，也会给厂内工作人员的健康带来危害。同时，臭气中的硫化氢等腐蚀性气体会严重腐蚀厂内设备，缩短其使用寿命。

另外，污泥中有机组分在缺氧储存、堆放过程中，在微生物作用下会发生降解生成有机酸、甲烷等。甲烷是温室气体，其产生会加剧气候变暖。

1.4 城镇污水污泥处理处置原则及相关政策、法规和标准

1.4.1 城镇污水污泥处理处置原则

1.4.1.1 城镇污水污泥处理处置原则

按照《城镇污水处理厂污泥处理处置及污染防治技术政策》（试行）的要求，参考国内外的经验与教训，我国污泥处理处置应符合"安全环保、循环利用、节能降耗、因地制宜、稳妥可靠"的原则。

安全环保是污泥处理处置必须坚持的基本要求。污泥中含有病原体、重金属和持久性有机物等有毒有害物质，在进行污泥处理处置时，应对所选择的处理处置方式，根据必须达到的污染控制标准，进行环境安全性评价，并采取相应的污染控制措施，确保公众健康与环境安全。

循环利用是污泥处理处置时应努力实现的重要目标。污泥的循环利用体现在污泥处理处置过程中充分利用污泥中所含有的有机质、各种营养元素和能量。污泥循环利用，一是土地利用，将污泥中的有机质和营养元素补充到土地；二是通过厌氧消化或焚烧等技术回收污泥中的能量。

节能降耗是污泥处理处置应充分考虑的重要因素。应避免采用消耗大量的优质清洁能源、物料和土地资源的处理处置技术，以实现污泥低碳处理处置。鼓励利用污泥厌氧消化过程中产生的沼气热能、垃圾和污泥焚烧余热、发电厂余热或其他余热作为污泥处理处

置的热源。因地制宜是污泥处理处置方案比选决策的基本前提。应综合考虑污泥泥质特征及未来的变化、当地的土地资源及特征、可利用的水泥厂或热电厂等工业窑炉状况，以及经济和社会发展水平等因素，确定本地区的污泥处理处置技术路线和方案。稳妥可靠是污泥处理处置贯穿始终的必需条件。在选择处理处置方案时，应优先采用先进成熟的技术；对于研发中的新技术，应经过严格的评价、生产性应用以及工程示范，确认可靠后方可采用。在制订污泥处理处置规划方案时，应根据污泥处理处置阶段性特点，同时考虑应急性、阶段性和永久性三种方案，最终应保证永久性方案的实现。在永久方案完成前，可把充分利用其他行业资源进行污泥处理处置作为阶段性方案，并应具有应急的处理处置方案，防止污泥随意弃置，保证环境安全。

总结上述原则，污泥的处理处置同样也满足"四化"原则。"四化"原则如下所述：

(1) 减量化。城市污水处理厂的污泥减量化就是通过采用过程减量化的方法减少污泥体积，以降低污泥处理及最终处置的费用。从污水厂出来的污泥体积非常大，这给污泥的后续处理造成困难，要把它变得稳定、方便利用，必须首先要对其进行减量处理。

由于污泥的含水量很高、体积很大且呈流动态，经污泥处理后，体积可减至原来的十几分之一，且由液态转化成固态，便于运输和消纳。污泥的含水率一般为99.2% ~99.8%，体积很大，不利于贮存、运输和消纳，减量化十分重要。污泥的体积随含水量的降低而大幅度减少，且污泥呈现的状态和性质也有很大变化，如含水率在85%以上的污泥可用泵输送；含水率为70% ~75%的污泥呈柔软状；含水率为60% ~65%的污泥几乎成为固体状态；含水率为34% ~40%的污泥已呈现为可离散状态；含水率为10% ~15%的污泥则呈现为粉末状态。因此，可以根据不同的污泥处理工艺和装置要求，确定合适的减量化程度。

污泥减量化通常分为质量减少、体积减少和过程减量。质量减少的方法主要是通过稳定和焚烧，但由于焚烧所需费用很高且存在烟气污染问题，因此主要适用于难以资源化利用的部分污泥。而污泥体积的减少方法则主要是通过污泥浓缩、污泥脱水两个步骤来实现。污泥过程减量可通过超声波技术、臭氧法、膜生物反应器、生物捕食、微生物强化、代谢解偶联及氯化法等方法实现。

（2）稳定化。污泥稳定化是降解污泥中的有机物质，进一步减少污泥含水量，杀灭污泥中的细菌、病原体，消除臭味，使污泥中的各种成分处于相对稳定的状态的一种过程。污泥中有机物含量为60%～70%，随着堆积时间的加长及外部环境的影响，污泥将发生厌氧降解，并极易腐败及产生恶臭，需要采用生物好氧或厌氧消化工艺，或添加化学药剂等方法，使污泥中的有机组分转化成稳定的最终产物，进一步消解污泥中的有机成分，避免在污泥的最终处置过程中造成二次污染。

（3）无害化。污泥无害化处理的目的是采用适当的工程技术去除、分解或者"固定"污泥中的有毒、有害物质（如有机有害物质、重金属）及消毒灭菌，使处理后的污泥在污泥最终处置中不会对环境造成冲击和意想不到的污染物在不同介质之间的转移，更具有安全性和可持续性，不会对环境造成危害。污泥处理处置时应将各种因素结合起来，综合考虑，杜绝不确定因素对环境可能造成的冲击和某些污染物在不同介质之间的转移，对环境整体而言，要具有安全性和可持续性。

（4）资源化。污泥是一种资源，含有丰富的氮、磷、钾等有机物及热量，其特点和性质决定了污泥的根本出路是资源化。资源化是指在处理污泥的同时，回收其中的氮、磷、钾等有用物质或回收能源，达到变害为利、综合利用、保护环境的目的。污泥资源化的特征是环境效益高、生产成本低、生产效率高、能耗低。

1.4.1.2 污泥处理处置设施规划建设的原则

污泥处理处置设施建设应首先编制污泥处理处置规划。污泥处理处置规划应与本地区的土地利用、环境卫生、园林绿化、生态保护、水资源保护、产业发展等有关专业规划相协调，符合城乡建设总体规划，并纳入城镇排水或污水处理设施建设规划。污泥处理处置设施应与城镇污水处理厂同时规划、同时建设、同时投入运行。

　　污泥处理处置应包括处理与处置两个阶段。处理主要是指对污泥进行稳定化、减量化和无害化处理的过程。处置是指对处理后污泥进行消纳的过程。污泥处理设施的方案选择及规划建设应满足处置方式的要求。在一定的范围内，污泥的稳定化、减量化和无害化等处理设施宜相对集中设置，污泥处置方式可适当多样。污泥处理处置设施的选址，应与水源地、自然保护区、人口居住区、公共设施等保持足够的安全距离。

　　应根据城镇排水或污水处理设施建设规划，结合现有污水处理厂的运行资料，确定并预测污泥的泥量与泥质，作为合理确定污泥处理处置设施建设规模与技术路线的依据。必要时，还应在污水处理厂服务范围内开展污染源调查、分析未来城镇建设以及产业结构的变化趋势，更加准确地掌握泥量和泥质资料。

　　污泥处理处置设施的规划建设应视当地的具体情况和所确定的应急方案、阶段性方案和永久性方案制定具体的实施方案，并处理好三种方案的衔接，同时应加快永久性方案的实施。污泥处理处置设施还应预先规划备用方案，以保证污泥的稳定处理与处置，应急处理处置方案可视情况作为备用方案。利用其他行业资源确定的污泥处理处置方案宜作为阶段性方案，不宜作为永久性方案。

　　污泥处理处置应根据实际需求，建设必要的中转和储存设施。污泥中转和储存设施的建设应符合《城市环境卫生设施设置标准》（CJJ 27—2005）等规定。污泥处理处置设施建设时，相应安全设施的建设也必须执行同时规划、同时建设、同时投入的原则，确保污泥处理处置设施的安全运行。污泥处理设施的工艺及建设标准应满足相应污泥处置方式的要求。污泥处理设施还没有满足污泥处置要求的，应加快改造，确保污泥安全处置。

1.4.1.3　污泥处理处置过程管理的原则

　　污泥处理处置应执行全过程管理与控制原则。应从源头开始制定全过程的污染物控制计划，包括工业清洁生产、厂内污染物预处理、污泥处理处置工艺的强化等环节，加强污染物总量控制。

　　工业废水排入市政污水管网前必须按规定进行厂内预处理，使有毒有害物质达到国家、行业或者地方规定的排放标准。在污泥处理处置过程中，可采用重金属析出及钝化、持久性有机物的降解转化及病原体灭活等污染物控制技术，以满足不同污泥处置方式的要求，实现污泥的安全处置。

污泥运输应采用密闭车辆和密闭驳船及管道等输送方式。加强运输过程中的监控和管理，严禁随意倾倒、偷排等违法行为，防止因暴露、洒落或滴漏造成对环境的二次污染。城镇污水处理厂、污泥运输单位和各污泥接收单位应建立污泥转运联单制度，并定期将转运联单统计结果上报地方相关主管部门。

污泥处理处置运营单位应建立完善的检测、记录、存档和报告制度，对处理处置后的污泥及其副产物的去向、用途、用量等进行跟踪、记录和报告，并将相关资料保存 5 年以上。应由具有相应资质的第三方机构，定期就污泥土地利用对土壤环境质量的影响、污泥填埋对场地周围综合环境质量的影响、污泥焚烧对周围大气环境质量的影响等方面进行安全性评价。

污泥处理处置运营单位应严格执行国家有关安全生产法律法规和管理规定，落实安全生产责任制；执行国家相关职业卫生标准和规范，保证从业人员的卫生健康；制定相关的应急处置预案，防止危及公共安全的事故发生。

1.4.2　城镇污泥处理处置政策、法规和标准

1.4.2.1　常用污泥处理处置方法

目前普遍采用的城镇污水二级处理工艺为活性污泥法。生物污泥中含有重金属、微量高毒性有机物、大量的致病微生物及一般耗氧有机物 N、P、K 等。为了避免污水厂污泥对环境造成更严重的危害，必须对污泥进行适当的处理和处置。目前我国对污泥的处理和处置没有太严格的区分，一般将对污泥进行稳定化、减量化和无害化处理的过程，称为处理；而将无害化后污泥的最终消纳，称为处置。

污泥的处理方法主要有浓缩、消化、调理（预处理）、脱水、干

燥等。进行污泥处理的目的主要有三方面：（1）较少水分，为后续处理、利用和运输创造条件，并减少生物固体最终处置前的体积。（2）使生物污泥无害化、稳定化。通过处理，消除生物固体中的有毒有害物质，防止散发恶臭，避免导致二次环境污染，尽量使生物固体达到稳定无害。（3）改善生物固体的成分和某些性质，以利于达到资源化的目的。

污泥的处理是各种处置技术实施的前提，但是没有解决最终的出路问题。污泥的处置是在符合国家法规和标准的基础上，综合考虑当地经济、环境等因素，采取适当的技术措施和管理政策，为城市污泥提供最终的出路。目前国内外常用的方法主要有填埋、农用、排海、焚烧等。

1.4.2.2 城镇污泥处理与资源化的政策法规

污水处理厂大量的投入运行，使污泥处置成为污水处理、环境整治过程中的新课题。据报道，大部分污水处理厂缺少污泥处置设施，污泥还没有得到安全处置，因此必须及时建立污泥处置的相关法规政策，来规范污泥的处置，解决环境问题；同时，应完善管网排放户和污泥安全处置的监管体系，并逐步吸收和推广污泥消化、焚烧等无害化技术。

为了规范污泥的处理和处置，已制定污泥处理处置的相关政策和法规。我国现有的与污水厂污泥处理及资源化相关的政策法规，对污泥的处理处置进行如下规范：

（1）《中华人民共和国固体废物污染环境防治法》第 74 条和第 75 条规定，污泥被视为固体废弃物，并根据该法律进行处理处置。

（2）《中华人民共和国固体废物污染环境防治法》第 34 条和《排污费征收标准管理办法》第 3 条规定，对没有建成工业固体废弃物贮存、处置设施或场所，或者工业固体废弃物贮存、处置设施或场所不符合环境保护标准的，按照排放污染物的种类、数量计征固体废弃物排污费。对以填埋方式处置危险废弃物不符合国务院环境保护行政主管部门规定的，按照危险废弃物的种类、数量计征危险废弃物排污费。

（3）2000 年 5 月 29 日，建设部、国家环保总局科技部联合发布了《城市污水处理及污染防治技术政策》（城建［2000］124 号），对污泥的处理处置又提出了总体技术要求。其中的第 5 条"污泥处理"部分明确规定："城市污水处理产生的污泥，应采用厌氧、好氧和堆肥等方法进行稳定化处理，也可卫生填埋方法予以妥善处理。"该政策第 7 条"二次污染防治"部分规定："城市污水处理厂经过稳定化处理后的污泥，用于农田时不得含有超标的重金属和其他有毒有害物质。卫生填埋处理应严格防止污染地下水。"在该政策中还明确规定："日处理能力在 $10 \times 10^4 \, m^3$ 以上的污水处理设施产生的污泥，宜采取厌氧消化工艺进行处理，产生的沼气应综合利用；日处理能力在 $10 \times 10^4 \, m^3$ 以下的污水处理设施产生的污泥，可进行堆肥处理和综合利用。"该技术政策还对污泥可能造成的二次污染进行了特别说明，指出进行农用的稳定化污泥不得含有超标的重金属和其他有毒有害物质。

现有的政策说明国家已经从法律法规的角度开始重视污泥的处理处置，主要侧重于技术层面，应进一步提出指标性的污染控制要求。

1.4.2.3 污泥处理与资源化法规与标准

《城镇污水处理厂污泥处理处置技术规范》（征求意见稿）（2008 年 12 月）参照国内外城镇污水污泥处理处置污染控制方面的标准、法规及相关领域中的研究与应用成果，以《中华人民共和国环境保护法》、《中华人民共和国水污染防治法》、《中华人民共和国海洋环境保护法》、《中华人民共和国固体废物污染环境防治法》和《城市污水处理及污染防治技术政策》等为指导，根据环境保护部《城镇污水处理厂污水污泥处理处置技术规范》制订计划编制。

《城镇污水处理厂污泥处理处置技术规范》遵循的原则：

（1）具有可执行性。对城镇污水处理厂污水污泥处理处置全过程的重点控制环节作量化规定，便于条款的执行实施。

（2）全过程控制。城镇污水处理厂污水污泥处理处置集水规范污染控条款涵盖城镇污水处理厂污水污泥计量、收集、运输、贮存、利用、处理和处置等各环节，对各环节的污染进行规范和控制。

（3）科学性。标准的控制尺度，综合考虑排放污泥造成的危害与处理费用、污泥处理技术，制订科学的排放标准。

（4）代表性、典型性。突出城镇污水处理厂污水污泥收集、运输、贮存、利用以及处理、处置、综合利用等过程的污染节点，对重点、具代表性的城镇污水处理厂污水污泥处理处置过程中的污染节点进行控制。

（5）资源循环利用和能量回收利用。提倡污水污泥的资源循环再利用和能量回收利用，鼓励污水污泥实现无害化、稳定化和资源化利用。鼓励尽可能实现污泥的土地利用和农业利用。

（6）兼顾比较成熟的污泥综合利用技术。

A　污泥处理处置过程中的恶臭污染物防治

恶臭广泛地产生于市政污水及污泥处理处置过程中，市政污水及污泥处理处置过程产生的令人讨厌的恶臭，能使人们的心理、感官造成不愉快的气体。《恶臭污染排放标准》（GB14554—1993）定义恶臭为：一切刺激嗅觉器官引起人们不愉快及损坏生活环境的气体物质。不同的处理设施及过程会产生各种不同的恶臭气体。污水处理厂的进水提升泵房产生的主要臭气为硫化氢，初沉池污泥厌氧消化过程中产生的臭气以硫化氢及其他含硫气体为主，污泥稳定过程中会产生氨气和其他易挥发物质。堆肥过程中会产生氨气、胺、含硫化合物、脂肪酸、芳香族和二甲基硫等臭气。好氧消化及污泥干化过程可能产生很少量的硫化氢，但主要有硫醇和二甲基硫气体产生。

我国在1994年1月15日由原国家环保局批准实施了控制恶臭污染物的《恶臭污染物排放标准》（GB14554—1993），对恶臭污染物及臭气的排放浓度等做出了相关规定。但目前我国从事恶臭控制的专业单位不多，还不具备从项目整体规划、工程设计、设备制造、系统集成和运行管理的综合能力。早期发展的技术主要是借鉴化工单元操作技术，如吸收、吸附、氧化、燃烧等方法，这些技术已经非常成熟、可靠和有效，且具备完善的设计标准，制造工艺，工程实施和运行管理经验。因此,单元操作仍然是控制与处理方法的主流。

B 稳定化处理

我国《城市污水处理及污染防治技术政策》(建成 [2000] 124 号)和《城镇污水处理厂污染物排放标准》(GB18918—2002)均规定要对城镇污水处理厂污泥进行稳定化处理。

污泥厌氧消化是一种使污泥达到稳定状态的非常有效的处理方法。污泥厌氧消化产生的消化气(沼气)一般由 60% ~70% 的甲烷、25% ~40% 的二氧化碳和少量的氮硫化物和硫化氢组成,燃烧热值为 18800 ~25000kJ/m³。大中型污水处理厂对消化产生的沼气进行回收利用,可以达到节约能耗、降低运行成本的目的。但是空气中沼气含量达到一定浓度会具有毒性;沼气与空气以 1:(8.6 ~20.8)(体积比)混合时,如遇明火会引起爆炸。因此,污水处理厂沼气利用系统如果设计或操作不当将会有很大的危险。厌氧消化污泥的稳定化程度可通过监测进泥量(V)、进泥浓度(C)、进泥中挥发性有机物含量(f)、沼气产生量和甲烷含量进行计量,也可通过监测厌氧消化池每次(天)的进、出泥量,测定进、出泥含水率和干污泥固体(含水率0%)中挥发性有机物的含量百分比进行计量。由此,获得了两种对厌氧消化污泥进行稳定化判定的公式:一种是基于沼气产量的计量公式;另一种是基于污泥物料平衡的计算公式。考虑到我国污泥中挥发性有机质含量较低、降解性较差,因此规定:污泥厌氧消化挥发性有机物降解率应大于40%。若经厌氧消化处理后,污泥中挥发性有机物的降解率达不到40%,则取部分消化后的污泥试样于实验室在温度为 30 ~37℃ 的条件下继续消化40天,在第40天末,若污泥中挥发性有机物与取样相比,减量小于20%,则认为污泥已达到稳定化要求。采用各种生物稳定化工艺要达到的稳定化控制指标见表 1 – 12。

表 1 – 12 污泥稳定化控制指标

稳定化方法	控制项目	控制指标
厌氧消化	有机物降解率/%	>40

稳定化方法	控制项目	控制指标
好氧消化	有机物降解率/%	>40
好氧堆肥	含水率/%	<65
	有机物降解率/%	>50
	蠕虫卵死亡率/%	>95
	粪大肠菌群菌值	>0.01

C　污泥干化

污泥干化分为两种类型，即污泥自然干化和热干化。污泥自然干化，可以节约能源、降低运行成本，但要求降雨量少、蒸发量大、可使用的土地多、环境要求相对宽松等条件，故受到一定限制。

自然干化过程中，会产生恶臭等污染物质，对厂区及周边环境造成危害，因此根据《环境影响评价导则》的要求，需要确定安全的卫生防护距离，《城市污水处理及污染防治技术政策》要求自然干化场的卫生防护距离不应小于1000m。

热干化是使用人工能源当热源，主要去除污泥中难以采用机械方式去除的间隙水和结合水；但污泥干化能耗相当高，设备投资和运行成本也非常高，去除每千克水的能耗为 3000 ~ 3500kJ。污泥热干化厂在污泥贮存、输送、处理过程中，会产生恶臭污染物质，同时在干化过程中，由于部分挥发性有机物的挥发，使干化尾气中存在部分恶臭污染物；此外，干化污泥贮存时也会有恶臭产生。为了防止恶臭污染厂区及周边环境，根据《大气污染物综合排放标准》和《恶臭污染物排放标准》（GB14554—1993）的要求，必须采取恶臭防治措施。

D　堆肥

《城镇污水处理厂污泥处置 园林绿化用泥质》（CJ248—2007）对城镇污水厂的污泥用于园林绿化对相关方面做了明确的规定，具体体现在：外观和嗅觉；理化指标和营养指标；安全指标（污染物浓度限值、卫生防疫安全）；种子发芽指数；污泥用于园林绿化面积较大且比较集中时的施用率；污泥园林绿化面积较小时的施用率；

污泥施用地点；污泥施用季节；取样和监测等方面。

《城镇污水处理厂污泥处理处置技术规范》规定：建设集中污泥堆肥中心的城镇污水处理厂，其堆肥场选址时必须首先征得当地环境保护行政主管部门和交通运输管理部门的意见。在规划建设污泥堆肥场时，如果采用自然通风静态堆或强制通风静态堆工艺，必须要满足卫生防护距离大于1000m的要求。同时厂区应采取恶臭防治措施，尾气应收集统一进行处理。堆肥中的卫生指标和重金属指标满足《城镇污水处理厂污染物排放标准》（GB18918—2002）和《农用污泥中污染物控制标准》（GB4284—1984）。

污泥堆肥腐熟度测试标准见表1-13。

表1-13 污泥堆肥腐熟度测试标准

腐熟度	A组	（1）氨氮浓度不大于700 mg/kg； （2）氨氮硝酸盐比不大于3； （3）挥发性有机酸浓度不大于0.05
	B组	（1）碳氮比不大于25； （2）耗氧率不大于0.4g/（kg·h）（以固体质量消耗氧气质量计）； （3）二氧化碳释放率不大于2g/（kg·d）（以挥发物质释放碳的质量计）

E 农田利用和土地利用

美国、欧洲早在20世纪70年代就提出重金属的限量标准，以后不断予以修正。美国环保署1993年制定了503条例（USEPA 503），美国联邦政府对城市污泥土地利用有严格的规定，在《有机固体废弃物（污泥部分）处置规定》中，将污泥分为A和B两大类：经脱水、高温堆肥无菌化处理后，各项有毒、有害物质指标达到环境允许标准为A类，可作为肥料、园林植土、生活垃圾填埋覆盖土等；经脱水或部分脱水简单处理的为B类污泥，只能作为林业用土，不直接用于改良粮食作物耕地。欧盟在1996年制定了欧盟污泥农用条例（EC条例），对污泥中重金属含量进行规定。世界各国的污泥农用控制标准见表1-14。由表1-14可以看出，我国的控制

标准与欧美国家标准相比还是相当严格的。实际上，污泥的农业利用之所以受到人们重视，主要原因是污泥中含有比较丰富的有机营

表1-14 世界各国污泥农用控制标准 （mg/kg^{-1}干物质）

污染物	国家										
	中国		美国		瑞典		加拿大	德国		法国	
	酸性土壤	中性或碱性土壤	A级	B级	正常污泥	受污染污泥	污泥最大允许含量	污泥	土壤	污泥	10年土壤允许积累值/g·m^{-3}
镉及镉化合物（以Cd计）	5	20	39	89	5~18	>25	20	10/5	1.5/1	15	0.015
汞及汞化合物（以Hg计）	5	15	17	57	4~18	>25	10	8	1	10	0.015
铅及铅化合物（以Pb计）	300	1000	300	840	100~300	>1000	200	900	100	800	1.5
铬及铬化合物（以Cr计）	600	1000	三价铬1200	三价铬3000	5~200	>1000	1000	900	100	1000	1.5
砷及砷化合物（以As计）	75	75	41	75			10				
硼及硼化合物（以水溶性B计）	150	150									
铜及铜化合物（以Cu计）	250	500	四价铜1500	四价铜4300	500~1500	>3000	500	800	60	1000	1.5
锌及锌化合物（以Zn计）	500	100	2800	7500	1000~3000	>10000	2000	2500/2000	200/150	3000	4.5
镍及镍化合物（以Ni计）	100	200	420	420	25~100	>500	100	200	50	200	0.3

污染物	国　家										
	中国		美国		瑞典		加拿大	德国		法国	
	酸性土壤	中性或碱性土壤	A 级	B 级	正常污泥	受污染污泥	污泥最大允许含量	污泥	土壤	污泥	10 年土壤允许积累值/g·m⁻³
Cr + Cu + Ni + Zn										4000	6
矿物油	3000	3000									
苯并芘	3	3								2 (1.5)	
多氯代联苯 PCB（每一种）	0.2	0.2						0.2		主要 7 种物质 0.8/ (0.8)	
氯化二苯并二噁英和氯化二苯并呋喃 PCDD	100000	100000						100000			
有机卤化物 AOX	500	500						500			

养成分和氮、磷、钾及微量元素，是良好的农用肥料及良好的土壤改良剂。人们对污泥农用的担心主要是重金属。有关研究人员对国内污水处理厂近二十年来的污泥分析表明，我国城市污泥中重金属含量呈现逐渐下降的趋势。从我国具体情况来看，污泥农业利用可降低生产费用，适合我国目前的经济发展状况，是最为可行、最为现实的处置方式。

《农用污泥中污染物控制标准》（GB 4284—1984）的规定："施用符合本标准污泥时，一般每年每亩用量不超过 2000kg（以干污泥计）。"

卫生指标应满足粪大肠菌群菌值大于 0.01，参考《城镇污水处理厂污染物排放标准》（GB18918—2002）中对粪大肠菌群菌值的规定。

结合美国 EPA 标准和我国相关标准，统筹考虑经稳定化处理后的污泥有机物降解率须小于 40%，肠道病毒小于 1 MPN/4gTS，寄生虫卵小于 1 个/4g TS，蛔虫卵死亡率大于 95%。

F　污泥填埋

目前污泥填埋的方式主要是混合填埋和专用填埋。

污泥专用填埋场应设在夏季主导风向的下风向，在人畜居栖点 500m 以外。主要是参考目前国内相关的法律法规，如《生活垃圾填埋污染控制标准》（GB16889—2008）就规定："生活垃圾填埋场应设在当地夏季主导风向的下风向，在人畜居栖点 500m 以外。"

混合填埋的卫生填埋场建设标准参考《城市生活垃圾卫生填埋技术规范》（CJJ17—2004），必须有效控制进场的污泥含水率，经调查也确认，污泥含水率控制在 60% 以下最好。

《上海市污水污泥处置技术指南与管理政策研究》规定填埋的污泥含水率须小于 60%，才能在很大程度上减少渗滤液的产生，同时便于操作。污泥填埋场达到设计使用寿命后封场，封场工作应在填埋污泥上覆盖黏土或其他人工合成材料，黏土渗透系数应小于 1.0×10^{-7} cm/s，厚度为 20～30cm，其上再覆盖 20～30cm 的自然土作为保护层，并均匀压实。填埋场排放的甲烷气体的含量不得超过 5%；建（构）筑物内，甲烷气体含量不得超过 1.25%，以确保污泥填埋场的安全。

G　焚烧

我国目前污泥焚烧所采用的工艺技术为干化焚烧、与生活垃圾混合进行焚烧、利用水泥炉窑掺烧、利用燃煤热电厂掺烧。干化焚烧厂通常建在城镇污水处理厂内；后三种焚烧方式，通常需将污泥输送到相应的处理厂与其他物料混合焚烧。以污泥在焚烧物料中所占质量比的多少来判定，将干化焚烧定义为单独焚烧，而将后三种焚烧方式定义为混合焚烧。

《生活垃圾焚烧技术规范要求》中规定，进炉垃圾的月平均低位热值不得小于 5MJ/kg。因此，对于生活垃圾焚烧发电厂，掺混焚烧污泥时，同样也做此规定。

IPPC《废弃物焚烧最佳可行技术导则》规定了污泥与生活垃圾掺烧混合比例。

《城镇污水处理厂污泥处置 单独焚烧用泥质》（CJT 290—2008）规定了焚烧炉单独污泥时，最终排入大气的烟气中污染物最高排放浓度限值，见表1-15。

表1-15　污泥焚烧烟气排放标准

控制项目	单　位	数值含义	限　值
烟尘	mg/m³	测定均值	65
烟气黑度	格林曼黑度	测定值	I 级
一氧化碳	mg/m³	小时均值	150
氮氧化物	mg/m³	小时均值	400
二氧化碳	mg/m³	小时均值	260
氯化氢	mg/m³	小时均值	75
汞	mg/m³	测定均值	0.2
镉	mg/m³	测定均值	0.1
铅	mg/m³	测定均值	1.0
二噁英类	TEQ ng/m³	测定均值	0.1

H　利用水泥生产线掺烧

《城镇污水处理厂污泥处理处置技术规范》规定利用水泥生产线掺烧污泥入窑混合物料的含水率应控制在35%以下，流动度应大于75mm。我国脱水污泥的含水率大致在80%左右，具有一定的黏性，但属于塑性流体。生料粉的含水率一般在10%～30%之间。污泥在窑炉的停留时间宜大于30min，污泥焚烧残留物质量应小于水泥产量的5%。排入大气的烟气中污染物最高排放浓度按照《水泥工业大气污染物排放标准》（GB 4915—2013）中相关限值要求。保持水泥产品质量的要求，要求对水泥产品进行浸出毒性试验，产品中重金属和其他有毒、有害成分的含量不应超过国家相关水泥质量要求限值。

I 利用燃煤热电厂掺烧

《城镇污水处理厂污泥处理处置技术规范》规定：利用燃煤热电厂掺烧污泥，每台75蒸吨/h以上燃煤锅炉直接掺烧脱水污泥（含固率20%）的量不宜超过燃煤量的10%，且燃煤火力发电厂应有不少于两座75蒸吨/h以上的燃煤锅炉，以保证发电厂正常运行。

《生活垃圾焚烧污染控制标准》（GB 18485—2001）中要求循环流化床燃煤锅炉直接掺烧脱水污泥时，应确保烟气在进料喷嘴以上850℃的温度条件下停留时间大于2s，必要时，可通过加大二次风量保持烟气温度。二次风可引自脱水污泥贮存区。

J 综合利用

《城镇污水处理厂污泥处理处置技术规范》规定进厂污泥含水率须小于80%，臭度小于2级（最高6级臭度）。综合利用的污泥必须经脱水、除臭、去除重金属等无害化处理后方可综合利用。我国污泥建材利用重金属浸出限制标准及灰渣中限制建议值见表1-16。

在利用前污泥须进行无害化处理，没有进行无害化处理前，避免与人体的直接接触。污泥综合利用混掺的污泥量不得对生产工艺和产品的质量造成污染和影响，生产的产品必须符合相关的标准和规范。

表1-16 我国污泥建材利用重金属浸出限制标准及灰渣中限制建议值

元 素	浸出液最高允许浓度/μg·L⁻¹			灰渣中允许的最高含量/mg·kg⁻¹	
	Z0	Z1	Z2	Z1	Z2
Hg	0.2	0.5	10	0.2	2.0
Cd	2.0	10	50	0.6	2.0
As	10	10	100	20	30
Cr	15	30	350	50	100
Pb	20	40	100	20	200
Cu	50	100	300	100	1000
Zn	50	100	300	300	1000
Ni	4	50	200	40	200
Be	0.5	1.0	20	—	—
F	50	100	300	—	—

K 制砖及水泥

《中华人民共和国国家标准烧结普通砖》（GB 5101—2003）规定将脱水污泥或污泥焚烧灰制水泥时，脱水污泥混入水泥原料中的最大体积比应不大于 10%，污泥焚烧灰混入水泥原料中的最大质量比应小于 4%。污泥在替代混凝土中砂的利用时，必须符合 JC/T 622—2009 的规定。利用污泥在进行水泥制作时，产品质量必须符合《通用硅酸盐水泥》（GB 175—2007）的规定。

2 污泥常用预处理与处置方法

城镇污水厂污泥处理与处置必须遵循"减量化、稳定化、无害化、资源化"的处置原则,从"无害化"走向"资源化","资源化"是以"无害化"为前提的,"无害化"和"减量化"应以"资源化"为条件。将"无害化"作为污泥处置的重点,把"资源化"作为污泥处置的最终目标。为有效、彻底解决污泥的环境污染问题,可以通过技术开发将大量的废物变为可用物质,对污泥进行综合利用,取得良好的经济效益和环保效益。

城镇污水厂污泥处理与资源化是要解决污泥的最终出路问题。目前,其基本的处置方式主要包括资源化利用、焚烧处理、卫生填埋等。常规城镇污水处理厂污泥处置方式见表2-1。

表2-1 常用城镇污水处理厂污泥处置方式

分 类	范 围	备 注
土地利用	农用	农用肥料、农田土壤改良材料
	园林绿化利用	造林育苗和城市绿化的肥料
	土地改良	盐碱地、沙化地和废弃矿场的土壤改良材料
填 埋	单独填埋	在专门填埋污泥的填埋场进行填埋处置
	混合填埋	在城市生活垃圾填埋场进行混合填埋(含填埋场覆盖材料利用)
	特殊填埋	填地和填海造地的材料
建筑材料利用	用作水泥添加料	制水泥的部分原料
	制砖	制砖的部分原料
	制轻质骨料	制轻质骨料(陶粒等)的部分原料
	制其他建筑材料	制生化纤维板等其他建筑材料的部分原料
焚 烧	单独焚烧	在专门污泥焚烧炉焚烧
	与垃圾混合焚烧	与生活垃圾一同焚烧
	利用工业锅炉焚烧	利用已有工业锅炉焚烧

2.1 污泥预处理技术

无论表 2-1 中任何一种城镇污泥处置方式，都需要将污泥进行预处理。污泥预处理与利用的技术包括了过程减量、污泥预处理、污泥热化处理、污泥生物处理、污泥土地处理、污泥的材料利用及污泥的填埋处理等单元。任何一种处置方式都可以用流程表示：污水厂污泥→预处理→后处理→最终处置。可见预处理是污泥处置中的重要环节。

污泥颗粒细小，比表面积巨大，具有吸附大量水分的能力，污泥与水的亲和力很强，含水率很高，一般为 96% ~99%。

污泥预处理是城市污水处理厂污泥处理过程中非常重要的环节。污泥脱水的目的在于较大程度地降低污泥处理量，减少污泥体积，为提高污泥后续处理效率做准备。污泥预处理后，至最终处置点的运输费用将大大降低；增加污泥的热能含量从而有利于焚烧；使污泥臭味降低或不易腐化；卫生填埋后会减少二次污染等。

常用的污泥处理技术包括污泥调理、污泥浓缩、污泥消化、污泥脱水、干化技术、污泥焚烧等。

2.1.1 污泥调理

污泥调理是为了提高污泥的浓缩和脱水效率的一种预处理过程。由于污泥中的有机物与水的亲和力很强，过滤、脱水困难，为了提高厌氧消化及过滤脱水的有效性，进行适当的调理是非常必要的。污泥的调理方法主要有化学法、物理法和生物法。化学调理法是应用一种或多种化学添加剂以改变污泥的特性，如无机和有机添加剂、臭氧、酸、碱和酶。物理调理主要采用洗涤、热处理、超声波、高压及辐射等。生物调理实际上指厌氧或好氧消化过程。

目前已有的技术包括在污水处理系统中添加解耦联剂来减少剩余污泥排放量的解耦联剂法；在污泥回流系统中设置反应器，污泥经处理后回流以提高其生物降解性的臭氧氧化法、超声波法；以及浓缩池污泥经增设的腐殖土反应器处理后与二沉池一起回流至曝气池的腐殖活性污泥法等。

2.1.1.1 淘洗调理

淘洗调理主要用于消化污泥的调质，目的是降低污泥的碱度，节省药剂用量，降低机械脱水的运行费用。淘洗调理为：用洗涤水稀释污泥、搅拌、沉淀分离、撇除上清液。淘洗水可使用初沉池和二沉池的出水或自来水、河水，用量为污泥量的 2~3 倍。洗涤后的上清液 BOD 与悬浮物浓度可高达 2000mg/L 以上，必须回流到污水处理厂处理。经验认为，由于洗涤而节省的混凝剂费用与洗涤水的处理费几乎相等。

淘洗可以采用单级、多级串联或逆流洗涤等多种形式。通过吹入空气或机械搅拌，使污泥处于悬浮状态，与水充分接触。注意使污泥与水均匀混合的同时，还必须注意保护污泥絮体，搅拌不能过于剧烈，污泥与水接触次数不宜过多。两级串联逆流洗涤效果最好，淘洗池容积以最大表面负荷以 40~50kg/(m² · d)（以悬浮物质量计）为宜，水力负荷不超过 28m³/(m² · d)。

污泥淘洗时可利用固体颗粒大小、相对密度和沉降速度不同的性质，将细颗粒和部分有机微粒除去，降低污泥的黏度，提高污泥的浓缩和脱水效果。

当污泥用作土壤改良剂或肥料时，不宜淘洗处理。经浓缩的生污泥淘洗效果较差，此时可采用直接加药的方式进行调质。

2.1.1.2 温差调理

温差调理是利用热力学方法改变污泥的温度，进行污泥处理的一种方法，有热调理和冷冻融化调理。

A 热调理

污泥热调理是一种钝化微生物最有效的方法之一。热调理分高温高压调质法和低温调质法两种工艺污泥经热调理后，可溶性 COD 显著增加，有利于消化过程的进行，脱水性能和沉降性能大为改善，污泥中的致病微生物与寄生虫卵可以完全被杀灭。热调理后的污泥经机械脱水后，泥饼含水率可降到 30%~45%，泥饼体积减小至浓缩－机械脱水法泥饼的 1/4。在污泥的焚烧与堆肥处置中，热调理工艺较调质更为适合。该法适用于初沉池污泥、消化污泥、活性污泥、腐殖污泥及它们的混合污泥。

污泥热调理时污泥分离液 COD、BOD 浓度很高,回流处理将大大增加污水处理构筑物的负荷,有臭气,设备易腐蚀,需要增加高温高压设备、热交换设备及气味控制设备等,费用很高,应引起注意。

B 冷冻融化调理

污泥的冷冻融化调理是将污泥冷冻到凝固点以下,使污泥冻结,然后再进行融解以提高污泥沉淀性和脱水性能的一种处理方式。其原理是随着冷冻层的发展,颗粒被向上压缩浓集,水分被挤向冷冻界面,浓集污泥颗粒中的水分被挤出。该法能不可逆地改变污泥结构,即使再用机械或水泵搅拌也不会重新成为胶体。

冷冻融化调理使污泥颗粒的絮状结构被充分破坏,脱水性能大大提高,颗粒沉降与过滤速度可提高十几倍,可直接进行重力脱水。此外,冷冻融化调理还可杀灭污泥中的寄生虫卵、致病菌与病毒等。冷冻融化调理后的污泥再经真空过滤脱水,可得含水率为 50% ~ 70% 的泥饼,而用化学调理 – 真空过滤脱水,泥饼含水率为 70% ~ 85%。

冷冻融化调理法目前主要用于水污泥调理。对于污水污泥,冷冻融化调理的有效性还存在不少问题,如仍需加少量的凝聚剂后再脱水。

冷冻融化调理管理费用低廉。

2.1.1.3 化学调理

化学调理又称化学调节,是指加入一定量调节剂,它在污泥胶体颗粒表面起化学反应,中和污泥颗粒电荷,增大凝聚力、粒径,从而促使水从污泥颗粒表面分离出来的一种方法。调节效果的好坏与调节剂种类、投加量以及环境因素有关。化学调节效果可靠、设备简单、操作方便,被长期广泛采用。化学调节通常通过投加化学絮凝剂实现,然而传统的化学絮凝剂存在投加量多、产泥量大,并且产生的化学污泥不易被生物降解,排放至水体中对人体健康和水环境生态都具有潜在的危害作用等不足,应开发适合污泥处理的有效药剂。

常用的调节剂分为无机调节剂和有机调节剂两大类。一般认为，絮凝剂对胶体粒子的作用包括静电中和、吸附架桥和卷扫凝聚三种，化学调节是这三种作用综合的结果，只是不同絮凝剂起不同作用。无机絮凝剂是以电中和及卷扫作用为主，非离子和阴离子有机高分子絮凝剂以架桥作用为主，阳离子有机絮凝剂中低分子絮凝剂以静电中和为主，高分子絮凝剂同时有中和与吸附架桥作用。由于污泥胶体颗粒带有负电荷，而阳离子型絮凝剂的絮凝作用是由吸附架桥作用和电荷中和作用两种机理产生的，可以中和污泥中更多的胶体，使得出水上清液的浊度更低。

无机调理剂主要是起电性中和的作用，所以这类调理剂被称为混凝剂，常用的有石灰、铝盐、铁盐、聚铁、聚铝等无机高分子化合物；有机高分子调理剂是起吸附架桥作用，故此类调理剂被称为絮凝剂，其形成的污泥絮体抗剪切性能强，不易被打碎，故适合于后续脱水采用带式压滤脱水和离心方法时使用。有机高分子调理剂有聚合电解质、有机高分子和阳离子型有机高分子，目前应用较多的是聚丙烯酰胺类阳离子絮凝剂。

影响化学调节絮凝效果的因素主要有污泥组成、絮凝剂的种类、投加量、pH 值及温度、投加顺序等。

A 酸碱处理

污水生物处理产生的剩余活性污泥的 pH 值为中性，在中性条件下的污泥絮体具有胶体稳定性和高结合水含量的特性。污泥在酸性条件下的絮体结构和表面性质对水的亲和力小，结合水含量也小，从而使污泥中易被脱除的水分比例增大，酸处理可大大降低污泥的结合水量，提高污泥的脱水程度。用碱将污泥调回中性后，结合水含量增大，脱水程度降低。在常用絮凝剂投加前用酸碱做预处理，能在前者基础上降低结合水含量，提高脱水程度。酸或酸碱处理，对污泥的过滤、离心脱水速率的提高幅度不大；与常用混凝剂联合使用，效果更不佳。

酸处理后，再用碱将污泥调回中性后，在性质和结构上仍存在差异，酸处理形成的有利于脱水的部分特性会保留下来，并且碱本身对污泥絮体的结构与性质也会产生影响。

试验得到的最优加酸量时的污泥 pH 值在 2.0~2.5 的范围内，与活性生物污泥的等电点相一致。试验结果还表明，污泥经过酸碱预处理后，可以使达到最优加药所需的无机混凝剂投加量减少近一半，而有机药剂的用量仍然不变。对于脱水速率而言，污泥絮体在酸环境中发生的两个变化都有利于提高脱水速率。

B 无机调节剂

无机调节剂主要包括铁盐、铝盐和石灰等。铁盐主要是氯化铁（$FeCl_3 \cdot 6H_2O$）、硫酸铁（$Fe_2(SO_4)_3 \cdot 4H_2O$）、硫酸亚铁（$FeSO_4 \cdot 7H_2O$）和聚合硫酸铁（PFS）。铝盐主要是硫酸铝（$Al_2(SO_4)_3 \cdot 18H_2O$）、氯化铝（$AlCl_3$）、碱式氯化铝（$Al(OH)_2 \cdot Cl$）、聚合氯化铝（PAC）。硫酸铝是世界上使用最多的絮凝剂，Fe^{3+} 加石灰的调节方式，能显著提高脱水程度。

C 有机调节剂

有机调节剂可分为表面活性剂、天然高分子物质和有机合成高分子物质。

（1）表面活性剂。表面活性剂是在工业技术中应用十分广泛的一种化学助剂。表面活性剂可以破坏污泥絮体结构或改变絮体表面性质，从而使污泥中更多的水分转化为易被脱除的自由水。研究者将表面活性剂可降低脱水后滤饼的水分含量，絮凝剂可提高过滤，两者合用往往能获得良好的效果。国内外的研究者进行大量研究工作，如 Zagyvai 等将混合型表面活性剂 CM-1 与絮凝剂 SD 合用来调节镍精铁矿浆；Chitikela 等研究者将阳离子表面活性剂 DTMA 与絮凝剂 PAM 合用来调节厌氧消化污泥；Rushing Pan 等研究者将阳离子表面活性剂与阳离子絮凝剂合用来调节明矾污泥，取得较好的效果。

同济大学陈银广、杨海真等研究了表面活性剂单独及与 $FeCl_3$ 和水共同使用对污泥脱水性能的影响，发现表面活性剂提高污泥过滤和脱水性能的主要原因是它不但能使污泥表面的蛋白质、DNA

等大分子物质脱离污泥颗粒，而且使得这些物质较易溶于水，减少了污泥颗粒间的间隙水，导致污泥的沉降速度加快、脱水污泥的体积减小。

同济大学吴桂标、杨海真等发现污泥自然沉降时，表面活性剂的加入可以加快污泥的沉降速度。他们研究认为：表面活性剂的加入，能使污泥所含蛋白质和 DNA 量减少，它是引起污泥沉降和脱水性能改变的一个原因，表面活性剂的加入能使污泥颗粒表面的蛋白质和 DNA 释放出来，这可能是其改变污泥脱水和沉降性能的一个原因。

（2）天然高分子调节剂。天然高分子调节剂多属于蛋白质或多糖类化合物，具备制取简单、使用方便、成本低等优点，同时存在有效成分含量不高、性能不够理想等不足；通过化学改性能提高絮凝性能；工业应用较多的是壳聚糖、胺甲基淀粉（LMS）、羧甲基纤维素（CMC）和阳离子淀粉等。

壳聚糖作为阳离子型聚电解质絮凝剂在污泥调理中的应用研究已有多年，如 Asano 报道利用壳聚糖对厌氧消化污泥进行脱水处理试验，用 0.6% ~ 1.4% 的混凝剂（以污泥中悬浮固体含量计）处理，有 96% 以上的悬浮物分离出来，得到含水率 75% ~ 83% 的污泥饼。古森尧喜对面包酵母厂废水生化产生的活性污泥做脱水试验时发现，在聚合氯化铝存在时，用壳聚糖处理效果更好。Chung 等把壳聚糖和戊二醛并用，在 pH 值为 6 时取得满意效果。国内这方面的报道很少。

（3）有机合成高分子调节剂。有机合成高分子调节剂种类很多，按聚合度可分为低聚合度（相对分子质量约为 1000 至数万）和高聚合度（相对分子质量为数十万至数百万）。按离子型分有阳离子型、阴离子型、非离子型和两性型。目前国内常用的有机合成高分子调节污泥脱水药剂主要以 PAM（聚丙烯酰胺）为主，尽管它与无机脱水药剂三氯化铁、三氯化铝、硫酸铝、聚合铝等相比，具有渣量少、受 pH 值影响小等优点，但它仍存在费用高、溶解难、脱水效果不高等缺点，因此国内许多专家都在寻找更好的替代品。

D　药剂联合调节

各种调节剂有着不同的结构和作用方式，因此有着各自的优缺点，鉴于各种絮凝剂均有较明显的不足，单独使用已经越来越不能满足生产实践的需要。因此，除了进一步加大力度研发新型高效絮凝剂以外，将调节剂联合应用会得到更好的调节效果，并且各种调节剂的投加顺序也影响调节效果。无机絮凝剂由于其价格低廉，常作为配合絮凝剂使用，以降低处理成本，如先加无机絮凝剂再加有机絮凝剂，既能达到较好的调节效果，也能获得较好的经济效益。

（1）阳离子型表面活性剂和阳离子型聚合物联用。单独加入表面活性剂（阳离子型或阴离子型），对明矾污泥的调理作用均不大。若先加入阳离子型表面活性剂再加入阳离子型聚合物，则有较好的调节作用。表面活性剂吸附在污泥颗粒表面，使表面特性从憎水性变为亲水性，分散了污泥颗粒，颗粒与聚合物能更好地接触，减缓了絮体在过滤过程中的沉降速度，防止了滤孔堵塞。

（2）阳离子型聚合物和非离子型聚合物联用。先加入阳离子型聚合物，使其吸附在污泥表面，形成初级絮体。再加入非离子型聚合物，通过水合力和范德华力，吸附在初级絮体上，形成更大的絮体。混合聚合物的吸附层更密集、更扩展，聚合物与聚合物的接触导致了更强的架桥作用，从而加强了絮凝和脱水。此外，架桥作用也能连接过多的聚合物，使水中的游离聚合物变少，从而克服了加一种聚合物调节易发生的加药量过大、效果明显降低的问题。

（3）无机金属混凝剂和有机两性聚合物联用。由无机金属混凝剂和有机两性聚合物联用开发的颗粒化/浓缩系统（在一个池中完成颗粒化和浓缩），用来取代传统的污泥浓缩池。先用无机金属混凝剂中和污泥表面的负电荷，然后用两性聚合物形成大而强的絮体，在絮凝过程中进行适当的搅拌可使大的絮体颗粒化（8~20mm 的球状颗粒），此颗粒有足够的机械强度，易脱水。

2.1.1.4　生物絮凝调理

微生物絮凝剂具有易于分解、可生物降解、无毒、无二次污染、对环境和人类无害、适用范围广、用量少、污泥絮体密实、高效、价格较低等优点。

20世纪70年代人们开始研制微生物絮凝剂，根据微生物絮凝剂物质组成的不同，微生物絮凝剂可分为三类：（1）直接利用微生物细胞的絮凝剂，如某些细菌、真菌、放线菌和酵母，它们大量存在于土壤活性污泥和沉积物中。（2）利用微生物细胞提取物的絮凝剂，如酵母细胞壁的葡萄糖、甘露聚糖、蛋白质和 N‐乙酰葡萄糖胺等成分均可作为絮凝剂。（3）利用微生物细胞代谢产物的絮凝剂，微生物细胞分泌到细胞外的代谢产物，主要是细菌的夹膜和黏液质。除水分外，其余主要成分为多糖及少量的多肽、蛋白质、脂类及其复合物，其中多糖在某种程度上可作为絮凝剂。

微生物絮凝剂的特征与良好的处理效果决定了它在水处理等众多领域中有很大的应用潜力，取代传统的无机高分子和合成有机高分子得到越来越多的重视。微生物絮凝剂的研究应在絮凝剂产酸菌的培养、絮凝剂的活性控制、拓广研究与应用范畴、进一步降低处理成本等方面进行更深入的研究。

2.1.1.5 超声波调理

超声波调理是物理调理技术之一，是近年开发的新技术。国外研究表明，大功率超声波可以降解污泥，降低其含水率。超声波对污泥能够产生一种海绵效应，使水分更易从波面传播产生的通道通过，从而使污泥颗粒团聚、粒径增大；当其粒径增大到一定程度，就会做热运动相互碰撞、黏结，最终沉淀。超声波可使污泥局部发热、界面破稳、扰动和空化，能够使污泥中的生物细胞破壁，并且加速固液分离过程，改善污泥的脱水性能。另外，超声波对混凝有促进作用。当超声波通过有微小絮体颗粒的流体介质时，其中的颗粒开始与介质一起振动，由于大小不同的粒子具有不同的振动速度，颗粒将相互碰撞、黏合，体积和质量均增大；当粒子变大到不能随超声振动时，只能做无规则运动，继续碰撞、黏合、变大，最终沉淀。

污泥菌胶团内部包含水约占污泥总水量的27%，而菌胶团结构稳定，难以被机械作用（压滤、离心等）破坏，造成污泥脱水困难。

采用 0.11~0.22W/mL 的超声波处理可以破坏菌胶团的结构，使其中的内部水排出，同时保持污泥较大的颗粒，从而提高污泥的沉降性能。超声波和其他方法结合也可使污泥凝聚，改善生物质活性，降低超过 10% 的污泥水含量。此外，超声波还使细胞壁破裂，细胞内含物溶出，可以加速污泥的水解过程，从而达到缩短消化时间、减少消化池容积、提高甲烷产量的目的。超声波能有效地破坏菌胶团结构，将其内部包含水被释放成为可以比较容易去除的自由水，还能加快微生物生长，提高其对有机物的分解吸收能力，而且促进效应在超声波停止后数小时内依然存在。超声波法处理污泥是一种高效、干净的方法。

有研究表明，在超声波处理时间为 90s 的条件下，超声波功率为 44W 时，污泥的含水率最低（为 85% 左右），脱水效果最好；超声波功率小于 44W 或大于 44W 时，污泥含水率均上升，脱水效果变差；加入絮凝剂对污泥脱水有一定的帮助，但在超声波功率为 44W 时几乎无影响。这是因为：适当功率的超声波可以改变污泥的团聚特性，使其更容易脱水；超声波功率太大，产生的空化效应会过分破坏污泥颗粒，增加过滤比阻，反而不易脱水；超声波功率太小，又不能对污泥产生有效的作用，也不宜脱水。只要选用合适功率的超声波，就可以少加或者不加絮凝剂。超声波处理时间太长，输入的总声能量太大，可能会改变污泥的内部结构，增加污泥黏度，使污泥脱水性能变差。因此，超声波处理污泥的时间以 90s 为宜。一般来讲，超声时间越长，污泥释放有机物越多，但脱水也越困难。污泥含水率过低不利于污泥脱水。

超声波应用可改变电解质内部结构，强化电解质对生污泥的活性。超声波通过放大足够的时间来改善污泥的脱水性能，这个时间根据电解质类型、结构和电解质剂量有所不同。聚合体形成的形状和尺寸不尽相同，这会影响到脱水过程的速度、澄清度的产生及污泥体积的减小。在絮状物有效的分解过程中存在着超声波的临界能量点。超声波处理包括几个阶段，在超过临界输入能量点的阶段，多孔聚合物被压实成紧密的聚合体，污泥脱水性能显著恶化。

超声波对污泥的机械作用和空化作用，为控制处理成本，采用超声波促进污泥脱水时，一定要控制在较低的强度（<0.2W/cm³）与较短的处理时间（<2min）内，而促进污泥发酵通常需要较高的超声波强度（>0.3W/cm³）和较长的处理时间（>10min）。超声波处理反应条件温和，污泥降解速度快，适用范围广，可与其他技术结合使用。

2.1.2 污泥浓缩技术

污泥处理处置之前进行减容化和无害化处理。浓缩是污泥减容效果最显著的一步，浓缩池产生的污水通常返回到处理厂的进口处再次处理，浓缩同时产生了脱水处理的浓缩污泥，甚至可用于土地回用。浓缩法的形式多样，主要有重力浓缩法、气浮浓缩法、离心浓缩法三大类。污泥浓缩工艺的选择主要取决于产生污泥的污水处理工艺、污泥的性质、污泥量和需达到的含固率要求。

2.1.2.1 重力浓缩

重力浓缩是污泥中的固体颗粒在重力作用下沉淀和进一步浓缩的过程，是一种沉淀工艺。采用该法可使污泥固含量提高到 4% ~ 5%。根据运行情况重力浓缩可分为间歇式和连续式两种。

在污泥浓缩中，重力浓缩因简便而使用最为广泛。重力浓缩是污泥在沉降中通过形成高浓度污泥层达到浓缩污泥的目的。单独的重力浓缩是在独立的重力浓缩池中完成，工艺简单有效，但停留时间较长时可产生臭味；重力浓缩法适用于初沉污泥、化学污泥和生物膜污泥。

A 重力浓缩基本原理

重力浓缩是污泥在重力场的作用下自然沉降的分离方式，是一个物理过程，不需要外加能量，是一种最节能的污泥浓缩方法。重力浓缩沉降可以分为四种形态：自由沉降、干涉沉降、区域沉降和压缩沉降。

（1）自由沉降。当悬浮物含量不高时，在沉降过程中，颗粒之间互不碰撞，呈单颗粒状态，各自独立地完成沉降过程。沉降的颗粒与上清液之间不形成清晰的界面，但可以见到澄清区域。不过如果所含胶体颗粒不失稳, 还是得不到澄清的上清液。颗粒的沉降速度不受固体颗粒含量的影响, 而决定于颗粒的大小和密度。

(2) 干涉沉降。当悬浮物浓度增大到 50~500mg/L 时, 在沉降过程中, 颗粒与颗粒之间可能互相碰撞产生絮凝作用, 使颗粒的粒径与质量逐渐增大, 沉降速度不断加快。如果将这种悬浮液搅拌后静止放置, 短时间内就会出现由沉降速度最快的颗粒形成的颗粒层, 该层的上方颗粒浓度很低, 残留的颗粒发生自由沉降, 颗粒层中的颗粒以相同的速度沉降, 一般没有清晰的界面。

(3) 区域沉降。当悬浮物浓度大于 500mg/L 时, 在沉降过程中, 相邻的颗粒之间互相妨碍、干扰, 沉速大的颗粒也无法超越沉速小的颗粒, 各自相对位置保持不变, 并在聚合力的作用下, 颗粒群结合成一个整体向下沉降, 与澄清水之间形成清晰的液-固界面, 沉降显示为界面下沉。区域沉降的状态可以用沉降界面高度-沉降时间曲线来描述。初期沉降曲线是直线, 称为等速沉降。之后, 界面沉降速度逐渐降低, 并接近最终沉降高度, 这个时期称为减速沉降期。集合沉降各时期固体浓度不同, 沉降速度也不一样, 随着固体浓度的增大, 沉降速度减慢。

(4) 压缩沉降。颗粒之间互相支撑, 上层颗粒在重力作用下, 挤出下层颗粒的间隙水, 使污泥得到浓缩。压缩沉降过程中界面的沉降速度与通常的沉降速度不同, 它还受到堆积颗粒层高度的影响, 变得十分缓慢。

B 重力浓缩设备

重力浓缩构筑物称重力浓缩池。根据运行方式的不同, 可分为连续式重力浓缩池和间歇式重力浓缩池两种。前者主要用于大、中型污水处理厂; 后者用于小型处理厂或工业企业污水处理厂。浓缩池运行过程中, 应经常对浓缩效果进行测定, 及时予以调节, 确保浓缩池正常运行。浓缩效果通常可用浓缩污泥的浓度、固体回收率和分离率三个指标来评价。

(1) 连续式重力浓缩池。连续式重力浓缩池分为竖流式和辐流式两种。通常的重力浓缩池是辐流式, 可分为有刮泥机与污泥搅动装置、不带刮泥机以及多层浓缩池（带刮泥机）三种。

当用地受到限制时，可考虑采用多层辐射式浓缩池；如不用刮泥机，可采用多斗式浓缩池，依靠重力排泥，斗的锥角应保持55°以上，因此池深较大。

小型连续式浓缩池可不用刮泥机，设一个泥斗即能满足要求。

（2）间歇式重力浓缩池。间歇式重力浓缩池的设计原理同连续式。运行时，应先排除浓缩池中的上清液，腾出池容，再投入待浓缩的污泥。为此应在浓缩池深度方向的不同高度设上清液排除管，浓缩时间一般不宜小于12h。

C　影响重力浓缩效果的因素

（1）悬浮液浓度。由于粒子与液体之间的表观密度差减小，液体的表观黏度增大，流体力学条件发生变化，粒子沉降而被置换出来的液体上升速度因空隙率减小而增大，阻碍了粒子的沉降，因此粒子沉降速度随着悬浮液中固体浓度的增大而减小。

（2）温度。粒子的沉降速度无论在定速期、减速期和压缩期都与黏度成反比，悬浮液的黏度随温度的升高而降低，因此沉降速度增大；温度的变化也影响凝聚状态的变化；温度升高，浓缩池周边四壁的冷却形成悬浮液内的对流，也将影响粒子的沉降。

（3）搅拌强度。外力作用能显著地改变其凝聚状态，搅拌强度太大，往往会破坏其凝聚状态，降低沉降速度。合适的搅拌强度有利于促进凝聚，增大沉降速度。凝聚状态的变化，也会改变压缩脱水的机制。总体而言，搅拌对沉降浓缩全过程的影响是复杂的。

（4）设备结构。直径过小，沉降受池壁影响，往往容易形成架桥现象，或者设备倾斜时，沉降速度也与正常沉降速度不同。因此，应选用直径大于6cm的容器进行试验，取得设计参数。

此外，污泥的性质（SVI、污泥龄等），对浓缩也有重要的影响。

D　重力浓缩池的运行管理

运行中常遇到的问题包括：初沉淀污泥或初沉淀污泥与剩余活性污泥混合浓缩时的厌氧发酵问题；剩余活性污泥浓缩时的膨胀问题。前一问题的解决办法是加氯；后一问题与曝气池的运行有密切关系，采用生物法、化学法和物理法等方法进行处理解决。

　　生物法主要是协调细菌的营养，当碳氮比失调时，可在入流污泥中投加氮源（如尿素、碳酸氨、氯化铵或消化池的上清液），改变碳氮比，是解决浓缩池中污泥膨胀的根本方法。

　　化学法主要是用化学药剂来抑制丝状菌的过度生长或改善污泥的沉降性能，如加入氯、投加过氧化氢 H_2O_2 等药剂抑制污泥膨胀。化学法不能从根本上解决膨胀，只能作为临时措施。

　　物理法是投加惰性固体，如黏土、活性气、石灰、消化污泥、初沉污泥、污泥焚烧灰等；或加絮凝剂，如明矾、铁矾、高分子絮凝剂和石灰等，提高活性污泥的沉降性能，解决膨胀问题。

　　为从根本上解决重力浓缩过程中遇到的问题，应经常对浓缩效果采用浓缩比、固体回收率和分离率进行综合评价。一般来讲，浓缩初沉污泥时应控制浓缩比大于2，固体回收率大于90%；浓缩活性污泥与初沉污泥组成的混合污泥时应控制浓缩比大于2，分离率大于85%。

2.1.2.2　气浮浓缩

　　气浮浓缩与重力浓缩相反，是依靠大量微小气泡附着在污泥颗粒的周围，减小颗粒的相对密度而强制上浮。因此气浮法对相对密度接近1的污泥尤其适用。气浮浓缩一般使污泥含水率99%以上降低到95%~97%，澄清液的悬浮物浓度不超过0.1%，可回流到废水处理厂的进水泵房。气浮浓缩法操作简便，运行中同样有一定臭味，动力费用高，对污泥沉降性能（SVI）敏感；适用于剩余污泥产量不大的活性污泥法处理系统。由于活性污泥难以沉降，气浮浓缩逐渐完善，大有取代重力浓缩之势，成为污泥浓缩的重要手段。

A　气浮浓缩基本原理

　　气浮法是通过某种方法产生大量的微气泡，使其与废水中密度接近于水的固体或液体污染物微粒黏附，形成密度小于水的气浮体，在浮力的作用下，上浮至水面形成浮渣，进行固－液或液－液分离的一种技术。气浮法用于从废水中去除相对密度小于1的悬浮物、油类和脂肪，并用于污泥的浓缩。

在一定温度下，空气在水中的溶解度与空气受到的压力成正比，服从亨利定律。当压力恢复到常压后，所溶空气即变成微细气泡从液体中释放。大量微细气泡附着在污泥颗粒的周围，可使颗粒相对密度减少而被强制上浮，达到浓缩的目的。因此，气浮的关键在于产生微气泡，并使其稳定地附着在污泥絮体上面产生上浮作用。气体对固体颗粒的附着力大小与固体颗粒物的形态、粒径、表面性质有关，也与气泡的大小有关。固体颗粒和气泡的直径小，附着的气泡多，且较稳定。气泡也容易附着在疏水性固体颗粒的表面。活性污泥虽然是亲水性的，但由于能形成絮体，污泥颗粒在絮凝过程中能捕集气泡，絮体的捕集作用和吸附作用，足以使污泥颗粒表面附着大量气泡，从而使絮体的密度减轻而达到气浮的目的。

气浮浓缩的工艺可分为无回流，用全部污泥加压气浮；有回流水，用回流水加压气浮两种方式运行。

B 气浮法的形式和特点

根据微气泡产生方式，气浮法分为加压溶气气浮法、真空气浮法、电解气浮法和分散空气气浮法四种形式。活性污泥浓缩中广泛应用压力溶气气浮工艺。气浮浓缩法与沉降法、离心法相比有以下特点：

（1）气浮浓缩污泥的含固率高于沉降法，低于离心法；

（2）气浮法的固体负荷和水力负荷较高，水力停留时间短，构筑物体积小；

（3）气浮法对水力冲击负荷缓冲能力强，能获得稳定的浮泥浓度及澄清水质，能有效地浓缩膨胀的活性污泥；

（4）气浮法能防止污泥在浓缩过程中腐化，避免气味问题；

（5）气浮浓缩法电耗比沉降法高，比离心法低。

C 影响气浮浓缩效果的因素

影响气浮浓缩的因素很多，主要有压力、循环比、流入污泥浓度、停留时间、气固比、污泥种类和性质、固体负荷和水力负荷、絮凝剂的使用与否等。

（1）溶气压力。溶气压力是污泥气浮浓缩法一个重要参数。研究发现，压力过高，单位水量所形成的微气泡过多，会发生微气泡并聚，生成的大气泡与污泥附着力降低，从而引起浮泥上升速度降低。溶气压力的选择范围通常在 0.20 ~ 0.30MPa 之间。

空气压力决定空气的饱和状态和形成微气泡的大小，也是影响浮渣浓度和分离液水质的重要因素。

（2）微气泡直径。在气固比一定的情况下，气泡直径越小，气泡总表面积越大，与污泥的碰撞黏附机会也就越多，出水越澄清。气泡直径小于 70μm 时，出水固体颗粒物浓度可小于 20mg/L；加压溶气气泡直径在 30 ~ 120μm 之间，适宜于浓缩活性污泥。当然，微气泡的直径与减压方法有关。

（3）溶气水和污泥接触时间。通常用于泥水分离的气浮池都设有接触反应区。然而，许多研究表明，溶气水与污泥混合后，在极短的接触时间内，污泥上气泡附着量就达最大值。延长接触时间，附着量反而减少，对污泥 – 气泡体的上升速度不产生明显影响。研究表明，接触时间仅需 5s 即能满足工程要求。

（4）浮泥停留时间、浮泥厚度和浮泥含固率。气浮池表面泥层中顶层含固率最大，随着深度的增加含固率逐渐减少，当浮泥层很薄时，浮泥浓度随着深度的增加下降很快，而当浮泥层达到一定值时，曲线平缓。因此，即使在完全相同的条件下运行，如果保持的泥厚相差很大，或者因刮泥板设置深度、刮泥周期的不同所得到的浮泥平均浓度也不相同。当然，应注意浮泥厚度，保持浮泥层适宜厚度，如浮泥层过厚，浮泥不易取出来，另外减小了澄清区的高度，浮泥底部易受到冲刷，影响出水水质。

（5）气固比。气固比是指气浮池中析出的空气量 A 与流入的固体量 S 之比，气固比是主要控制参数，直接影响运行费用。气固比的大小主要根据污泥的性质确定，活性污泥浓缩时 A/S 的适宜范围为 0.01 ~ 0.05，一般为 0.02。

（6）固体负荷。据报道：溶气压力为 0.4MPa，a_s = 0.015 ~ 0.02，固体负荷 L_B 为 192kg/($m^2 \cdot d$)，SVI = 120 ~ 250 时，澄清水 SS 仍为 20mg/L。在气浮浓缩池中，即使水力负荷高达 9m^3/($m^2 \cdot h$)（L_B = 200kg/($m^2 \cdot d$)，a_s = 0.03），也能获得令人满意的浓缩效果。

另外，据资料介绍，美国洛杉矶市污水厂所采用的固体负荷高达 840kg/($m^2 \cdot d$)。有研究报道，若以 $L_B = 300kg/(m^2 \cdot d)$、$L_W = 10 \sim 12m^3/(m^2 \cdot h)$ 的参数连续运行，也获得了含固率为5.5%的浮泥。当 L_B 小于 800kg/($m^2 \cdot d$) 时，较大的 L_B 对于浓缩效果没有很大的影响；但 L_B 较大时，出水 SS 较高。

（7）循环比。循环水量应控制在合适的范围，水量太小，释放出的空气量太少，不能达到气浮效果；水量增加，释放的空气量多，可以将流入的污泥稀释，减少固体颗粒对分离速度的干涉效应，对浓缩有利。但是水量过大，不仅能耗升高，也可能影响微气泡的形成。

压力、循环比、气固比和固体负荷确定后，还应调节水力负荷。水力负荷太高，易使上清液中固体浓度升高。对活性污泥一般应控制在 120m^3/($m^2 \cdot d$) 以内。

D　气浮浓缩装置

气浮浓缩装置主要由三部分组成，即压力溶气系统、溶气释放系统及气浮分离系统。压力溶气系统包括水泵、空压机、压力溶气罐及其他附属设备，其中压力溶气罐是影响溶气效果的关键设备。溶气释放设备一般由溶气释放器（或穿孔管、减压阀）及溶气水管路组成。溶气释放器的功能是将压力溶气水通过消能、减压，使溶入水中的气体以微气泡的形式释放出来，并能迅速又均匀地附着到污泥絮体上。气浮分离系统一般可分为三种类型，即平流式、竖流式及综合式。

E　气浮浓缩优缺点

气浮浓缩法运行过程中应注意絮凝剂投加与否、污泥体积指数 SVI 的变化、刮泥周期长短等问题。气浮浓缩不一定要投加絮凝剂。

污泥膨胀无助于气浮浓缩。因此当发现 SVI 值不在正常的范围内时，应采用物理法、化学法或生物法来控制。

气浮浓缩停留时间短、容积小。同时，由于通入压缩空气与提高压力，可以进一步满足活性污泥的生化需氧量的要求，可避免污泥的腐化发臭和脱氮上浮。但气浮浓缩的运行费用比重力浓缩高 2 ~

3 倍，管理较复杂。

2.1.2.3 离心浓缩及其他浓缩法

A 离心浓缩

离心浓缩指利用离心力分离悬浮液中杂质的方法。污水做高速旋转时，由于悬浮固体和水的质量不同，所受的离心力也不同，质量大的悬浮固体被抛向外侧，质量小的水被推向内侧，这样悬浮固体和水从各自出口排除，从而使污水得到处理。离心浓缩法就是利用污泥中的固体和液体密度及惯性不同，在离心力场所受到的离心力不同而被分离。由于离心力远远大于重力或浮力，分离速度快，浓缩效果好。

离心浓缩是利用污泥中的固、液密度不同而具有的不同离心力进行浓缩。离心浓缩的特点是自成系统，效果好，操作简便；但投资较高，动力费用较高且需要较高的维护水平；适用于大中型污水厂生物和化学污泥。

按产生离心力的方式不同，离心分离设备可分为离心机和水力旋流器两类。目前常用的离心浓缩机有螺旋滗水型卧式离心机和笼形立式离心机两种。前者浓缩污泥从转筒中由螺旋将其排出，分离因数 $G = 1000 \sim 3000$；而后者通过集泥管排出。

水力旋流浓缩水力旋流器根据产生水流旋转的能量来源，可分为压力式和重力式两种。重力式旋流器靠进出水的水头差作推动力，离心力的作用并不重要，固体的分离基本上由重力决定，分离因数较小，污泥浓缩很少使用。

压力式旋流器是先用泵或利用水压差将污泥从进泥管以切线方向高速送入圆筒内，使污泥形成旋流，并沿圆锥体沉降成为浓缩悬浮液，并从排泥管排出。而含细小颗粒的上清液沿旋流器中央形成的漩涡上升，经中心管上升，再从出水管溢流出去。

水力旋流器是利用旋流产生的离心沉降分离现象，代替机械旋转体的离心沉降分离，达到浓缩的目的。实际生产中大型污泥浓缩装置较少应用。

B 带式浓缩机浓缩

带式浓缩机一般与带式脱水机联合使用,根据浓缩机与脱水机的安装关系,可分为一体机、组合机和分体机三种。目前一般引进采用结构紧凑、占地小的一体机,该类型设备将浓缩机与脱水机组装在一个机架上,浓缩段在上、脱水段在下,由一套驱动电机、清洗水泵、调偏机构、进布料器组成一个整体。为保证浓缩效果,一体化浓缩脱水机安装有把式分料器、翻转装置。为改善污泥脱水性能而投加絮凝剂,一般安装有三孔式文丘里管道混合器。

浓缩脱水一体化设备工艺流程简单、工艺适应性强、自动化程度高、运行连续、控制操作简单和过程可调节性强等,正得到越来越多的设计单位和用户特别是中小污水处理厂用户的关注。在项目工艺设计和运行操作时应注意:把浓缩脱水一体化设备与普通脱水机相区分,浓缩脱水一体化设备与现有工艺应匹配,实际处理能力达到设计要求,保证泥饼质量等。

带式浓缩机主要由框架、进泥配料装置、脱水滤布、可调泥耙和泥坝组成。工作时污泥进入浓缩段,被均匀摊铺在滤布上,好似一层薄薄的泥层,在重力作用下泥层中污泥的表面水大量分离并通过滤布空隙迅速排走,而污泥固体颗粒则被截留在滤布上。带式机械浓缩机通常具备很强的可调节性,其进泥量、滤布走速、泥耙夹角和高度均可进行有效的调节以达到预期的浓缩效果,主要用于污泥浓缩脱水一体化设备的浓缩段。

水力负荷是影响浓缩效果的主要因素,一般设备厂家通常会根据具体的泥质情况提供水力负荷或固体负荷的建议值。设计选型的水力负荷可按 $40 \sim 45 \ \mathrm{m^3/(m\ 带宽 \cdot h)}$ 考虑。

C 转鼓机械浓缩

转鼓机械浓缩是将经化学混凝的污泥进行螺旋推进脱水和挤压脱水,是污泥含水率降低的一种简便高效的机械设备,主要用于浓缩脱水一体化设备的浓缩段。

转鼓转筛浓缩 + 带式脱水的机型对易脱水的污泥,特别是初沉池的污泥或初沉池与二沉池的混合污泥进行浓缩脱水,可以取得较好的效果。对于比较难处理的剩余活性污泥或长泥龄工艺产生的剩余活性污泥，转鼓转筛浓缩 + 带式脱水一体化机型的效果往往就不如带式一体机，泥饼含固率最多接近 20% （国外厂商样本一般注明为 16% ~ 19% ）。

D 生物气浮浓缩

生物气浮浓缩由瑞典 Sirnoma Ciamb 于 1983 年开发。该法利用污泥的自身反硝化能力，加入硝酸盐，通过污泥进行反硝化作用产生气体使污泥上浮而进行浓缩。硝酸盐浓度、温度、碳源、初始污泥浓度、泥龄、运行时间对污泥的浓缩效果有较大影响。浮泥浓度是重力浓缩的 1.3 ~ 3 倍，对膨胀污泥也有较好的浓缩效果，浮泥中所含气体少，对污泥后续处理有利。

生物气浮浓缩工艺的日常运转费用比重力浓缩工艺和压力溶气气浮工艺低、能耗小、设备简单、操作管理方便，但水力停留时间比压力溶气气浮工艺长，需投加硝酸盐。

E 涡凹气浮浓缩

涡凹气浮系统通过独特的涡凹曝气机将微气泡直接注入水中，而不需要事先进行溶气，然后通过散气叶轮把微气泡均匀地分布于水中，污水回流通过涡凹抽真空作用而实现。涡凹气浮浓缩适合于低浓度剩余污泥的浓缩。

2.1.3 污泥消化

2.1.3.1 厌氧消化

厌氧消化处理是一种在厌氧状态下利用微生物使各种类型的有机物转化为 CH_4、CO_2、H_2O 和 H_2S 的消化技术，它可以去除废物中 30% ~ 50% 的有机物并使之稳定化。是目前国际上最常用的污泥生物处理方法，也是大型污水厂最为经济的污泥处理方法。

A 厌氧消化的原理

污泥厌氧消化的生物化学反应过程非常复杂的，中间反应及中间产物有数百种，每种反应都是在酶或其他物质的催化下进行的，总的反应式为：

有机物 $+ H_2O +$ 营养物 $\xrightarrow{\text{厌氧微生物}}$

细胞质 $+ CH_4 + CO_2 + NH_3 + H_2 + H_2S + \cdots +$ 抗性物质 $+$ 热量

参与厌氧分解的微生物主要为水解菌和产甲烷菌。由于参加反应的微生物种类繁多，厌氧消化过程变得非常复杂。一些学者对厌氧消化过程中物质的代谢、转化和各种菌群的作用等进行了大量的研究。目前，对厌氧消化的生化过程有两段理论、三段理论和四段理论。

a 三段理论

厌氧消化一般可以分为三个阶段，即水解阶段、产酸阶段和产甲烷阶段，每一阶段各有其独特的微生物类群起作用。水解阶段起作用的细菌称为消化细菌，包括纤维素分解菌、蛋白质水解菌。产酸阶段起作用的细菌是醋酸分解菌。这两个阶段起作用的细菌统称为不产甲烷菌。产甲烷阶段起作用的细菌是甲烷细菌。

1）水解阶段。消化细菌利用胞外酶对有机物进行体外酶解，使固体物质变成可溶于水的物质；然后，细菌再吸收可溶于水的物质，并将其酵解成为不同产物。高分子有机物的水解速度很慢，它取决于物料的性质、微生物的浓度，以及温度、pH 值等环境条件。

2）产酸阶段。水解阶段产生的简单的可溶性有机物在产氢和产酸细菌的作用下，进一步分解成挥发性脂肪酸（如丙酸、乙酸、丁酸、长链脂肪酸）、醇、酮、醛、二氧化碳和氢气等。

3）产甲烷阶段。产甲烷菌将第二阶段的产物进一步降解成甲烷和二氧化碳，同时利用产酸阶段所产生的氢气将二氧化碳再转变为甲烷。产甲烷阶段的生化反应相当复杂，其中 72% 的甲烷来自乙酸，目前已经得到验证的主要反应有：

$$CH_3COOH \longrightarrow CH_4 + CO_2$$
$$4H_2 + CO_2 \longrightarrow CH_4 + 2H_2O$$
$$4HCOOH \longrightarrow CH_4 + 3CO_2 + 2H_2O$$
$$4CH_3OH \longrightarrow 3CH_4 + CO_2 + 2H_2O$$
$$(CH_3)_3N + 6H_2O \longrightarrow 9CH_4 + 3CO_2 + 4NH_3$$

$$4CO + 2H_2O \longrightarrow CH_4 + 3CO_2$$

由上面的反应式可见，除乙酸外二氧化碳和氢的反应也能产生一部分甲烷，少量甲烷来自其他一些物质的转化。产甲烷细菌的活性大小取决于在水解和产酸阶段所提供的营养物质。对于以可溶性有机物为主的有机废水，由于产甲烷菌的生长速度慢，对环境和底物要求苛刻，产甲烷阶段是整个反应过程的控制步骤；而对于以不溶性高分子有机物为主的污泥、垃圾等废物，水解阶段是整个厌氧消化过程的控制步骤。

b 两段理论

两段理论将厌氧消化过程分成两个阶段，即酸性发酵阶段和碱性发酵阶段。在分解初期，产酸菌的活动占主导地位，有机物被分解成有机酸、醇、二氧化碳、氨、硫化氢等，由于有机酸大量积累，pH 值随之下降，故把第一阶段称作酸性发酵阶段。在分解后期，产甲烷细菌占主导作用，在酸性发酵阶段产生的有机酸和醇等被甲烷菌进一步分解产生甲烷和二氧化碳等。由于有机酸的分解和所产生的氨的中和作用，使得 pH 值迅速上升，发酵从而进入第二个阶段——碱性发酵阶段。到碱性发酵期后期，可降解有机物大都已经被分解，消化过程也就趋于完成。厌氧消化利用的是厌氧微生物的活动产生生物气体，生产可再生能源；且无需氧气的供给，动力消耗低；但缺点是发酵效率低，消化速度慢稳定化时间长。

B 厌氧消化主要影响因素

影响厌氧消化过程的因素很多，其中主要有厌氧条件、污泥成分、温度、pH 值、添加物和抑制物、接种物和搅拌等。

（1）污泥成分。城市污水处理厂的污泥主要由碳水化合物、脂肪和蛋白质等三类有机物组成，不同的污泥其有机物的种类数量不一样，则产生的沼气量和甲烷含量也不一样，通常脂肪类物质量多则气体的产生量增加，气体的发热量也提高。有机物含量高的污泥，气体的发生量也高。

厌氧发酵的原料也必须含有厌氧细菌生长所必需的 C、N、P 等营养元素，并且应控制适宜的碳氮比、碳磷比。大量研究表明，厌氧发酵的碳氮比以（20~30）：1为宜。碳氮比过小，细菌增殖量降低，氮不能被充分利用，过剩的氮变成游离的 NH_3，抑制了甲烷细菌的活动，厌氧消化不易进行。但碳氮比过高，反应速度降低，产气量明显下降。如对生物处理过程中的污泥，特别是剩余活性污泥是难以单独进行厌氧消化的，必须混合其他含碳氮比高的物料。

（2）温度。温度是影响产气量的重要因素，通常在一定温度内，温度越高，产气量越高。因为温度高时原料中细菌活跃，分解速度快，使得产量气体增加。厌氧消化可在较为广泛的温度范围内进行（12~65℃）。低温时，虽然厌氧消化也可进行，但消化的速率低、速度慢、产气量低，不易达到卫生上杀灭病原菌的目的。

低于20℃的称为常温发酵，在35~38℃称为中温发酵，50~65℃称为高温发酵。常温发酵成本低廉、施工容易、便于推广。但该工艺的消化温度不受人为控制，基本上是随气温变化而不断变化，通常夏季产气率较高，冬季产气率较低，故消化周期需视季节和地区的不同加以控制。

而为了提高消化速度、缩小厌氧消化设备的体积和改善卫生效果，常采用较高的消化温度。可通过加热、保温等措施以保持期望的消化温度。此外，需要注意，甲烷菌对温度的积聚变化非常敏感，温度上升过快或出现很大温差时会对产气量不良影响。因此，厌氧消化过程还要求相对稳定，一天内的温度变化保持在2℃内为宜。高温消化工艺的最佳温度范围是47~55℃，此时有机物分解旺盛、发酵快，物料在厌氧池内停留时间短，非常适用有机污泥的处理。

（3）pH值。甲烷发酵微生物细胞内的细胞质pH值一般呈中性，同时，细胞具有保持中性环境、进行自我调节的功能。其次，甲烷发酵细菌可以在较广的pH值范围内生长，在pH值为5~10的范围内均可发酵。不过对于产甲烷菌来说，维持弱碱环境是绝对必要的，当pH低于6.2时，它就会失去活性。因此，在产酸菌和产甲烷菌共存的厌氧消化过程中，系统的pH值应控制在6.5~7.5之间，最佳pH值范围是7.0~7.2。

在甲烷发酵过程在中，pH值也有规律地变化。发酵初期大量产酸，pH值下降；随后，由于氨化作用的进行而产生氨，氨溶于水，中和有机酸使 pH 值回升，这样可以使 pH 值保持在一定的范围内，维持 pH 值环境的稳定。在正常的甲烷发酵中，pH 值有一个自行调节的过程，无需随时调节。

当有机物负荷过高或系统中存在某些抑制物质时，对环境要求苛刻的产甲烷菌会首先受到影响，从而造成系统中挥发性脂肪酸的积累，致使 pH 值下降。pH 值的降低反过来又会抑制产甲烷菌的生长，从而导致消化过程的停止。为提高系统对 pH 值的缓冲能力，需要维持一定的碱度，可通过投加石灰或含氮物料的办法进行调节。

（4）添加物和抑制物。在消化液中添加少量有益的化学物质，有助于促进厌氧消化，提高产气量和原料利用率。分别在发酵液中添加少量的硫酸锌、磷矿粉、炼钢渣、碳酸钙、炉灰等，均可不同程度地提高产气量、甲烷含量以及有机物质的分解率，其中以添加磷矿粉的效果最佳。添加过磷酸钙，能促进纤维素、提高产气量。添加少量钾、钠、镁、锌、磷等元素，能促进产气、提高产气率。

与上述相反，有许多化学物质能抑制发酵微生物的生命活力。厌氧消化过程中，当原料中含氮化合物多，蛋白质、氨基酸、尿酸、尿素被分解成氨盐，甲烷发酵就受到阻害。因此当原料中氮化合物比较高的时候应适当添加碳源，调节 C/N 在（20~30）∶1 范围内，能够避免抑制的发生。厌氧消化过程中挥发性脂肪酸和氢气的累积，往往是由于甲烷菌的生长受到了抑制。例如，系统中氧的存在就会对产甲烷菌形成抑制。此外，还有一些抑制物质如铜、锌、铬、镍、锡等的重金属及氰化物等，当其浓度超过限制时，也会对厌氧微生物产生不同程度的抑制作用而成为阻害物质。厌氧发酵时应尽量避免这些物质的混入。

（5）接种物。厌氧消化中细菌数量和质量的好坏直接影响沼气的产生。不同来源的厌氧发酵接种物，对产气和气体的组成有不同的影响。若反应器中厌氧微生物的数量和种类不够时，则需要从外界人为添加微生物。消化池启动时，把另一消化池中含有大量微生物的成熟污泥加入其中与生污泥充分混合，称为污泥接种。接种污泥应尽可能含有消化过程中所需的兼性厌氧菌和专性厌氧菌，以有害代谢产物少的消化污泥为宜。活性低的、老的消化污泥，比活性高的新污泥更能促进消化作用。

消化池中消化污泥数量越多，有机物的分解过程就越活跃，单位质量有机物的产气量就越多。总的来讲，污泥接种可以促进消化，接种污泥的数量一般以生污泥量的 1~3 倍最为经济。

（6）搅拌。搅拌的目的是使发酵原料分布均匀，增加微生物与发酵基质的接触，也使发酵的产物及时分离，从而提高产气量。有效的搅拌可以增加物料与微生物接触的机会；使系统内的物料和温度均匀分布；防止局部出现酸积累；使生物反应生成的硫化氢、甲烷等对厌氧菌活动有阻害的气体迅速排除；使产生的浮渣被充分破碎。

C 常用污泥消化工艺

在实际工程中常应用的厌氧消化工艺有四种：常规中温厌氧消化、高负荷厌氧消化、两级消化和中温/高温两步消化。

（1）常规中温厌氧消化。这是最老的厌氧消化工艺，也称为普通或标准厌氧消化工艺。脱水污泥不经预热直接进入间歇运行的消化罐内，消化罐内通常不设置搅拌装置，而是利用产生的沼气搅拌污泥。由于搅拌作用不充分，罐内的污泥分为四个区域：浮渣层、悬浮层、活性层及稳定固体层。稳定后的污泥由罐底部周期性地排出，上层和中层的污泥则在每次进料时一并排出，直接或经预处理后回到污水处理设施中。全池温度不均匀，影响着消化与产气量，消化时间为 30~60d。由于消化罐只有约 50% 的容积被利用，该工艺适于小型的污水处理厂。

（2）高负荷厌氧消化。高负荷厌氧消化是在研究证实可以人工控制消化池内环境条件后发展起来的。该工艺具有加热和搅拌装置、进料速度稳定、污泥消化前需经浓缩处理，不存在分层现象，全池处于活跃的消化状态，消化时间为 10~15d，约为常规中温厌氧消化时间的 1/3，固体负荷提高 4~6 倍，消化池容积可减少 30%。

高负荷消化池既可用于中温，也可用于高温消化过程。大部分消化池在中温条件操作，需要的热能少，工艺稳定性更好；如存在难于消化的固体或油脂含量高，可采用高温消化。在高温操作条件下，可提高消化速率，减少消化池体积，增加了病原微生物的杀灭率，但工艺稳定性变差，控制较困难。

高温消化池为达到活性工作体积，通常设置有搅拌装置，维持消化池内稳定的环境条件，避免冲击负荷和营养过剩与营养不足，改善消化过程的稳定性和消化效率。高负荷消化池很少采用连续进料，通常的做法是把污泥按一定的时间间隔间歇投加到消化池中。进料方式又分为在污泥排出的前段时间进料与在搅拌和进料前排出污泥两种方式。

污泥浓缩则可以减少通过消化池的污泥量，那么对于给定的停留时间可以采用体积更小的消化池体积。但过分浓缩则可能会使消化池的混合变得困难，对毒物或负荷引起的冲击更加敏感。

（3）两级消化。通常的厌氧消化采用的都是单个反应器，把两种生长速度、环境条件要求完全不同的微生物限制在同一个反应器中，是不可能同时满足两者的最适生长需要的，因而会影响系统的厌氧消化效率。

两级消化工艺是根据沼气消化过程分为产酸和产甲烷二个阶段原理开发的。其基本特点是沼气消化过程中的产酸和产甲烷过程分别在不同的装置中进行，并分别给出最适条件，实行分步的严格控制，以实现沼气消化过程的最优化，因此单位产气率及沼气中的甲烷含量较高。在第一消化池消化 7~12d 左右；然后将污泥排入第二消化池继续消化，消化温度 20~26℃，消化时间 15d 左右。通过两级消化过程可以减少消化池总体积，但基建费用和操作费用会有所增加。

（4）中温/高温两步消化。该工艺是在污泥中温厌氧消化前设置高温厌氧消化阶段。污泥预热温度为 50~60℃，前置高温段污泥停留时间为 1~3d，后续厌氧中温消化时间可从 20d 左右减少至 12d 左右，总的停留时间为 15d 左右。该工艺同时增加了总有机物的去除率和产气率，并可完全杀灭污泥中的病原菌。

2.1.3.2 好氧消化

A 好氧消化理论与机制

污泥好氧消化法是在延时曝气活性污泥法的基础上发展起来的，

其目的在于稳定污泥、减轻污泥对环境和土壤的危害，同时减少污泥的最终处理量。污泥好氧消化法具有稳定和灭菌、投资少、运行管理方便、基建费用低、最终产物无臭以及上清液 BOD_5 浓度低等优点，特别适合于中小型污水厂的污泥处理。污泥好氧消化法在 20 世纪 60 ~ 70 年代初非常盛行。美国、日本、加拿大等国家都有不少中小型污水厂采用此法；加拿大的一个省就有 20 余个小型污水厂采用此方法；丹麦大约有 40% 的污泥使用好氧消化法进行稳定化处理。污泥好氧消化处理技术的缺点是动力消耗大。

污泥好氧消化是在不投加其他底物的条件下，对污泥进行较长时间的曝气，使污泥中微生物处于内源呼吸阶段进行自身氧化，并以此来获得能量。在此过程中，细胞物质中可生物降解的组分被逐渐氧化成 CO_2、H_2O 和 NH_3，NH_3 再进一步被氧化成 NO_3^-。污泥好氧消化的机制，取决于所处理污泥类型。

对初沉污泥来讲，其中的有机物必须通过生物酶的作用而转化成微生物可降解的溶解部分，并作为微生物所需的能量和养料。随着有机物氧化的继续，底物供应受到限制，微生物进入衰亡期，耗氧率也随之下降。当供应的底物耗尽时，将迫使微生物依靠内部贮存的物质作为能源，于是微生物进入内源代谢和内源呼吸阶段。

初沉污泥的好氧消化，导致曝气池中具有较高的底物与微生物量（F/M），因此初沉污泥中的有机物由于合成而转化为细菌的细胞质，使得挥发固体的总浓度变化很小。正因为如此，要达到细菌的细胞质破坏占优势阶段，需要极长的停留时间。

对二沉污泥来讲，其好氧消化过程可看作是活性污泥法的延伸，底质与微生物之比相当低，并很少发生细胞合成；主要的反应是氧化作用和使细胞组分破坏的细胞溶解和自身氧化呼吸。微生物的细胞壁由多糖类物质组成，具有相当大的耐分解能力，使好氧消化法排出物中仍有挥发性悬浮固体存在，而这一残留挥发部分是很稳定的，对此后的污泥处理或土壤处置不会产生影响。

B 好氧消化主要影响因素

好氧消化工艺受污泥性质、污泥浓度、温度、停留时间、碳氮比、碳磷比、pH 值等因素影响。

（1）温度。温度对好氧消化的影响很大。温度高时，微生物代谢活性强，即比衰减速率较大，达到要求的有机物 VSS 去除率所需 SRT 短。当温度降低时，为达到污泥稳定处理的目的，则要延长污泥停留时间。

（2）停留时间 SRT。VSS 的去除率随着 SRT 的增大而提高，但是相应地处理后剩余物中的惰性成分也不断增加，当 SRT 增大到某一个特定值时，即使再增大 SRT，VSS 的去除率也不会再明显提高。对 SOUR 也存在着相似的规律，SOUR 随 SRT 的增大而逐渐下降，当 SRT 增大到某一个特定值时，即使再增大 SRT，SOUR 也不会有明显下降。这一特点与进泥的性质、可生物降解性及温度有较大关系。一般温度为 20℃时，SRT 为 25~30 天。

（3）pH 值。污泥好氧消化的速率在 pH 值接近中性时最大，当 pH 值较低时，微生物的新陈代谢受到抑制，有机物的去除率随之降低。在 CAD 工艺中，会发生硝化反应，消耗碱度，引起 pH 值下降至 4.5~5.5，因此一部分 CAD 工艺可添加化学药剂，如石灰等来调节 pH 值。pH 值的提高也会相应地提高对病原菌的灭活。实际上，在 ATAD 中 pH 值通常可以达到 7.2~8.0。

（4）曝气与搅拌。在好氧消化中，确定恰当的曝气量是很重要的。一方面要为微生物好氧消化提供充足的氧源（消化池内 DO 浓度大于 2.0 mg/L），同时满足搅拌混合的要求，使污泥处于悬浮状态。另一方面，若曝气量过大，会增加运行费用。好氧消化可采用鼓风曝气和机械曝气，在寒冷地区采用淹没式的空气扩散装置有助于保温，而在气候温暖的地区可采用机械曝气。当氧的传输效率太低或搅拌不充分时，会出现泡沫问题。

（5）污泥类型。CAD 消化池内污泥停留时间与污泥的来源有关。一般认为，CAD 适用于处理剩余污泥，而对初沉污泥，则需要更长的停留时间。这是因为初沉池污泥以可降解颗粒有机物为主。微生物首先要氧化分解这部分有机物，合成新的细胞物质，只有当有机物不足时，才会消耗自身物质，进入内源呼吸阶段。

进入 ATAD 的污泥均应先进行浓缩，一方面可以减少消化反应器的体积，降低搅拌和曝气的能耗；另一方面可以提供足够的热量，使反应器温度达到高温范围。一般污泥经过重力浓缩即可满足要求。

污泥负荷为 $F:M=0.1\sim0.15\ kgBOD_5/(kgVSS \cdot d)$ 的污泥适合用 ATAD 法处理。

C 好氧消化工艺

污泥好氧消化包括常温好氧消化和高温好氧消化（50～60℃）两类。高温好氧消化技术由于杀菌消毒效果好，近几年得到了越来越多的研究和应用。常用的污泥好氧消化工艺有如下几种。

（1）传统污泥好氧消化（CAD）工艺。CAD 工艺主要通过曝气使微生物在进入内源呼吸期后进行自身氧化，从而使污泥减量。CAD 工艺设计运行简单，易于操作，基建费用低。传统好氧消化池的构造及设备与传统活性污泥法的相似，但污泥停留时间很长。一般大中型污水处理厂的好氧消化池采用连续进泥的方式，其运行与活性污泥法的曝气池相似。消化池后设置浓缩池，浓缩污泥一部分回流到消化池中，另一部分被排走（进行污泥处置），上清液被送回至污水处理厂首端与原污水一同处理。间歇进泥方式多被小型污水处理厂所采用，在运行中需定期进泥和排泥。

（2）缺氧/好氧消化（A/AD）工艺。A/AD 工艺是在 CAD 工艺的前端加一段缺氧区，利用污泥在该段发生反硝化反应产生的碱度来补偿硝化反应中所消耗的碱度，所以不必另行投碱就可使 pH 值保持在 7 左右。另外，在 A/AD 工艺中 $NO_3^- - N$ 替代 O_2 作最终电子受体，使得耗氧量比 CAD 工艺节省了 18%（仅为 1.63kg/kgVSS）。

CAD 工艺和 A/AD 工艺的主要缺点是供氧的动力费较高，污泥停留时间较长，特别是对病原菌的去除率低。Suranmpalli 的研究表明，在温度为 20℃时即使 SRT 达到 42d，也不能保证对病原菌的去除达到 99.99%。

目前，欧美等国已有许多污水处理厂采用 Aer – TAnM 工艺。几乎所有的运行经验及实验室研究都表明，该工艺可显著提高对病原菌的去除率（消化出泥达到美国 EPA 的 A 级要求）和后续中温厌氧消化运行的稳定性（低 VFA 浓度，消化出泥高碱度）。与单相中温厌氧消化工艺比较，Aer – TAnM 工艺在提高 VSS 的去除率、产甲烷率和污泥的脱水性能方面也有一定的优势。

污泥好氧消化工艺各有优缺点，在应用时应根据实际情况综合考虑并进行选择。缺氧/好氧消化工艺具有 CAD 的运行管理简单，操作方便的优点，可利用原有的 CAD 设施进行改造，并且比 CAD 节约能耗，在今后会更多采用。另外通过合理设计，可使 CAD 和 A/AD 工艺达到自动加热，提高反应器的温度，在改善处理效果的同时仍保留其自身简单、灵活的优点，这也是进一步推广好氧消化技术的一条途径。

好氧消化池的构造与完全混合式活性污泥法曝气池相似，主要构造包括好氧消化室、泥液分离室、消化污泥排泥管、曝气系统（由压缩空气管、中心导流管组成，提供氧气并起搅拌作用）。消化池底坡度不小于 $0.25°$，水深决定于鼓风机的风压，一般采用 3 ~ 4m。

2.1.4　污泥脱水

污泥中所含水分形态可分为自由水和结合水两大类。自由水指的是不直接与污泥结合，也不受污泥颗粒影响的那部分水，污泥中大部分水以自由水形态存在。结合水也称非自由水，指的是与污泥絮体颗粒发生某种作用、附着在颗粒表面或挟持在颗粒中的水分。污泥中的水分为四种形态，即自由水、间隙水、表面吸附水和化学结合水，如图 2 – 1 所示。其中：

（1）自由水。污泥固体颗粒包围着的游离水分，这些水分与污泥固体颗粒之间没有任何作用关系，其一般占污泥总含水量的 65% ~ 85%。

（2）间隙水。这部分水存在于污泥絮体或细胞之间。当絮体或者细胞被破坏之后，这部分水被释放出来，其占污泥总含水量的 15% ~ 25%。

（3）表面吸附水。这部分水通过物理作用力或者氢键牢牢吸附或附着在污泥絮体颗粒表面。

（4）化学结合水。这部分水通过化学力结合在污泥絮体颗粒表面。

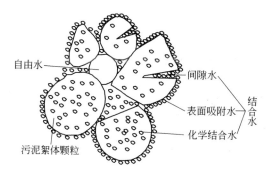

图 2－1 污泥中水分的存在形态

以上四种水分中，间隙水、表面吸附水和化学结合水称为结合水，即除自由水外的水分。间隙水存在于污泥絮体或有机体的毛细管之间，条件变化时（如絮体被破坏）可变成自由水。化学结合水存在于污泥微生物细胞内，通过污泥预处理技术（如超声波破壁）可以使这部分水从胞内流出，使其存在形态发生变化。污泥中水分形态的变化会直接影响其脱水性能。

污泥脱水工艺主要包括机械脱水和自然脱水。对于机械脱水而言，主要有加压过滤、离心脱水、真空过滤、旋转挤压和电渗透脱水等。

2.1.4.1 污泥脱水技术的发展趋势

根据污泥系统中的液压传导原理可知，机械脱水是污泥实现低成本高干脱水所必经的脱水阶段。目前机械脱水方法也是国内外主流的脱水方法。

常用的脱水机械有真空过滤机、板框压滤机、带式压滤机和离心机等。真空过滤机由于出泥含水率高、占地大而被淘汰。板框压滤机虽然脱水效率较高，但设备价格和土建费用比带式压滤机和离心机高，且间歇运行、工人操作强度大，其使用也受到一些限制。带式压滤机可连续生产、机械制造容易、操作简单，在国内外污泥脱水中得到了广泛的应用，在国内发展尤其迅速。新建污水处理厂的脱水设备几乎都采用带式压滤机，但是它必须与有机聚合物配合使用，我国目前合成有机物价格较贵，致使带式压滤机运行费用较高。离心脱水机械是世界各国在污泥处理中应用较多的脱水机械，其处理量大、基建费用少、工作环境卫生、操作简单、自动化程度高，但用于污泥脱水的缺点是离心后泥饼含水率较高。

由于受污泥水分形态及液压传导机理的限制，污泥机械脱水很难实现高干脱水，因而污泥需要进一步脱水。在发达国家，污泥热干燥技术逐渐进入工业化应用。但干燥是耗能最多的工业操作之一，在发达国家热力脱水加工为全国工业能耗的 9% ~ 25%；在欧洲和美国，有报道称干燥能耗约为每年 1.6×10^{11} MJ。因此，作为干燥的预处理技术，脱水非常重要，脱水越彻底，则总的来说消耗的能源就越少。在发展中国家，由于受能耗的限制，污泥干燥技术还没有进入工业化应用阶段。污泥机械脱水之后，一种比较简单、低成本的方法是自然干化，但这种方法适用于北方少雨地区的小型污泥处理厂。基于污泥表面电荷的电渗透脱水技术由于能耗低、脱水效率高，会具有很强的实用性。

2.1.4.2 机械脱水

A 机械脱水基本原理

污泥机械脱水是以过滤介质两面的压力差作为推动力，使污泥水分被强制通过过滤介质，形成滤液，而固体颗粒被截留在介质上，形成滤饼，从而达到脱水的目的。

过滤开始时，滤液仅需克服过滤介质的阻力，当滤饼逐渐形成后，还必须克服滤饼本身的阻力。通过分析可得出著名的卡门（Carman）过滤基本方程式为：

$$\frac{t}{V} = \frac{\mu \omega \gamma}{2PA^2} + \frac{\mu R_{\mathrm{f}}}{PA}$$

式中　V——过滤体积，m^3；

　　　t——过滤时间，s；

　　　P——过滤压力，N/m^2；

　　　A——过滤面积，m^2；

　　　μ——滤液的动力黏滞度，$N \cdot s/m^2$；

ω——滤液所产生的滤饼干重，kg/m^3；

γ——比阻，m/kg；

R_f——过滤介质的阻抗，m^{-2}。

造成压力差推动力的方法有四种：依靠污泥本身厚度的静压力，如干化厂脱水；在过滤介质的一面造成负压，如真空吸滤脱水；对污泥加压把水分压过介质，如压滤脱水；造成离心力，如离心脱水。

B 压滤脱水

为了增加过滤的推动力，利用多种液压泵或空压机形成 4～8MPa 压力，将其加到污泥上进行过滤的方式称为压滤脱水。

压滤脱水过滤效率高，特别是对过滤困难的物料更加明显；脱水滤饼固体含量高；滤液中固体浓度低；节省调质剂；滤饼的剥离简单方便等优点，广泛用于污泥脱水。

压滤脱水通常所采用的方式有板框压滤机、带式压滤机和旋转挤压脱水。

（1）板框压滤机。板框压滤机适用于各种污泥，其特点是过滤推动力大、结构简单。将带有滤液通路的滤板和滤框平行交替排列，每组滤板和滤框中间夹有滤布。用可动端把滤板和滤框压紧，使滤板和滤框之间构成一个压滤室。污泥从料液进口流入，水通过滤板从滤液排出口流出，泥饼将堆积在框内滤布上，滤板和滤框松开后泥饼就很容易剥落下来。

自动板框压滤机结构较简单、操作容易、运行稳定故障少、保养方便、设备使用寿命长、过滤推动力大、所得滤饼含水率低；过滤面积选择范围灵活，且单位过滤面积占地少；对物料的适应性强，适用于各种污泥的脱水；滤液中含固量少。其主要缺点是不能连续运行、处理量小、滤布消耗大。因此，它一般适合于中小型污泥处理设施的脱水处理。

（2）带式压滤机。带式压滤机是利用滤布的张力和压力在滤布上对污泥施加压力使其脱水，并不需要真空或加压设备，其动力消耗少，可以连续操作。

污泥流入连续转动的上、下两块带状滤布后，滤布的张力和轧辊的压力及剪切力依次作用于夹在两块滤布之间的污泥上而进行脱水。污泥实际上经过重力脱水、压力脱水和剪切脱水三个过程。重力脱水是必不可少的第一步脱水步骤，其能使自由水排出。

脱水泥饼由刮泥板剥离，剥离了泥饼的滤布用喷射水洗刷，防止滤布孔堵塞。冲洗水可以是自来水或污水处理厂的出水。如果使用处理厂出水，它必须不含悬浮物以防止喷射口堵塞。

带式压滤脱水与真空过滤脱水不同，它不使用石灰和 $FeCl_3$ 等药剂，只需投加少量高分子絮凝剂，脱水污泥的含水率可降低到75%~80%，也不增加泥饼量，脱水污泥仍能保持较高的热值。带式压滤脱水运行操作简便，污泥絮凝情况可以目视观察加以调质，可以维持高效稳定的运转，其运行仅决定于滤布的速度和能力，即使运行中负荷发生变化也能稳定脱水。它结构简单、低速运转、易保养；无噪声和振动、易实现密闭操作。带式压滤机适用于活性污泥和有机亲水性污泥的脱水，目前广泛使用于污泥脱水中。

带式压滤脱水是通过调节污泥入口速率、聚合物类型和投量、投加点和带速来实现正常运转的。有经验的操作者通过肉眼观察重力脱水部分的性能，就可以判定污泥的调理是否合适；也可通过监测脱水后的污泥固体浓度和固体黏附性判定污泥的整体脱水效果。

（3）旋转挤压脱水。旋转挤压是近年来发展起来的污泥脱水技术。污泥被泵入外围沟槽，当机械装置转动时，产生挤压力，使液体被迫流出，在沟槽内形成泥饼并被排出。旋转挤压是一个连续的脱水过程，因此其附属设备和带式压滤、离心脱水的附属设备相似；机械设备占地相对较小，而且聚合物调质对旋转挤压脱水是一个必不可少的步骤。

C 离心脱水

污泥的离心脱水是利用污泥颗粒与水的密度不同，在相同的离心力作用下产生不同的离心加速度，从而导致污泥固液分离，实现脱水的目的。污泥离心脱水设备一般采用转筒机械装置。离心脱水设备的优点是结构紧凑、附属设备少、臭味少、可长期自动连续运行等；缺点是噪声大、脱水后污泥含水率较高、污泥中沙砾易磨损设备。

新式的离心脱水设备由转筒（通常一端渐细）、旋转输送器、覆盖在转筒和输送器上的箱盒、重型锌铁基础、主驱动器和后驱动器等组成。主驱动器驱动转筒；后驱动器则控制传输器速度。转筒机器装置有同向流和反向流两种形式。在同向流结构中，固体和液体在同一方向流动，液体被安装在转筒上的内部淹除设备或排放口去除；在反向流结构中，液体和固体运动方向相反，液体溢流出堰盘。

离心脱水主要是利用离心力代替重力或压力作为推动力进行污泥脱水的操作，推动的对象是污泥固相。而真空过滤或压滤脱水推动的对象是液相。污泥进入一个旋转的组装篮子开始加速，污泥固体在离心力的作用下被甩在篮子壁上并且收集，液体从篮子流出被收集在离心室内，然后排出系统。一般自成系统，运行时不需过多监视，干度较好；但需要特别维护，一般不适于间歇运行，适用于能连续运行的大中型污水厂大量固体的处理。

D 真空过滤脱水

真空过滤是利用抽真空的方法造成过滤介质两侧的压力差，从而造成脱水推动力进行污泥脱水。其特点是运行平稳、可自动连续生产；主要缺点是附属设备较多、工序较复杂、运行费用高。于20世纪20年代美国就将其应用于市政污泥的脱水。近年来，由于更加有效的脱水设备的出现，真空过滤脱水技术的应用日趋减少。真空过滤也可用于处理来自石灰软化水过程的石灰污泥。

最常见的真空过滤装置是由一个较大的转鼓组成，转鼓由一多孔滤布或金属卷覆盖，转鼓的底部浸没在污泥池中。当转鼓旋转时，污泥在真空吸力作用下，被带到滤布上。转鼓分成几个部分，通过旋轮阀产生真空吸力。过滤操作在下面三个区内进行，即泥饼形成区、泥饼脱水区和泥饼排出区。

进入真空过滤机的污泥，含水率应小于95%，最大不应大于98%。真空过滤可以与有机化学调质、无机化学调质及热调质一起使用。

根据原污泥量、每天转鼓的工作时间及场地的大小来决定所需的过滤面积，然后根据真空转鼓的产品系列选择一个或几个真空转鼓，使总过滤面积满足要求。真空过滤滤布多采用合成纤维，如腈纶、涤纶、尼龙等不易堵塞而又耐久的材料；在选择滤布时必须对污泥的性质和调质药剂充分考虑，一般可采用滤布试验，但滤布应先洗涤 3~5 次，以便于发现问题。

影响真空过滤脱水性能的因素有污泥性质、真空度、转鼓浸没程度、转鼓转速、搅拌强度、滤布种类、污泥调质情况等，这些因素有时相互关联，必须引起注意。真空过滤脱水的性能一般可根据过滤速度、固体回收率、泥饼质量和滤液性状等指标来判断。

2.1.4.3 电渗透脱水

A 污泥电渗透脱水机理

污泥是由亲水性胶体和大颗粒凝聚体组成的非均相体系，具有胶体性质，机械方法只能把表面吸附水和毛细水除去，很难将结合水和间隙水除去。电渗透脱水是利用外加直流电场增强物料脱水性能的方法，它可脱除毛细管水，因此脱水性能优于机械方法，逐渐得到应用。

对于电动学的研究已经有了相当长的历史。早在 1809 年，Reuss 就发现了电动现象。当在黏土水混合物施加外加电压时，观察到水通过毛细管向阴极移动；当不施加外加电压时，水的流动马上停止。对于多孔介质存在五种主要的电动现象，分别为电渗透、电泳、离子迁移、流动电势和移动电势。前三种和电场作用下通过多孔介质中的运动机理有关，后两种分别是由于电荷和带电粒子的运动而产生的电势。

大部分污泥相对水来说都有轻微的电荷，而且带有负电荷。为了平衡这些电荷，在污泥固体颗粒表面会吸附带有相反电荷的阳离子，因而固体颗粒表面和溶液中被吸附的反离子构成的系统称为双电层。电场作用下，污泥固体颗粒表面吸附的阳离子由于受到电力吸引向阴极移动，因而污泥中大量的水分随着阳离子边界层的移动被分离出来，这种现象称为电渗透。污泥水溶液中存在的阳离子向阴极移动的同时阴离子也向阳极移动，这种现象称为电迁移。其中带有电荷的固体颗粒和胶体在电势梯度下向带有相反电荷的极板移动，这种现象称为电泳。

Casagrande 阐释了水在毛细管中的电渗透机理，在固液接触面上，反离子由于受到强烈的吸引会吸附在毛细管壁，其余反离子分布在溶液中，构成邻近平行的内层。当对毛细管两端施加电压时，液相内层中的离子携带着水分向带有相反电荷的电极移动。

B 电渗透脱水的研究现状及存在的问题

对于电渗透脱水的研究已经有了相当长的历史。1931 年，Schwerin 利用电渗透现象进行了泥炭脱水的应用实验，但是由于电渗透应用在理论和技术存在难点，因此未能像电泳那样得到广泛应用。然而，近几十年来，由于科学技术进步和城市工业废水中的污泥处理问题的突出，电渗技术得到了长足发展。尤其在日本，已开发出一系列实用型的电渗透脱水机。十几年来人们对电渗透脱水的机理及应用进行了一些研究。

Chen 等研究了蔬菜污泥和尾矿的电渗透脱水，结果得出：对于蔬菜污泥，电渗透和压滤脱水相结合比电渗透或压滤脱水更有效；而对于尾矿，单独的电渗透脱水与电渗透和压滤脱水相结合的脱水效果相同，压滤对尾矿的脱水没有明显的效果。Banerjee 等考察了恒电压和恒电流下含有泥煤有机腐殖质和混合肥料的污泥电渗透脱水。结果显示，生物材料的电渗透脱水在技术上和经济上是可行的；并且恒电压状态下污泥的脱水速率和外加电压强度呈线性增加，恒电流状态下的脱水能耗与脱水时间以二次函数的形式消耗。Kondoh 等成功地把电场并入压滤脱水器，脱水后泥饼的含水率为 50% ~ 60%；而压滤脱水后泥饼的含水率为 75% ~ 85%。Yoshida 等考察了恒电压和恒电流下污泥的电渗透脱水，结果显示电渗透脱水对机械难脱水的污泥是非常有效的。Barton 等进行的小试研究表明电场的应用可以提高传统压滤污泥的脱水效率，电渗透脱水后污泥的含水率为 65% ~ 54%，而压滤脱水后泥饼含水率为 76% ~ 70%。

电渗透脱水技术工业化应用的研究报道很少。日本 Kawata Mfg. 公司开发了一种污泥脱水的工艺。该工艺基于电渗析理论，公司声称可将污泥脱水至含水率为 50% ~ 70% ，污泥质量减少 50% ~ 66% ，所需要的能量还不足热干燥工艺的 1/4。此外，电极的电压控制在 40 ~ 80V 之间，细菌菌体在电场力的作用下也被破碎，释放出更多的水。因此，电渗透脱水技术节能、高效，有很大的潜力。电渗透脱水可以去除污泥中的自由水和部分间隙水。

电渗透脱水技术虽然效率高、耗能低，但是在实际应用中还存在许多问题。当对脱水物料施加电场时，水分在电场作用下从上向下运动，上部水分快速下降，形成不饱和脱水层，污泥发生破裂、结壳，该部分电阻迅速增大，电压梯度上升，而下部物料层的脱水驱动力减小，这将严重影响电渗透脱水地进行。另外，在物料上施加直流电场，电流通过物料层，在电极与物料接触处发生电化学反应，反应中产生的气体会加速阳极附近污泥脱水层的电阻；而且与电极接触处物料的 pH 值将发生变化，这也将影响到电渗透脱水的进行。再者，电渗透脱水从原理上不能去除污泥中所有的水分，因为当污泥中液相变得不连续时，电流就不再通过污泥床层，电渗透脱水即停止。

C 电渗透脱水的影响因素

（1）电渗透脱水和机械脱水相结合。为减小电渗透脱水过程中阳极附近污泥层的电阻，Yoshida 把电渗透脱水与真空抽滤脱水法相结合来改变整个物料层的水分、电压梯度分布。结果显示，恒电压状态下，脱水相同时间，电渗透脱水与真空抽滤相结合的阳极附近污泥层产生的电压降比单独电渗透脱水后的小。

（2）改变电场方向。为减小阳极和脱水物料层的电阻，Yoshida 试图周期性反转电极板即用交流电来解决这个问题，但效果不是很明显。Zhou 等提出使用水平方向的电场来减小阳极附近污泥的电阻，虽然取得了一定效果且污泥脱水率提高，但是对水平电场脱水装置的放大及连续操作有待进一步研究。陈国华等提出使用旋转的阳极来防止阳极附近干污泥层的快速形成，从而达到提高电渗透脱水效率的目的。结果显示，污泥脱水率随阳极转速的增加而增大，当转速增加到 240r/min 时，水的去除率达到最大，与阳极不动时相比，多脱去 70.8% 的水分；同时脱水能耗不到水分蒸发潜热的 20% 。但是出于安全考虑，保持阳极不动比较适宜，这样可以简化设备的操作及减小设备的损坏。

（3）极板电化学反应。电渗透脱水过程必伴随着电化学反应。极板附近污泥层中的电解液发生电化学反应形成的气体也是污泥电阻增大的一部分原因，因而如果生成的气体能及时释放到电渗透脱水周围的空间将有助于脱水的进行。Larue 等设计一种专门的活塞用以排除电渗透脱水过程中产生的气体。结果显示，当不受电解气体干扰时，在 15Pa 和 100mA 下污泥含水率从 91% 降到 60% ，平均耗能 $0.7kW \cdot h/kgH_2O$ 。

通过在高电压梯度下使用高极化、非催化的电极材料可以减小电极反应速度，从而延迟阳极附近 zeta 电位的减小和电渗透脱水过程的停止。对于阴极，如 Zn、Sn、Pb、In、Cd、Hg 等金属对于减小产生氢气的反应比较适宜；对于阳极，如非贵金属、合金、碳化物和硅化物等可以减小产生氧气的反应。过去，电极材料的绝大部分是不锈钢，但由于电化学反应不锈钢电极腐蚀非常严重。近年来，基于电导性人工合成材料的开发引起人们的重视，这些新型的电极材料不仅导电性能好而且耐腐蚀。

（4）电池效应。当外加电源断开电极发生短路时整个电路形成原电池，系统放电产生瞬时电流，这时电流从负极流向正极。电流方向的改变可以消除 zeta 电位梯度并且使阳极附近的 zeta 电位恢复到电解前的初始值。Gopalakrishnan 等考察了断开外加电源对电渗透脱水的影响。结果表明，周期性断开外加电流电极同时短接时电渗透脱水效率提高；且断开外加电源的时间存在一个最佳值；与连续通电相比，当电渗透脱水 30s 断开电源 0.1s 周期性操作时，泥土的电渗透脱水效果较好且耗能较低。

（5）添加电解质溶液。学者们发现通过使用一定离子电位的化学添加剂、聚电解质和表面活性剂改变煤浆 zeta 电位可以改善电渗透脱水性能、提高电渗透脱水的效率。然而，阳离子聚合电解质的特性和投加量对污泥机械脱水有显著提高，但对电渗透脱水过程中水分的运动却没有影响。

另外，采用多阶段电极可使电渗透脱水效果成倍增加，但多阶段电极装卸不方便。

D 电渗透技术研究应用

作者课题组成员于小燕采用如下实验装置进行污泥电渗透脱水详细研究，装置如图 2 – 2 所示。该研究为城镇污泥电渗透脱水技术的发展提供了重要的理论和数据支持。

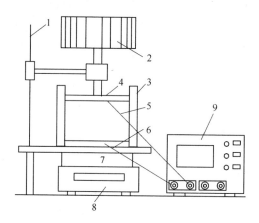

图 2 – 2 污泥电渗透脱水的实验装置

1—支架；2—重物；3—有机玻璃筒；4—阳极；5—泥饼；6—阴极；
7—吸水材料；8—电子天平；9—直流电源

研究内容包括：考察阴极构造、阳极材料、电压梯度及脱水时间对污泥电渗透脱水的影响；分析电渗透脱水过程中污泥的特性；分析影响污泥电渗透脱水的污泥控制因素；考察 EPS 化学成分对污泥电渗透脱水的影响。

研究结果表明：

（1）电压梯度越高，污泥脱水速率越快，但同时脱水能耗增大；综合考虑污泥电渗透系数、脱水能耗以及通过极板的最大瞬时电流密度，得出最佳电压梯度为 20 V/cm。随着脱水时间的延长，污泥脱水速率逐渐减小，而能耗随时间却呈指数型增加，因而选择最佳电压梯度为 20 V/cm 时，脱水时间不超过 8 min；钌锡和铱涂层的钛阳极电渗透脱水效果较好。

（2）初始外加电压越大，阳极附近污泥含水率降低得越快，然而阴极附近污泥含水率的变化却不受初始外加电压的影响；阳极附近污泥 pH 值呈酸性，阴极附近污泥 pH 值呈碱性，而中间层的 pH 值较原污泥变化不大；随着脱水时间的延长，阳极附近污泥变得更酸，阴极附近变得更碱。酸性或碱性环境都不利于污泥脱水，且酸性或碱性越强，脱水效果越差。

（3）电渗透脱水过程中污泥中的 K^+、Fe^{3+}，其浓度在阳极附近急剧减小，而在中间层和阴极附近却依次减小，而 Mg^{2+} 在脱水初期，其浓度在阳极附近急剧减小，在阴极附近反而升高但到脱水后期又逐渐下降；脱水初期，P 在阳极附近的迁移最慢；Zn^{2+} 和 Mn^{2+} 的运动规律相似，脱水初期，阳极附近 Zn^{2+} 和 Mn^{2+} 浓度急剧减小，随着时间的增加，中间层的浓度下降最快且浓度和阳极区的差别不大，但到脱水后期整个污泥层的 Zn^{2+} 和 Mn^{2+} 浓度下降缓慢，原泥中重金属 Ni^{2+} 浓度很小，其小于 100mg/kg 干泥。

（4）通过污泥的化学调质对污泥电渗透脱水行为影响的研究，发现流动电势是影响污泥电渗透脱水的一个重要因素。当污泥流动电势小于零时，污泥电渗透脱水速率较高；当流动电势大于零时，污泥电渗透脱水速率降低，且流动电势越正，污泥电渗透脱水效果越差。污泥中结合水的含量、颗粒粒度及灰分对污泥电渗透脱水效果影响不大，只对机械脱水效果影响显著。

（5）通过胞外聚合物 EPS 对污泥电渗透脱水特性影响的研究，发现 EPS 中蛋白质与多糖的比例与电渗透脱水后污泥的最终含水率正相关。当蛋白质与多糖比例较小时，污泥含水率较低，污泥脱水较容易；反之亦然。当蛋白质与多糖比例为 3.6 时，污泥含水率从 75% 降到 58%。

（6）通过对电渗透脱水过程中电压降及污泥成分变化规律的研究，表明阳极附近污泥含水率的快速下降导致污泥干化层的快速形成；干化层产生的电压降随污泥含水率的减小呈指数型增加。通过对脱水过程中能耗及脱水极限的研究，表明电压降是表征污泥脱水能耗高低的重要因素。吸水材料的引入有效减小了整个污泥层的含水率，尤其是阴极附近的含水率，同时又减小了阳极附近污泥干化层的电压降。另外，研究表明电渗透脱水技术对于污泥中金属离子的去除是有效的。

（7）通过实验，重点考察了污泥初始 pH 值对脱水速率和能耗的影响，污泥初始 pH 值接近中性时电渗透脱水效果较好，酸性或碱性环境都不利于污泥电渗透脱水。

2.1.5 污泥干化与干燥

污泥经脱水后，滤饼仍含水 60% ~ 80%，用于堆肥、直接填埋或焚烧等处置过程仍含水较高，有必要继续降低其含水量以适应后续处置过程的要求，即污泥的干化。

2.1.5.1 自然干化

自然干化是利用自然力量（如太阳能）将污泥脱水干化的一种常用方式。污泥自然干化的主要构筑物传统上常用的是干化场，现在使用的主要是污泥干化床。干化床适用于小型污水厂，该方法适用于气候比较干燥、占地不紧张，而且蒸发率相对较高、环境卫生条件允许的地区。

A 干化床

干化床起初是用于污水厂的生物污泥处理，现在也用于水厂污泥脱水，下部一般铺一层砂，也有的在砂下再加一层小石子。干化床脱水机理主要是渗透、溢流和蒸发。污泥进入干化床后，自由水在重力作用下脱离泥层，一部分从底部渗入砂层，然后由集水系统排走，自由水排干需要耗时若干天；另一部分形成上清液层，通过溢流去除，雨水也从溢流管排出。蒸发取决于日照量与日照时间，蒸发是干化床最主要的脱水机理，因此自然干化通常需要在日照强烈的干旱地区进行。要达到最终的目标含固率必须经过一段时间的蒸发。

干化床有许多形式如空地砂床、空地路床（可带有排水渠）、覆盖砂路床、真空干化床、冷冻融化池＋干化床等。干化场可分为自然滤层干化场和人工滤层干化场，自然滤层干化场适用于自然土质渗透性能好、地下水位低的地区；人工滤层干化场的滤层是人工铺设的，可分为敞开式干化场和有盖式干化场两种。

干化床的建设应因地制宜，必须对土地性质和操作控制加以考虑。地势、地形对干化床的选址起决定性作用，在选址时必须考虑操作条件（如污泥输送距离）。当对干化床级别要求较高时，宜选用现浇混凝土或预制混凝土模块；当级别要求较低时，可采用土制直线边墙。

干化床的排水暗渠系统是用于收集和输送沿砂石渗透的自由水，为防止地下水污染，则需在排水管下铺设不透水的蒙古土层或衬层。如果干化床设有溢流，那么溢流水和渗透水就在排水暗渠中汇合。排水暗渠由特制的瓷化黏土或塑料管建成。

溢流和渗透后剩余的水分需依靠蒸发去除。蒸发所需的时间是决定干化床尺寸的控制因素。干化污泥的浓度取决于污泥的初始浓度、所加入的混凝剂或其他物质的调质情况、干化床厚度以及排水系统的效率。可通过试验确定污泥干化床厚度、初始污泥浓度以及混凝剂调质可获得的最大含固率。根据污泥产量和蒸发次数确定干化床面积。对于絮凝污泥一般在 $50 \sim 150 kg/(m^2 \cdot a)$ 范围，单床负荷为 $5 \sim 20 kg/m^2$，絮凝剂用量 $1g/kg$ 时可大幅度提高干化污泥的含固率，从而产生絮凝污泥。石灰污泥的干化床负荷为 $20 \sim 100 kg/m^2$，絮凝剂对提高石灰污泥的产量作用很小。

太阳能干化床在形状和操作上都与砂干化床相似。但是它具有一个封闭（不透水）的底层，因此这种床有少量的或根本没有渗透排水，污泥的浓缩和干化主要通过溢流和蒸发。这种床最大的特点是修护和清理费用低且没有换砂的费用支出。由于底部是密封的也就不需要排水暗渠的建设和维护费用。太阳能床的整个底部有垫层或混凝土浇筑，因此整个床从上至下的清理非常快捷和方便。太阳能床主要依靠蒸发，所以比砂干化床的负荷低。大部分太阳能床都建在蒸发比较旺盛的南部或东南部。

干化床脱水比机械脱水需要更大的地表面积，劳动强度较大，易受天气条件影响；敞开式工作，难于控制臭味，易导致臭味投诉。聚合物调质成功地用于干化床，从而提高了固液分离和快速脱水的效率。在干化床最初的几个小时运行过程中，液体被去除的基本机理是：重力脱水带有排水渠的砂床、路床及排水系统安装在干化床的下面；过滤水一般直接返回到处理厂的头部与进水混合，进行处理。初期的重力脱水基本完成之后，蒸发就成为主要的脱水机理，最终的固体浓度取决于天气条件和污泥在床内停留时间。干化床最终固体浓度可高达80%，如污泥太干燥，就会产生灰尘问题。

B　真空干化床

真空干化床能够使自由水被更快地去除（相对于重力脱水）。液态污泥由污泥泵输送到沟槽的表面，在支撑体系的下面使用真空系统强化重力脱水。如果真空干化床建在室外，真空脱水后还可以继续蒸发脱水。在把污泥排入真空干化床之前，污泥一般需进行聚合物调质，这样有利于快速脱水。

2.1.5.2　污泥干燥

污泥经过自然干化或机械脱水后，仍有45%~85%的含水率，体积与质量仍然很大，可进一步采用干燥等方法去除毛细管水、吸附水和颗粒内部水，使污泥含水率降低至10%左右，有利于后续的处理与处置。加热干燥技术是一项迅速发展的污泥资源化技术，它能有效去除细菌和病原体，并对最终产物消毒，使其完全符合污泥处理与利用的相关标准；大幅度减少污泥的体积与质量；能保持污泥的营养物质，并使得其以循环利用；可将处理后的污泥加工成某种有利用价值的物质，如生物肥料、土壤修复剂及燃料等，从中获得一定的经济效益；可改善污泥产品的运输、贮存性能，使其更易被社会接纳等优势；是处理城市污水污泥的一个可靠有效的方法，特别是对人口稠密、土地有限的地区来说，意义更为重要。利用该工艺可以极大地提高污水污泥的品质，变废为宝。因而，加热干燥工艺及技术得到了迅速发展。

A　干燥原理

干燥是通过加热或通风使污泥中的水分蒸发，此过程伴随较复杂的传热及传质。污泥的水分分布状况与普通的晶体物质有很大差异，水分在污泥中有四种存在形式：自由水分、间隙水分、表面水分及结合水分。由于四种水分与固体颗粒的结合情况不同，干燥过程中首先脱除的是自由水分，而后是间隙水分，第三是表面水分；污泥中的结合水分是不能通过干化脱除的，只有加热到一定程度后，污泥发生裂解的过程才能除去。污泥的热干化曲线如图2-3所示。

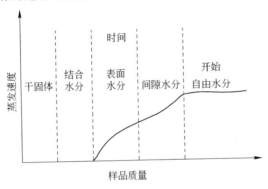

图2-3 污泥热干化曲线

由于污泥中水分分布状况与晶体不同，化工操作中已经成熟的数学模型和设备直接用于污泥处理不一定有效，需对污泥的热干燥特性加以深入的研究，建立相应的数学模型，开发适用的干燥设备。

按照污泥与热源的接触方式，污泥干燥可分为直接干燥和间接干燥。直接干燥的热源通常是燃料或热烟气，优点是流程简单，但尾气量较大；由于尾气中通常含有高浓度的致臭物质，常需进行脱臭处理，因此经济性较差。间接干燥的热源多为蒸汽，比直接干燥增加了一个传热环节，流程较复杂；但尾气量小，总体操作的经济性较好。

B 干燥过程

污泥干燥过程可分为三阶段：第一阶段为物料预热期；第二阶段是恒速干燥阶段；第三阶段是降速阶段，也称物料加热阶段。污泥的干燥过程如图2-4所示。

在预热阶段，主要进行湿物料预热，并汽化少量水分。物料温度（这里假定物料初始温度比空气温度低）很快升到某一值，并近似等于湿球温度，此时干燥速度也达到某一定值。

在恒速干燥阶段，空气传给物料的热量全部用来汽化水分，即空气所提供的显热全部消耗在水分汽化所需的潜热，物料表面温度一直保持不变，水分则按一定速度汽化。

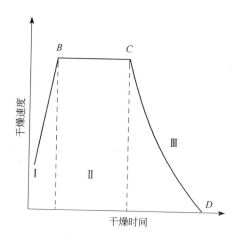

图 2 - 4　干燥速度曲线

在降速干燥阶段空气所提供的热量，一小部分用来汽化水分，大部分用于加热物料，使物料表面温度升高。干燥速度降低，物料含水量减少得很缓慢，直到平衡含水量为止。

由图 2 - 4 可知，第二阶段为表面汽化控制阶段，第三阶段为内部扩散控制阶段。

C　影响干燥速度的因素

物料干燥所需时间的长短首先取决于干燥速度，即单位时间内、在单位面积上从物料所能取走（汽化）的水分量。

经验表明，干燥速度是一个很复杂的量，到目前为止还不能用数学函数关系来表征干燥速度与有关因素的关系。通常要做一些小型试验以确定物料的干燥特性曲线。干燥速度通常考虑的因素有：

（1）物料的性质和形状。包括物料的化学组成、物料结构、形状、大小和物料层堆积方式以及水分的结合形式等。

（2）物料的湿度和温度。物料的初始含湿度、终了含湿度及临界含湿量等都影响干燥速度。物料本身的温度也对干燥速度有影响，物料温度越高，干燥速度就越大。

（3）干燥介质的温度和湿度。干燥介质的温度越高，干燥速度越大。但干燥介质温度究竟多少为宜，则与被干燥物料的质量要求有关。干燥介质的相对湿度对干燥速度也有很大影响，相对湿度越小，干燥速度则越大。

（4）干燥介质的流动情况。干燥介质的流动速度越大，介质与物料间的传热就越强，物料的干燥速度就越高。

（5）干燥介质与物料的接触方式。物料在介质中分布得越均匀，物料与介质的接触面积就越大，从而强化了干燥过程的传热和传质，提高了干燥速度。固体流态化技术在干燥操作中的应用就是一个明显的例子。物料与干燥介质相互之间的运动方向，也对干燥速度有较大影响。

（6）干燥器的结构形式。干燥器的结构形式是多种多样的，但这里主要考虑的是以上各种因素的影响，以便设计出较为有效的干燥装置。

D　加热干燥工艺

污泥热干燥处理技术具有操作灵活，可根据污泥的最终处置要求来调节干污泥的含固率等优点，越来越受到人们的重视。目前，相当多的国家已在污泥处理中采用热干燥技术。按照热介质是否与污泥相接触，现行的污泥热干燥技术可以分为两类：直接热干燥技术和间接热干燥技术。

节能降耗是涉及面很广的长远课题，但工艺本身要创新在短期内难以达到，应从设备方面着手。污泥干燥设备的主要研究方向是有效利用能源、提高产品质量与产量、减少环境污染、安全操作、易于控制和一机多用等。具体可从以下几方面开展工作：在直接式干燥器中使用过热蒸汽作为干燥介质；大量使用间接加热方式；采用组合式传热方式（对流、传导与介电或热辐射的组合）；采用容积式加热（微波或高频场）；组合使用不同类型干燥器；运用新型气、固接触技术，即二维喷动床、旋转喷动床等；应用计算机辅助设计灵活的、多用途的干燥器；使用模糊逻辑、神经网、专家系统等实现干燥过程的控制。

a 直接加热干燥工艺

直接加热干燥技术又称对流热干燥技术。直接干燥工艺与间接干燥工艺明显不同之处是湿物料与热蒸汽直接接触。在操作过程中，加热介质（热空气、燃气或蒸汽等）与污泥直接接触，加热介质低速流过污泥层，在此过程中吸收污泥中的水分，处理后的干污泥需与热介质进行分离。排出的废气一部分通过热量回收系统回到原系统中再用，剩余的部分经无害化后排放。直接干燥工艺，需要更大量的热空气，其中通常混有可燃烧物质。直接干燥器中最基本的热传递方式是热量在相邻的热蒸汽和颗粒间传递。直接干燥工艺系统是一个固－液－蒸汽－加热气体混合系统，这一过程是绝热的，在理想状态下没有热量传递。

在直接加热干燥器中，水和固体的温度均不能加热超过沸点，较高的蒸汽压可使得物料中的水分蒸发为气体。当干燥物料的表面上水分的蒸汽压远远大于空气中的蒸汽分压时，干燥容易进行。随着时间的延长，空气中的蒸汽分压逐渐增大，当两者相等时，物料与干燥介质之间的水分交换过程达到平衡，干燥过程就会停止。

直接加热干燥设备有转鼓干燥器、流化床干燥器、闪蒸干燥器等类型，在众多的干燥器中转鼓干燥器应用最为广泛，其费用较低、单位效率较高。

直接加热干燥器值得进一步改进的地方：

（1）由于与污泥直接接触，热介质将受到污染，排出的废水和蒸汽需经过无害化处理后才能排放；同时，热介质与干污泥需加以分离，给操作和管理带来一定的麻烦。

（2）所需的热传导介质体积庞大，能量消耗大。

（3）气量和臭味较难控制，虽采用空气循环系统可部分消除这一不利影响，但所需费用高。

（4）所有的直接干燥工艺都很复杂，均涉及一系列的物理、化学过程，如热传递、物质传递、混合、燃烧、传导、分离、蒸发等。

b 间接加热干燥（传导干燥）工艺

间接加热干燥技术，热介质并不直接与污泥接触，而是通过热交换器，将热传递给湿污泥，使污泥中的水分得以蒸发，因此在间接加热干燥工艺中热传导介质可以是可压缩的（如蒸汽），也可以是非压缩的（如液态的热水、热油等）。同时加热介质不会受到污泥的污染，省却了后续的热介质与干污泥分离的过程。干燥过程中蒸发的水分在冷凝器中冷凝，一部分热介质回流到原系统中再利用，以节约能源。

蒸汽、热油、热气体等热传导介质加热金属表面，同时在金属表面上传输湿物料，热量从温度较高的金属表面传递到温度较低的物料颗粒上，颗粒之间也有热量传递，这是在间接加热干燥工艺中最基本的热传递方式。间接干燥系统是一个液-固-气三相系统，整个过程是非绝热的，热量可以从外部不断地加入到干燥系统内。在间接干燥系统内，固体和水分都可以被加热到100℃以上。搅动可以使温度较低的湿颗粒与热表面均匀接触，因而间接加热干燥可获得较高的加热效率，加热均匀。

间接干燥工艺的优势：可利用大部分低压蒸汽凝结后释放出来的潜热，其热利用效率较高；不易产生二次污染；气体导入少，较易控制、净化气体和臭味；在有爆炸性蒸汽存在时，可免除其着火或爆炸的危险；由干燥而来的粉尘回收或处理均较为容易；可以使用适当的搅拌作用，提高干燥效率。

典型的间接干燥器有顺流式干燥器、垂直多段圆盘干燥器、转鼓干燥器、机械流化床干燥器等。

2.1.6 稳定化

污泥在处置过程中需要提高污泥脱水性能、臭味控制、pH值调节、杀菌、消毒等。石灰和氯是最为广泛应用的主要污泥稳定化药剂。石灰在污泥处置中应用主要用于稳定污泥、杀灭和抑制污泥中的微生物；调质污泥，提高其脱水性能并抑制臭味。

2.1.6.1 石灰稳定化的原理与作用

在石灰稳定工艺中有大量化学反应发生，主要是 CaO 和 H_2O 反应生成 $Ca(OH)_2$，同时产生热量。石灰的加入可以起到如下作用：

（1）污泥中臭味物质的分解。臭味物质通常是含氮、含硫的有机化合物、无机化合物和某些挥发性碳氢化合物，污泥中含氮的化合物包括溶解性的氨（NH_4^+）、有机氮、亚硝态氮和硝态氮。在碱性条件下，NH_4^+被转化为氨气，pH 值越高，碱稳定处理污泥中释放出的氨气（NH_3）就越多。

（2）中和酸性土壤。经碱稳定化处理的污泥可用做农用石灰的替代品，来调节土壤的 pH 值使之接近中性，从而提高土壤的生产能力。

（3）同化重金属。污泥碱稳定的高 pH 值可导致水溶性的金属离子转化为不溶性的金属氢氧化物。

2.1.6.2 常用石灰稳定化工艺

石灰稳定化过程中应重点必须考虑的三个因素是：pH 值、接触时间和石灰用量，具体数值则因根据不同的污泥进行实验后确定。常用的石灰稳定工艺有 BIO * FIX 工艺、N–Viro Soil 工艺、RDP En-Vessel 巴氏杀菌工艺、Chenfix 工艺。

A BIO * FIX 工艺

BIO * FIX 工艺是由 Wheelabrator 净水公司 BIO GRO 分公司推向市场的专利碱稳定工艺。该工艺将生石灰（以及其他物料）以合适的比率与污泥混合在一起，生产符合 A 类（PFAP）或 B 类（PSAP）标准的污泥产品。

工艺优点：同一装置中可生产多用途产品；能有效控制空气挥发物和臭味；固定重金属并降低其浓度；可自动控制；占地面积小；成本低。

工艺缺点：增加了重量/体积比（相对于进入的脱水污泥，重量提高了 15% ~30%）。当满足 A 类标准时。费用相对较高。

该工艺设施一般每天可处理 40t 干污泥（20% ~24% TS），能保证每天 235t 的 A 类产品资源化使用，可大部分用于垃圾填埋场的覆盖物。

B N-Viro Soil 工艺

N-Viro Soil 工艺是使用石灰和窑灰的后石灰稳定工艺，该工艺是在 20 世纪 80 年代后期由美国俄亥俄州的 N-Viro 能源公司开发和申请专利的。它是采用相对低温、高 pH 值和干燥化联合处理来达到满足美国 EPA A 类标准要求的。其终产品相当干燥，使用时无臭味，是颗粒状物质。工艺产品的资源化应用包括石灰化药剂、垃圾填埋覆盖物和土壤补充剂。

工艺优点：质量稳定；可固定重金属；运行费用较低。

工艺缺点：提高了产品重量/体积比，与入流污泥相比，重量提高了 50% ~ 70%；干化需要较大的空间；臭味控制费用较高；温度控制手工操作，常采用碱调整需要的温度；成本较高。

C RDP En-Vessel 巴氏杀菌工艺

RDP En-Vessel 巴氏杀菌工艺由美国 RDP 公司开发研制的，该工艺包含生石灰与脱水污泥的混合和辅助加热混合物（通常是电加热）两部分。该系统有脱水污泥进料器、双轴热混合器、带有变速石灰进料器的石灰贮存箱和巴氏低温杀菌容器。热混合器把石灰与污泥混合起来，并加热混合物至大约 70℃。用电加热污泥进料器和混合器，并绝缘隔离巴氏低温杀菌容器，加热的混合物在容器内在 70℃以上保存 30min 以上。

D Chenfix 工艺

Chenfix 工艺是使用石灰、波特兰（Portland）水泥和溶解性硅酸钠凝硬性化合物，于 20 世纪 70 年代开发出来，20 世纪 90 年代早期改进的工艺称为 Chenpost 工艺。

2.1.6.3 石灰稳定工艺控制参数

石灰稳定工艺中，应重点考虑 pH 值、接触时间和石灰的计量三个参数。设计中应进行三个参数的实验，实际工作与经验数值差距太大时，尤其应进行实验。

为了杀死病原菌，保证足够的碱度，即使不立即对污泥进行最终处置和利用，也不至于再次发生腐败现象，须保持 pH 值 12 以上 2h，在 pH 值 11 水平上维持几天。

为了达到上述目的，对石灰剂量的控制非常关键。石灰剂量取决于污泥的种类。对含固率 3% ~ 6% 的初沉污泥，其初始 pH 值大约为 6.7，为使 pH 值达到 12.7 左右，平均 $Ca(OH)_2$ 量应为干固体的 12%；对于剩余污泥，固体的含量在 1% ~ 1.5% 之间，起始 pH 值约为 7.1，投加 $Ca(OH)_2$ 量为干固体的 30%，可使 pH 值达12.6；对于经厌氧消化的混合污泥，含固率为 6% ~ 7%，起始 pH 值为 7.2，投加 $Ca(OH)_2$ 量为干固体的 19%，可使 pH 值达到 12.4。以上的投加量条件下，可使所达的 pH 值保持 30min。

2.2 污泥常用处理处置方法

在经济发达国家，污泥处置费用约占污水处理费用的 50%，中国在污泥处理方面相对落后。污泥处理处置技术的发展已经历了近一个世纪，从整体来讲可分为三个阶段：初始阶段、发展阶段和成熟阶段。

（1）19 世纪末到 20 世纪 20 年代，是城镇污水处理的起始阶段，污水处理厂规模和污水处理量均较小，污泥产生量也少，其处理处置方法是用于填沟或经过脱水、堆积等简单处理后将污泥用于土壤改良，增加土壤肥力。

（2）20 世纪 20 年代到 80 年代属于发展阶段，此阶段不仅关注污泥的无害化和稳定化技术，还发展了多种污泥处置技术，并将各种技术组合成综合处理工艺，逐步较好地解决污泥处理问题。在此阶段传统的污泥处置方法中的填埋和填海处置已难以满足当今环境要求，合适填埋场地的缺少、污泥含水率高和填埋后会产生二次污染的潜在危害限制了污泥填埋处置的发展，为防止污泥污染海洋生态环境，欧美国家于 20 世纪 90 年代已禁止污泥填海处置。

（3）20 世纪 80 年代至今属于成熟阶段，此阶段的特点有两个：一个是进一步完善污泥处置处理技术；另一个是重视污泥处置及其资源化利用。污泥是由有机残片、细菌菌体、无机颗粒、胶体等组成的极其复杂的非均质体，有机物含量为 60% ~ 80%，世界水环境组织将污水污泥命名为"生物固体"。另外污泥中还含有丰富的 N、P、K、Ca 及有机质，这些养分可以调节和改善土壤性质，针对污泥的资源化潜力，该阶段开发了许多新的污泥资源化处置技术，大多仍处于实验室开发阶段，还未大规模投入使用。

纵观国内外污泥处理处置方法，主要包括填埋、填海、土地利用、发酵产燃料、热处理（包括焚烧、炭化、做建材、直接液化、气化、热解等）。

2.2.1 污泥填埋

污泥的填埋可分为传统填埋、卫生填埋以及安全填埋。

传统填埋是利用坑、塘和洼地等，将污泥集中堆置，不加掩盖，其特别容易污染水源和大气，不可取。

污泥的卫生填埋最早始于 20 世纪 60 年代，是在传统填埋的基础上从保护环境角度出发，经过科学选址和必要的场地防护处理，具有严格管理制度的科学的工程操作方法。到目前为止，已发展成为一项比较成熟的污泥处置技术，其优点是投资少、容量大、见效快。它是通过填充、堆平、压实、覆盖、再压实和封场等工序，渗滤液集中处理，使污泥得到最终处置，并防止产生对周边环境的危害和污染。1992 年欧盟大约 40% 的污泥采用了填埋处置。由于污泥填埋对污泥的土力学性质要求较高，需要大面积的场地和大量的运输费用，地基需做防渗处理以免污染地下水等，近年来污泥填埋处置所占比例越来越小。美国环保局估计，今后几十年内，美国 6500 个填埋场将有 5000 个被关闭。与 1984 年相比，欧盟国家污泥填埋量增加了 4%，但同期污泥总量却增加了 16%。

目前，我国污泥通过卫生填埋的处置量还相对较少。由于我国在污泥管理方面对污泥所含病原菌、重金属和有毒有机物等理化指标及臭气等感官指标控制的重视程度还不够高，因此限制了对污泥的进一步处置利用。按 2004 年我国的污水处理能力统计，我国每天从各个污水厂产生约 7000t 的污泥，现在 70% 以上是弃置、20% 是填埋、不到 10% 是通过堆肥等技术处理后回用于土地，大量没有经过稳定处理的污水污泥将对环境产生严重的二次污染。

2.2.1.1 污泥单独填埋

单独填埋使填埋场更加专业化，但是污泥单独填埋存在的一些技术难题应引起重视，污泥的主要土力学性质（一般用抗剪强度表示）很差不适于填埋。污泥能否填埋取决于两个因素：一是污泥本身的性质，主要是土力学性质；二是填埋后对环境可能产生的影响。当污泥单独填埋时，一般要求污泥具有一定的抗剪强度。有些污泥因为土力学性质很差而无法进行填埋操作，有些污泥填埋后会因产生严重的气味而影响环境，有些污泥在填埋前必须经过适当的预处理。

单独填埋指污泥在专用填埋场进行填埋处置，又可分为沟填、掩埋和堤坝式填埋三种类型。

（1）沟填。沟填就是根据填埋场的水文地质条件及填埋压实机械的大小，预先开挖，将污泥挖沟填埋。沟填要求填埋场地具有较厚的土层和较深的地下水位，以保证填埋开挖的深度，并同时保留有足够多的缓冲区。

（2）掩埋。掩埋是将污泥直接堆置在地面上，操作时把污泥卸铺在平地上，形成厚约1.0m左右的长条，再覆盖一层0.3m厚的泥土，用作稳定污泥的处置方法。污泥掩埋的方法适合于地下水位较高或土层较薄的场地。

掩埋法最适用于含水率小于80%的污泥。污泥可被填埋成单个土墩，称为堆放式掩埋；也可分层填埋，称为分层式掩埋。这两种填埋方法的中间覆盖层厚度为0.3~0.45m。为使填埋设备能够在污泥上行走、操作，必须把土和污泥进行一定程度的混合，所用土的比例取决于土的类型、污泥的含水率及污泥与土混合物的工作性能。并且，设备上必须配备宽履带。这种方法对于在平坦的地形上进行污泥填埋比较适用，掩埋法最终覆盖层厚度为0.9~1.2m。

（3）堤坝式填埋。堤坝式填埋是掩埋法的改进。堤坝式填埋是指在填埋场地四周建有堤坝，或是利用天然地形（如山谷）对污泥进行填埋，在堤坝的里面填埋污泥与土的混合物，污泥通常由堤坝或山顶向下卸入，因此堤坝上需具备一定的运输通道。该方法要求污泥含水率小于80%，污泥与土的比例依据污泥含水率而定。

（4）污泥单独填埋。污泥的各种单独填埋方式各有优缺点。填沟法的特点是不需要外运土，但是只适用于地面坡度不大、地下水埋深较深、基岩埋深也较深的情况；其他方式均需要外运土，但对地下水和基岩埋深、地形坡度的要求相对较低。从单位面积的填埋量来看，掩埋法、堤坝式填埋、宽沟填埋的填埋量较大。

1）污泥单独填埋工艺。污泥单独填埋通常采用脱水泥饼直接填埋，污泥泥饼的特性决定了其不能直接进入填埋场填埋，必须采用改性剂处理才能进入填埋场填埋。

通常污泥泥饼的含水率为 75%~85%，具有类似泥浆的流变特性，将污泥直接铺设在地面上不能承受填埋场的机械作业，并且高黏度的泥饼经常使压实机打滑。污泥本身的抗剪切强度低，在不排水剪切时，污泥的内摩擦角为零，黏聚力一般小于 20kPa，黏聚力决定了抗剪切强度的大小。因此，在污泥单独填埋时，首先应降低污泥的含水率，提高污泥的抗剪切强度，避免发生流变现象，可在污泥中加入如黏土、矿化垃圾或生活垃圾等含水率低的改性剂以达到降低污泥的含水率的目的。

2）污泥单独填埋的配套设备。污泥填埋过程中可进行以下作业将压实密度控制在 $1100kg/m^3$ 以上：将矿化垃圾或黏土充分混合、单元作业、定点倾卸、均匀摊铺、反复压实和及时压实。在填埋中应注意在每层污泥压实后，采用黏土或人工衬层材料进行日覆盖，其覆盖层厚度控制在 20~30cm 之间。

污泥填埋场应配备合适的设备，保障填埋过程顺利进行，降低运行费用。填埋设备可根据填埋的工艺考虑选取：①混合，将污泥与其他改性材料均匀混合；②填埋作业过程包括混合、倾卸、摊铺、压实等方面；③土方工程包括覆盖土准备、覆盖作业、场地挖掘和土方平衡等；④堆肥和有机肥制作等填埋后的利用。

通常采用的设备有搅拌机、履带拖拉机、推土机、压实机、破碎机和吊车抓土机等。

3）污泥单独填埋场地要求。为达到卫生填埋的标准，污泥单独填埋的场地应符合具体的建设标准：

①场地地基应具有承载能力的自然土层或经过碾压、夯实的平稳层，不应因填埋污泥而使场地变形、破裂。场地应有纵、横向坡度，通常将坡度保持在 2% 以上，方便渗滤液的导流。

②填埋场的场地必须具备防渗系统，防止地下水污染。如不具备天然防渗条件的填埋场必须进行人工防渗处理。黏土类衬里的渗

透系数不大于 1.0×10^{-7} cm/s，场地及四壁衬里厚度不小于 2cm；改良型衬里的防渗性能应达到黏土类防渗性能。

③如果填埋场不具备黏土类衬里或改良型衬里防身要求时，必须采用 HDPE 膜作为防渗层材料，膜的厚度为 $1.5 \sim 2.5$mm，并在膜的上、下铺设保护层。

④在防渗层上应铺设渗滤液导流系统，收集渗滤液进行处理。

⑤注意填埋气的控制和利用，防止填埋气爆炸或燃烧，应在填埋场设置气体导排设施，可根据地形将导排管设置成竖向、横向或横竖相连的排气道。填埋深度较大时，应设置多层导流排气系统。有条件的填埋场应集中收集填埋气，监测填埋气的成分及气量的变化，并加以回收利用。在填埋场区，应控制甲烷气体含量小于 5%，建（构）筑物内甲烷气体含量小于 1.25%。

2.2.1.2 生活垃圾卫生填埋场混合填埋

污泥在生活垃圾卫生填埋场混合填埋，就是将污泥同城市垃圾处理场中的生活垃圾一起填埋，污泥卫生填埋也是污泥处置的一个被广泛采用的方法。污泥和生活垃圾混合填埋要符合卫生填埋的要求，还要兼顾填埋垃圾的土地最终利用，恢复土地的利用价值。

在混合填埋场中，进入城市生活垃圾卫生填埋场的污泥与城市生活垃圾填埋场垃圾日处理量的比例应不大于 5%，在该比例下，一般污泥不会影响填埋体的稳定，但是含有污泥的填埋场，在短期内（一般 6 年以内）渗滤液 COD、挥发酸、重金属的含量会降低，pH 值会上升。据有些资料报道，在混合填埋场中，当生物污泥与城市生活垃圾混合比例达到 1:10 时，填埋垃圾的物理、化学稳定过程将明显加快。

污泥和生活垃圾混合填埋还可以细分为污泥、垃圾混合体填埋和污泥用作覆盖土进行混合填埋等。

A 污泥与垃圾混合填埋

污泥、垃圾混合填埋是先将污泥堆积在固体废物的上层并进行尽可能充分的混合，然后将混合物平展、压实，最后像通常的固体废物填埋一样进行覆土。当脱水后的污泥和垃圾混合填埋时，德国要求污泥的含固率不小于35%、抗剪强度大于25 kN/m²。为了达到这一强度,通常投加石灰进行后续处理,也可以添加矿化垃圾、建筑渣土等。

污水厂的污泥经过消化、脱水后,含水率80%的干污泥运输到垃圾填埋场,然后开采矿化垃圾,将污泥和矿化垃圾按一定比例混合,使污泥的含水率小于60%,然后采取和垃圾一样的填埋方式,通过挖掘机转驳、小型蛙夯机夯击以及平板式振捣机振捣等措施在填埋区内均匀分布,然后覆盖黏土。当一层填埋好后再堆积第二层,直到设计高度,在整个填埋过程中要做好渗滤液收集、沼气导排和环境监测工作。

B　主要技术参数及要求

(1)污泥和垃圾混合填埋时污泥含水率不大于60%,pH值在5~10之间。

(2)污泥用于混合填埋时,其污染物浓度限值应满足污染物浓度要求。

(3)采掘的矿化垃圾的年龄至少在8年以上,采掘坑可以直接作为填埋坑。

(4)污泥和矿化垃圾混合,矿化垃圾的添加比例为30%~50%,污泥与泥土混合比例为1:1,以确保混合后污泥的含水率和抗剪强度,达到填埋要求。

(5)污泥填埋厚度在60~80cm之间,中间覆盖层厚度15~30cm,最终覆盖层厚度60cm。

(6)污泥和矿化垃圾混合后应放置1~3天,以提高污泥的承载能力和消除其膨润持水性。

(7)污泥处理费用20~40元/t。

(8)单位面积污泥处置量0.1~0.8m³/m²。

2.2.1.3　污泥用作垃圾处理场的覆土

污泥用作垃圾处理场的覆土,是先将污泥改性,通过向污泥中添加一些材料来提高污泥的含固率、增强抗剪强度和防渗性能,然后将其代替黏土作为垃圾填埋场的覆土。提高污泥的承载能力和消除其膨润持水性，可通过在污泥中掺入一定比例的泥土、粉煤灰、石灰或矿化垃圾来进行改性。覆土的功能可以分为日覆土、中间覆土和最终覆土，改性污泥根据不同的用途有不同的要求。

污泥入场用作日覆盖材料前必须对其进行监测。含有毒工业制品及其残留物的污泥、含生物危险品和医疗垃圾的污泥以及含有毒药品的制药厂污泥及其他严重污染环境的污泥不能进入填埋场作为日覆盖土，未经监测的污泥严禁入场。

污泥作为垃圾填埋场覆土具有较高的要求，需要对其进行改性，添加物料，进行加工，使污泥的含水率、承载能力达到要求后运送到垃圾填埋场，作为覆盖材料，等垃圾堆填到要求高度后铺撒覆盖物料，然后用机械设备进行碾压，使污泥压实，以起到覆盖功能。

2.2.2 排海

排海是污泥最终处置的另一种方法，沿海地区，尤其是有大江、大河入海口附近，可考虑把生污泥、消化污泥、脱水泥饼或焚烧灰渣投海。投海污泥最好是经过消化处理的污泥。该法在沿海城市已有多年的历史，其中有成功的经验，也有造成严重污染的失败教训。污泥的排海有两种方法：一种是船运，另一种是用管道直接把污泥输送到深海区域，利用海洋的潮流将污泥迅速扩散稀释。根据英国的经验，污泥投海应离海岸 10km 以外、深度为 25m 以下，潮流水量为污泥量的 500~1000 倍。由于海水的自净作用和稀释作用较好，污泥排海区的海水基本不受污染。但是，美国的情况则不同，世界大都市纽约每年约有 $1.2 \times 10^6 m^3$ 的生物固体投入海洋，自 1940 年以来通过长期的积累，已使 $51.8 km^2$ 海域受到严重污染，由于污泥的厌氧分解，该海域已变成"死海"，并造成了海底重金属浓度提高了 100~200 倍。1991 年 12 月 31 日起，美国已经禁止向海洋倾倒污泥。如果污泥处理不当直接排海，会对海洋的鱼类等生物资源造成严重的污染，破坏海洋的生态环境，使海洋的资源得不到有效利用，甚至是灾难性的后果。1998 年开始，欧盟也禁止污泥排海处理。此外，污泥排海也受到地域条件的限制。由于近些年来各国都更加注重对于海洋的综合开发和利用，更加注重保护海洋的生物资源，所以排海这种处理污泥的方法应当严令禁止。

2.2.3 土地利用

污泥中含有植物生长所需的多种微量元素，当施用到土壤中时，微生物会分解污泥中的有机物和利用污泥中的营养成分。污泥土地利用投资小、能耗低，是最有潜力的处置方式之一。根据我国环境工程研究中心的调查，我国农用的污泥约占全部污泥的50%。农田施用污泥或污泥加工产品后土壤结构和性能得到改善，可以有效促进植物生长并增加作物产量。

城市污水污泥中含有丰富的有机质和氮、磷、钾等植物生长所必需的营养素，且营养素的含量和配比很适合植物的吸收利用，且污泥中有机质吸附量大，养分不易流失，易被土壤微生物利用，矿化速度比农家肥迅速，可增加土壤肥力，促进作物生长，是很好的土壤改良剂，具有良好的土地利用价值。据有关统计资料显示，中国城市污水污泥中氮、磷含量通常高于牛、猪等农家肥，其中有机质平均含量达到384g/kg，并呈逐年增加的趋势。82%的城市污水污泥有机质含量比猪厩肥高27.2%，全氮、全磷分别比猪厩肥高出188%和204%，可与菜籽饼、棉籽饼等优质有机农肥相媲美。近年来，由于采用了更严格的工业污水排放标准和更有效的污水处理技术，城市污水污泥中重金属呈下降趋势，这对于促进城市污水污泥的土地利用具有重要的意义。

2.2.3.1 污泥的作用

污泥的土地利用在土壤有机质的矿化、营养元素的累积、腐殖质的合成以及提高土壤微生物活性、增加土壤肥力、改善土壤生态环境、促进植物生长、提高作物品质等方面具有重要作用，主要表现在以下几方面：

（1）改善土壤的物理性质。污泥中所含丰富的有机质和矿物质，可通过多种形式改善土壤的物理化学性质。污泥施入土壤后，其中的有机质可促使土壤团粒结构的形成，降低土壤容重，提高土壤的孔隙度，改善土壤的结构，表现为：改善土壤持水能力，提高土壤对雨水和灌溉水的利用率，防止土壤干燥破坏或潮湿时泥泞；改善通气性能，提供更好的供氧条件；保持土壤养分，有利于植物根部对养分的吸收，减少因雨水对土壤表层冲刷所引起的养分损失；减少土壤温度的波动和土壤流失的可能性。

（2）加速微生物的生长繁殖，提高土壤酶活性。城市污水污泥是一种十分有效的生物资源，施入土壤后，可为土壤微生物提供充足的养分和能源，加速其生长繁殖，提高微生物及土壤酶的活性，并通过微生物的代谢活动参与和促进土壤中物质循环，从而改善土壤的物理化学性质和生物学特性。土壤理化性质的改善为土壤微生物的生长繁殖提供有利条件，土壤微生物的活动又可进一步促进土壤肥力的提高，两者的关系相辅相成、互为促进。因此，污泥的土地利用对于培肥效果明显。

研究表明，施用城市污水污泥使植物根际土壤微生物的生物量显著增加，提高了土壤的呼吸强度，增强了土壤微生物的生物活性，使细菌和真菌数量分别增加5～10倍和3～4倍，放线菌数量也相应增加；改变了土壤微生物的种群结构，使纤维和木质素降解菌、氨化菌及硝化菌等微生物的比例和活性增加，提高了土壤腐殖质含量和利用率，使土壤的肥效增加；土壤酶（脲酶、蛋白酶、磷酸酶、硫酸酶、多酚氧化酶、过氧化氢酶及脱氨基酶等）的活性都有一定程度的提高。

（3）改良土壤性质，促进植物生长。污泥中含有植物生长所必需的营养物质，能够为植物的生长提供大量的营养素。因此，污泥能明显改善土壤的化学性质，提高土壤有机质含量和氮、磷水平。施入一定量的城市污水污泥不仅能补给土壤的养分，还能活化土壤中的养分，如调节土壤中核酸、维生素及荷尔蒙等植物生长素的含量，可明显提高土壤有机质、土壤腐殖化程度等。污泥中有机质分解产生的某些基团可影响土壤矿物的溶解度，使其更易于被植物所利用；还能增强二氧化碳在土壤中的渗透，调节土壤的酸碱度；污泥肥料能增加土壤中锌、锰、铁等元素的有效性，补偿作物根际养分亏缺，有助于改善植物的营养状况。

污泥是很好的土壤改良剂，对植物生长具有良好的促进作用，同时还能提高农作物的品质。国内外广大学者的大量研究结果表明，污泥可提高农作物产量与品质，如提高玉米、小麦、水稻、甘蔗、果树、蔬菜和等农作物的产量，尤以叶菜类效果最佳；施用污泥与城市垃圾混合的堆肥，能提高小麦和马铃薯中蛋白质的含量，提高蔬菜、水果的品质，如增加大白菜和卷心菜的含糖量、增加草莓中的 Vc 等的含量、阻止缺硼引起的白菜品质下降、显著降低硝酸盐和亚硝酸盐的含量；污泥施用于林地可有效地促进树木的茎粗或增重，对林中的灌草层植被也有促进和改善，还可提高林地土壤肥力，对有效磷的增加最为显著；同时污泥对于退化土壤的生态修复具有良好的作用。

污泥的土地利用可加速土壤微生物的生长繁殖，提高土壤酶活性，增强土壤综合肥力，提高土壤抗涝、抗旱和抗污染的能力，对于改善生态环境，促进植物生长，提高作物品质效果良好。同时，污泥的土地利用是减少其环境的不利影响，使污泥回归自然、变废为宝的积极方式，也是实现污泥的资源化和土地资源永续利用的必然要求，具有十分重要的意义。

2.2.3.2 污泥肥料的合理施用

有毒有机物和重金属是人们公认的有毒污染物，会在动植物体内累积，并通过食物链与生物链的传递而危害人类健康，为此人们对污泥中有毒物质在土壤和植物体内的迁移和累积情况十分关注，国内外关于污泥的土地利用做了大量研究。多氯联苯（PCBs）、多环芳烃（PAHs）和二噁英类（PCDD/F）是当今世界公认的剧毒有机物，污泥中均可发现这些物质的存在，为此这 3 类有机物也是人们在污泥农用过程中比较关注的。学者们研究发现施用污泥的土壤中 PCDD/F 会发生累积，也会在施用污泥的土地上生长的植物体内累积，如果动物食用植物同样也会在体内累积，进而影响生物链。污泥年施用量小于 $75t/hm^2$ 时，PAHs 在土壤中的累积很少，与空白土壤没有大的差别；但是当施用量超过 $150t/hm^2$ 后，PAHs 的累积现象严重，而且累积程度与植物种类有关。

对施用污泥的土壤中重金属离子的迁移和被植物利用情况研究

发现，年污泥用量为 $30t/hm^2$，施用时间为 10 年，研究发现金属离子在土壤中的迁移和被植物利用程度与土壤的 pH 值有关，金属离子的迁移速度和被植物吸收速度随 pH 值降低而增大，受 pH 值影响的顺序为 Zn > Cu > Pb。长期施用污泥，重金属会在土壤中累积，Zn 和 Cu 会被作物吸收，而且 Zn 更容易被植物吸收。长期（≥10 年）施用污泥的土壤与未施用污泥的土壤相比，pH 值增大，N、P、K、Ca、Mg 和溶解性有机物的浓度升高，Cu、Zn 的浓度也增大许多。梅忠等研究污泥肥料对小白菜生长的影响，发现土壤和小白菜中的重金属离子含量随污泥施用量的增加而增大，污泥中的重金属离子对小白菜影响很大，但是当施用量很小的时候，影响很小。

因此污泥土地利用有如下要求：

（1）污泥施用不当有可能造成二次污染，因此，确定合适的污泥施用率是污泥安全使用的关键。我国学者郝得文根据多年研究成果并结合国内外经验，提出了计算污泥施用率的工作程序与计算模式，用以确定污泥的最佳施用率。

设计、选用污泥施用率的基本原则是，在保证污泥中的养分和重金属不污染环境的前提下，充分利用污泥中的营养成分，其实质是限定污泥中养分和重金属的输入量。按照给定的土壤环境质量标准、土壤中重金属的背景含量、重金属年残留率以及污泥限制性重金属含量，可以确定污泥在该土壤中的施用率。从利用污泥营养成分的角度，可将污泥施用率划分为以下三种类型：

1）一次性最大污泥施用率。把污泥作为土壤改良剂，改良有机质和养分含量低的土壤，或复垦被破坏了的土地时，通常选用一次性最大污泥施用率，以便尽快达到改良的目的。

2）安全污泥施用率。把污泥作为固定肥源或复合肥料添加剂，长期施于农田，通常选用。

3）强制性安全污泥施用率。根据土地要求，场地使用年限为 20 年，在给定年限内每年施用污泥。

（2）限制施用年限。长期不合理的施用污泥，很可能导致土壤中重金属元素的积累，进而影响作物可食部分中有害物质超标，因此在污泥土地时一定要严格控制污泥的施用量和施用年限。若不考虑土壤中重金属元素的输出，把土壤中重金属的积累量控制在允许浓度范围内，那么污泥施用年限就可根据下式计算：

$$n = \frac{C \times W}{Q \times P}$$

式中　　n——污泥施用年限，a；

　　　　C——土壤安全控制浓度，mg/kg；

　　　　W——每公顷耕作层土重，kg/hm^2；

　　　　Q——每公顷污泥用量，kg/hm^2；

　　　　P——污泥中重金属元素含量，mg/kg。

污泥土地利用应该遵循上述模型来确定污泥施用年限和施用率，但由于不同的土壤条件对污泥污染物具有不同的承受能力，不同的植物种类对污泥的适宜施用量也不同，因此应该根据情况来确定具体的施用率和施用年限。

（3）选择适宜的施用场地。选择合适的施用场地和土质，是保证污泥安全施用、防止污泥中污染物对地下水污染的又一关键措施。

目前，我国适宜施用污泥的场地为园林用地、林业用地和退化土地。

1）园林绿化。随着经济的飞速发展，人们对城市绿化的要求也越来越高。但由于城市土壤普遍存在着肥力低、结构差、容重大、通气孔隙少等问题，致使园林植物的长势和绿地生态景观的效果受到不利影响，因此，在城市绿化的过程中往往施用一定量的化肥或有机肥等。污泥可改善园林土壤的性质、增加土壤肥力，在控制用量前提下，污泥应用于园林绿化既可使其得到资源化利用，又可减少化肥和腐殖土的使用量，具有良好的经济效益和环境效益。

污泥园林绿化应用具有以下优势：污泥中丰富的营养成分，可改善土壤的成分与结构，对于苗木、花卉及草坪的生长具有重要的促进作用，可作为城市绿化有效的肥力资源；污泥中有毒、有害物质不进入食物链，对人类健康所造成的潜在威胁小；园林花卉草地对污泥中有毒、有害物质有一定的吸收净化功能，能减少污染物的负面效应；同时还可减少污泥输送费用以及节约化肥和其他肥料的施用等。

2）林地利用。污泥非常适合于林地施用，主要表现在以下几方面：

①林地土壤具有较高的渗透率，可减少由于径流和雨水冲刷引起的污泥流失。

②树叶腐烂使林地土壤含有高浓度腐殖质，这些腐殖质对重金属有较强的吸附和螯合能力，对于来自污泥中的重金属有较好的固定效果，限制了重金属元素在土壤中的迁移能力。据美国 EPA 的调查文件显示，尽管森林土壤通常呈酸性，但在施用污泥后没有发现重金属滤去现象。

③林地中的长期植物根部系统使污泥的施用时间比较灵活，在温和的气候下，整年都可以施用污泥。

④污泥可以作为一种长效有机肥，为土壤缓慢、持续地释放有机质，可提高土壤中氮、磷的含量，增加土壤的湿度和保肥能力，改善林地土壤的结构。

污泥的林地利用主要包括在森林、道路绿化、高速公路的隔离带、苗圃树木的栽培等非食物链植物生长的土地施用。

污泥林地利用是一种很有前途的利用方式，其最大的优势在于不易构成食物链污染的风险，因此，对某些污染物的含量可适当放宽，但仍应注意其对生态环境和公众健康所造成的危害，因此要加强其中病原体的污染控制和施用量的控制。

3）退化土地的修复。近代来，由于不利的自然条件与人类不合理的活动而导致原有自然生态系统遭到破坏，土地资源不断减少，人多地少的矛盾日益突出。据资料报道，我国耕地退化面积占全国总耕地的 1/10。因此，改良土地，使其退化生态系统得以恢复与重建，是提高区域生产力、改善生态环境、持续利用资源的关键。

城市污水污泥施入退化土地能迅速改良土壤特性，促进土壤熟化，增加土壤养分，提高其有机质含量，为植物迅速、持久供肥，并有利于提高土壤微生物的数量和活性，从而有利于地表植物的生长，迅速有效地恢复植被，保护土壤免受侵蚀，达到改良土壤性质、防治水土流失的目的。该利用方式避开了食物链的影响，对人类危害较小，减少了环境污染，充分发挥了污泥的积极作用，使生态环境得以恢复，是一种较好的污泥利用途径。

城市污水污泥应用于退化土地的修复，可快速改善土壤结构，促进土壤熟化，为尽快恢复植被奠定较好的物质基础，具有工艺简单、成本低廉等特点。施用方法可采用表施或耕层施肥的方式，施用后，播种牧草，待 2~3 年牧草生长后再植树造林，以达到恢复与重建其退化生态系统的目的。

（4）完善技术规范。目前，我国污泥大多数施用者对污泥的施用方法存在着盲目性和任意性，造成了局部土地的污染。为确保农用污泥的安全使用，推进我国污泥土地利用的科学管理，实现污泥资源化循环利用的目标，迫切需要制订一套较为完善的污泥农用技术规范和相应的环境管理标准体系。

如何降低污泥中有毒有机物和重金属离子含量，是污泥土地利用处置必须要解决的问题。

2.2.4 发酵产燃料

在厌氧条件下，脱水前或脱水后的污泥经微生物转化，部分有机物转化为甲烷或氢气，同时污泥性质得到稳定。甲烷和氢气可以作为燃料用来发电、产热，也可以作为化工原料。

污泥发酵产沼气的温度为 55℃，周期为 10~20 天。沼气产量与污泥性质和发酵条件有关，一般情况下沼气产量为 1L/g 有机物。沼气产量与污泥的预处理有很大关系，可以通过破碎、超声波、热 - 化学、酸碱等物理和化学预处理得到提高。Neis 等研究还发现超声波可将污泥发酵时间由 16 天缩短为 4 天。

污泥发酵产 H_2 是近年来各国学者研究的热点之一。Wang 等的研究发现污泥的产氢量（以葡萄糖计）在 4.6~15mmol /g 葡萄糖范围内；另外，污泥发酵产 H_2 也需要预处理，目的是为了抑制产甲烷菌的生长，进而使反应朝着有利于产 H_2 的方向进行。酸、碱、热、冷冻、微波和杀菌等预处理可以使 H_2 产量增加 1.5~2 倍，但超声波处理会降低 H_2 产量。利用污泥发酵产 H_2 后的剩余物进行发酵产甲烷研究，通过在 48h 内发酵研究，发现甲烷的产率是污泥单独发酵产甲烷时的 5 倍。金属离子会影响发酵细菌的活性，其中 Cu 对产氢和产甲烷菌的影响高于其他金属离子。对比重金属离子对两种细菌的影响程度发现，产氢细菌受重金属的影响要比产甲烷菌小。

一般情况下，污泥发酵只能分解污泥中有机物的 20% ~ 30%，污泥中重金属并无变化，有毒有机物只有很少的部分被分解，剩余的固体仍需要后续处置；发酵产出的气体相对于发酵过程中的外加能量来讲，并无优势可言，所以污泥发酵产气体燃料有待新的突破。

2.2.5 污泥热处理

污泥的热化学处理是一种历史悠久的污泥调质工艺，污泥的热化学处理具有处理迅速、占地面积小、无害化、减量化和资源化效果明显等优点，被认为是很有前途的城市污泥处理方法，日益受到人们的重视。污泥热化学处理达到的目的有：

（1）稳定化和无害化，通过加热使污泥中的有机物质发生化学反应，氧化有毒有害污染物（如 PAHs、PCBs 等），杀灭致病菌等微生物。

（2）减量化。通过加热破坏细胞结构，使污泥中的内部水释放出来而被脱除，如焚烧工艺可使所处理的污泥（实际是焚烧后的灰渣）含水率降到零，实现最大限度的减量化。

（3）资源化。通过热化学处理后的城市污泥，一方面通过稳定化处理后可以进行相关的资源化利用，另一方面可以将污泥中的大量有机物转化为可燃的油、气等燃料。

污泥热化学处理方法作为一种处理彻底、速度快、设施占地小的污泥处理方法，正受到各国广泛的重视。可以预见，随着科技水平的提高，这种处理方式有可能在污泥处理技术体系中占有更重要的地位。

常用的热化学处理方法有焚烧、碳化、热加工做建材、直接液化、气化、热解等。

根据氧化还原环境，污泥热化学处理工艺可分为三种，即有氧、缺氧、无氧。污泥焚烧、湿式氧化为有氧热化学处理；气化为缺氧热化学处理；污泥热化学转化（热解、直接液化等）为无氧热化学处理。

　　根据温度的高低，污泥热化学处理工艺分为高温和低温。通常以 600℃为界进行概念性的区分。污泥高温热化学处理工艺有焚烧和高温热解。低温处理工艺包括低温热解（热化学转化）、湿式氧化（含超临界溶剂）和直接热化学液化。

　　热化学处理工艺对原料污泥组成有要求，因此在对污泥进行热化学处理前，需对污泥进行预处理。根据污泥含水率与相应污泥脱水预处理单元技术的对应关系，热化学处理工艺可按预处理技术分类，具体分为：湿式氧化（含超临界湿式氧化）可处理浓缩后的污泥，相应含水率为92%～96%；水相直接热化学液化可处理机械脱水污泥，相应的含水率为75%～85%；焚烧、气化在使用辅助燃料时，也可处理机械脱水污泥，但使用部分干燥污泥时才能达到过程能量自持的要求，部分干燥污泥的含水率为40%～60%；污泥热解和有机溶剂直接热化学液化则要求对污泥进行完全干燥预处理，相应的含水率应小于10%。

3 污泥焚烧处理

污泥中有机质含量在 60% ~ 80% 之间，因此污泥具有可燃性，各种生物质的热化学处理工艺基本均可适用于污泥的处理。

污泥的焚烧是指对将脱水或干燥后的污泥，依靠其自身的热值或辅助燃料，放入焚烧炉进行热处理的过程，这是由于污泥具有一定热值和可燃烧性决定的。城镇污水厂污泥的热值在 3 ~ 18MJ/kg 之间，热值的高低取决于污泥组成。

污泥的焚烧已有近 70 年的发展历史。1934 年，美国密执安 Dearborn 安装了第一台有记录的污泥焚烧炉。至 20 世纪 80 年代逐渐被流化床焚烧炉代替。在日本，污泥焚烧方法占污泥处理总量的 60% 以上、欧盟在 10% 以上。

污泥焚烧法的优势：

(1) 可迅速、有效地使污泥得到无菌化和减量化的目的，其产物为无菌、无臭的无机残渣，含水率为零，其中多环芳烃类污染物不复存在，其他有机污染物含量也几乎为零（重金属离子不能被有效去除，沉积在煤灰中），其体积大为缩小，且在恶劣的天气条件下不需存储设备，使污泥最终处置极为便利。

(2) 污泥能满足热能自持的需要，使用焚烧法处置可能是经济有效的。

(3) 污泥燃烧产物可以有效进行后续的处理与处置。从焚烧的产物来看，干污泥颗粒可用做发电厂燃料的掺和料，也可通过干馏提取焦油、焦炭、燃料油和燃气等；污泥焚烧灰可做水泥添加剂、污泥砖、污泥陶粒等建筑材料；污泥细菌蛋白可制造蛋白塑料、胶合生化纤维板等；污泥气可用做燃料，还可制造四氯化碳、氢氰酸、有机玻璃树脂、甲醛等化工产品；污泥灰也可以作为混凝土混料的细填料。

(4) 污泥焚烧可以从废气中获得剩余能量，用来发电。在脱水污泥中加入引燃剂、催化剂、疏松剂和固硫剂等添加剂制成合成燃料, 该合成燃料可用于工业和生活锅炉, 燃烧稳定, 热工测试和环保测试良好, 是污泥有效利用的一种理想途径。

焚烧是一种比较成熟的固体废物无害化处置技术, 在世界范围内有着广泛的应用, 但污泥焚烧成本高、污染物产生量大, 虽然通过附加的烟气处理和飞灰处理等方法可以控制污染物的排放, 但是需要投入大量的资金, 增加了污泥的焚烧成本。因此, 降低处理成本是焚烧处置亟待解决的问题。

3.1 污泥单独焚烧

焚烧是在有氧高温的条件下, 完全氧化污泥中有机物的过程。焚烧是处理污泥的有效方法, 焚烧可以减容90%、减重75%以上。欧洲、美国、日本等发达国家都建立了大量的污泥焚烧厂, 所用焚烧设备大多为多膛炉和流化床炉。多膛炉多用于焚烧机械脱水后的湿污泥, 而流化床炉既可以焚烧湿污泥, 也可以焚烧半湿污泥, 现有的焚烧工艺中多采用流化床焚烧炉。

3.1.1 污泥焚烧处理基本原理

污泥焚烧是在一定温度、气相充分有氧的条件下, 使污泥中的有机质发生燃烧反应, 反应结果使有机质转化为 CO_2、H_2O、N_2 等相应的气相物质, 反应过程释放的热量则维持反应的温度条件, 使处理过程能持续地进行。焚烧即燃烧, 是包括蒸发、挥发、分解、烧结、熔融和氧化还原反应, 以及相应传质和传热的综合物理变化和化学反应过程, 通常可划分为干燥、热分解、燃烧三个阶段, 也就是干燥脱水、热化学分解、氧化还原反应的综合作用过程。

焚烧处理的产物是炉渣 (灰) 和烟气。炉渣主要由污泥中不参与燃烧反应的无机矿物质组成, 同时也会含一些未燃尽的残余有机物 (可燃物)。炉渣对生物代谢是惰性的, 因此无腐败、发臭、含致病菌等产生卫生学危害的因素 (即已无害化); 污泥中在焚烧时不挥发的重金属是炉渣环境影响的主要来源。

污泥焚烧的另一部分固相产物是在燃烧过程中, 被气流挟带存在于出炉的烟气中, 通过烟气除尘设备 (如旋风分离器、静电除尘器或袋式过滤器）被分离的固体颗粒，为与一般从焚烧器底部排出的炉渣相区别，此固相产物称为飞灰。飞灰中的无机物除了污泥中的矿物质外，还可能包括烟气处理的药剂（如干式、半干式除酸气净化工艺中使用的石灰粉、石灰乳等），其中的无机污染物以挥发性重金属 Hg、Cd、Zn 为主，这些挥发再沉积的重金属一般比炉渣中的重金属有更强的迁移性，使飞灰成为浸出毒性超标（固体废物浸出毒性鉴别标准）的有毒废物；飞灰中的有机物多为耐热化学降解的毒害性物质，气相再合成产生的二噁英类高毒性物质也可吸附于飞灰之上。因此，飞灰安全处置是污泥焚烧环境安全性的重要组成环节。

污泥焚烧的烟气以对环境无害的 N_2、O_2、CO_2、H_2O 等为主要组成，所含常规污染物为悬浮颗粒物（TSP）、NO_x、HCl、SO_2、CO 等。烟气中的微量毒害性污染物包括重金属（Hg、Cd、Zn 及其化合物）和有机物（前述耐热降解有机物和二噁英等）。因此，焚烧烟气净化是污泥焚烧工艺的必要组成部分。

3.1.2 污泥焚烧的影响因素

目前污泥焚烧先进的可燃物分解水平为：燃尽率不小于 98%；燃烧效率不小于 99%。为了保持较好的焚烧效果，应分析影响污泥可燃物分解水平的因素，影响污泥焚烧过程的因素有许多，主要因素有污泥的性质、停留时间、燃烧温度、空气过量系数等。

3.1.2.1 污泥本身的性质

污泥的性质主要包含污泥的含水率和污泥中挥发物的含量。污泥的含水率或污泥本身含有水分的多少直接影响污泥焚烧设备和处理费用。因此，应降低污泥的水分，降低污泥焚烧设备及处理费用。通常情况下，污泥含水率与挥发物含量之比小于 3.5，则污泥能够维持自燃，节约燃料。污泥挥发物含量通常能够反映污泥潜在的热量的多少，如此热量可以用于污泥焚烧，不能支持燃烧，则需补充热能维持焚烧。

3.1.2.2 污泥预处理

污泥在焚烧前必须进行预处理，保证焚烧过程有效进行。将污泥粉碎可使投入炉内的污泥分布均匀，保障污泥燃烧充分。污泥预热也是预处理的一种手段，可使其含水率下降，降低污泥焚烧消耗的能源。

3.1.2.3 污泥的工艺操作因素

污泥的工艺操作条件是影响污泥废物焚烧效果和反映焚烧炉工况的重要技术指标，主要有污泥焚烧温度、时间和焚烧传递条件。

A 焚烧温度

污泥的焚烧温度一般是指污泥焚烧所能达到的最高温度。污泥的焚烧温度比其着火温度要高得多。污泥的焚烧温度越高，燃烧速度越大，污泥就焚烧得越完全，焚烧效果越好。污泥的焚烧温度与污泥的燃烧特性有直接的关系，污泥的热值越高、水分越低，焚烧温度也就越高。一般来讲，提高焚烧温度有利于污泥的燃烧和干燥，并能分解和破坏污泥中有机毒物。但过高的焚烧温度不仅增加了燃料消耗量，而且会增加污泥中金属的挥发量及氮氧化物的数量，引起二次污染。因此不宜随意确定较高的焚烧温度。污泥焚烧的温度与污泥在焚烧设备内的停留时间相关联，大多数有机物的焚烧温度范围在 800 ~ 1100℃之间，通常在 800 ~ 900℃之间。

B 停留时间

污泥在焚烧炉内停留时间的长短直接影响焚烧的完善程度，停留时间也是决定炉体容积尺寸的重要依据。为了使污泥能在炉内完全燃烧，污泥需要在炉内停留足够的时间。一般认为，污泥燃烧所需要的停留时间与含水量有一定的关系，含水量越大，干燥所需的时间越长，污泥在炉内的停留时间也就越长。此外，良好的搅拌与混合，使污泥的水分更易于蒸发，其所需的停留时间就较短。停留时间也意味着燃烧烟气在炉内所停留的时间，燃烧烟气在炉内停留时间的长短决定气态可燃物的完全燃烧程度。一般来讲，燃烧烟气在炉内停留的时间越长，气态可燃物的完全燃烧程度就越高。

焚烧的温度和时间形成了污泥中特定的有机物能否被分解的化学平衡条件；焚烧炉中的传递条件则决定了焚烧结果与平衡条件的接近程度。

污泥焚烧的气相温度达到 800～850℃，高温区的气相停留时间达到 2s，可分解绝大部分污泥中的有机物。但污泥中一些工业源的耐热分解有机物需在温度为 1100℃、停留时间为 2s 的条件下才能完全分解。

污泥固相中有机物充分分解的温度和停留时间则与其焚烧时内堆积体或颗粒度决定的传递条件有极大的关系。一般堆积燃烧时固体停留时间应在 0.5～1.5h；当污泥粒径缩小至数毫米时（如在流化床中），则其停留时间在 0.5～2min 即已足够。以下均考虑气相温度大于 800℃ 的条件。

C 其他因素

污泥焚烧的传递条件除了污泥颗粒度（堆积厚度）外，还包括气相的湍流混合程度，湍流越充分，传递条件越有利。一般采用 50%～100% 的过量空气作为焚烧的动力。

污泥焚烧过程控制中应考虑污泥衍生产物的环境安全性，包含烟气处理、灰渣处置系统的技术发展与优化控制、源控制和燃烧过程的控制。

鉴于焚烧烟气控制在净化烟气中的微量毒害性有机物、某些重金属（如 Hg）和 NO_x 时的相对低效性，污泥重金属的焚烧过程迁移与气相排放控制，应注重于工业源污水的分流控制，这也适用于一些耐热分解有机物的源控制。污泥燃烧控制主要对部分耐热分解有机物和 NO_x 的控制有效，但两者却给出不同的控制要求。充分的有机物分解要求将燃烧温度提升至 1100℃ 左右，过剩空气比应在 50% 以上，而这恰是易由热诱导使空气中的 N_2 转化为 NO_x 的有利反应条件，会使尾气中的 NO_x 浓度升高；温度小于 850℃，过剩空气比控制在 50% 以下，则有利于 NO_x 浓度的降低。

平衡两类污染物的燃烧控制要求的有效途径是强化燃烧过程的传递条件，如采用循环流化床燃烧工艺等，同时应更重视源控制的作用。

过剩空气系数对污水污泥的燃烧状况有很大的影响，供给适量的过量空气系数是有机可燃物完全燃烧的必要条件。合适的过剩空气系数有利于污水污泥与氧气的接触混合,强化污泥的干燥、燃烧。但过剩空气系数过大又有一定的副作用,过剩空气系数过大既降低了炉内燃烧温度,又增大了燃烧烟气的排放量。

3.1.3 污泥焚烧工艺过程

污泥焚烧工艺系统由三个子系统组成,分别为预处理、燃烧、烟气处理与余热利用。在预处理方面,主要表现为对前置处理过程的要求和预干燥技术的应用。污泥焚烧系统的原料一般以脱水污泥饼为主,前置处理过程包括浓缩、调理、消化和机械脱水等。考虑到焚烧对污泥热值的要求,一般拟焚烧的污泥不应再进行消化处理。污泥脱水的调理剂选用既要考虑其对污泥热值的影响,也要考虑其对燃烧设备安全性和燃烧传递条件的影响,因此腐蚀性强的氯化铁类调理剂应慎用;石灰有改善污泥焚烧传递性的作用,适量(量过大会使可燃分太低)使用是有利的。预干燥对污泥焚烧自持燃烧条件的达到有很大的帮助,1990年以后的新建大型污泥焚烧设施,均已应用了预干燥单元技术。

围绕改善污泥焚烧的热化学平衡和传递条件进行了污泥燃烧子系统的深入研究,重点开展焚烧炉技术的研究。1934年,美国密歇根州开始采用多膛炉进行污泥焚烧,燃烧的固相传递条件较差,污泥燃尽率通常低于95%;20世纪80年代逐渐由流化床焚烧炉,现已基本不用或改造成仅保留上面2~3层干燥炉膛,下层改为沸腾流化床焚烧炉的流化床焚烧+直接热烟气预干燥设备。

目前应用较多的污泥焚烧炉形式主要是流化床和卧式回转窑两类。前者包括沸腾流化床和循环流化床两种。其共同特点是气、固相的传递条件均十分优越;气相湍流充分,固相颗粒小,受热均匀,已成为城市污水厂污泥焚烧的主流炉型。但流化床内的气流速度较高,为维持床内颗粒物的粒度均匀性,也不宜将焚烧温度提升过高(一般为900℃左右),因此对于有特定的耐热性有机物分解要求的工业源污水厂污泥(或工业与城市污水混合处理厂污泥)而言,在满足其温度、气相与固相停留时间要求方面，会有一些困难。因此，对此类污泥的焚烧，卧式回转窑成为较适宜的选择。污泥卧式回转窑焚烧炉，结构上与水平水泥窑十分相似，污泥在窑内因窑体转动和窑壁抄板的作用而翻动、抛落，动态地完成干燥、点燃、燃尽的焚烧过程；回转窑焚烧的污泥固相停留时间长（一般大于 1h），且很少会出现"短流"现象；气相停留时间易于控制，设备在高温下操作的稳定件较好（一般水泥窑烧制最高温度大于 1300℃）；但逆流操作的卧式回转窑，尾气中含臭味物质多，另有部分挥发性的毒害物质，带配置消耗辅助燃料的二次燃烧室（除臭炉）进行处理；顺流操作回转窑则很难利用窑内烟气热量实现污泥的干燥与点燃，需配置炉头燃烧器（耗用辅助燃料）来使燃烧空气迅速升温，达到污泥干燥与点燃的目的。因此，水平回转窑焚烧的成本一般较高。

污泥焚烧烟气处理子系统的技术单元组成在 20 世纪 90 年代主要包含酸性气体（SO_2、HCl、HF）和颗粒物净化两个单元。大型污泥焚烧厂酸性气体净化多采用炉内加石灰共燃（仅适用于流化床焚烧）、烟气中喷入干石灰粉（干式除酸）、喷入石灰乳浊浆（半干式除酸）三种方法之一。颗粒物净化采用高效电除尘器或布袋式过滤除尘器。小型焚烧装置则多用碱溶液洗涤和文丘里除尘方式进行酸性气体和颗粒物脱除操作。以后为了达到对重金属蒸气、二噁英类物质和 NO_2 的有效控制，逐步加入了水洗（降温冷凝洗涤重金属）、喷粉末活性炭（吸附二噁英类物质）和尿素还原脱氮等单元环节。这些烟气净化单元技术的联合应用可以在污泥充分燃烧的前提下，使尾气排放达到相应的排放标准。

污泥焚烧烟气的余热利用，主要方向是自身工艺过程（以预干燥污泥或预热燃烧空气）为主，很少有余热发电的实例。关键是与城市生活垃圾相比，当量服务人口的污水厂污泥的低位热值量仅为垃圾的 1/30 左右，余热发电缺乏必要的规模和经济条件。

焚烧烟气余热用于污泥干燥等时，既可采用直接换热方式，也可通过余热锅炉转化为蒸汽或热油能量间接利用。

3.1.4 污泥焚烧设备

在污泥焚烧设备中，流化床（FBC）和多炉膛焚烧炉（MHF）是应用广泛的主要炉型，尽管其他炉型如旋转炉窑、旋风炉和各种不同形式的熔炼炉也在使用，但所占份额不大。例如，1988 年在日本有 151 家污泥焚烧厂运行，其中多炉膛焚烧炉有 72 台、53 台是固定流化床和 20 台旋转炉窑。在德国 39 家污泥燃烧处理厂中，有 10家是同固体废弃物一起混烧，20 家是采用生活污泥作为燃料单独燃烧，还有 9 家是对工业污泥进行焚烧处理。在这 39 家污泥焚烧厂中有 70% 是采用鼓泡流化床焚烧炉型。在美国，到 1970 年时，有 120多台多炉膛焚烧炉在运行，而目前美国有 100 多台流化床锅炉用于污泥焚烧。在世界范围内更有超过 300 台的流化床锅炉应用于污泥的焚烧处置。

3.1.4.1 多段炉（多膛炉）

立式多膛炉起源于 19 世纪的矿物的煅烧，19 世纪 30 年代开始用于焚烧污水厂污泥。立式多膛焚烧炉的横断面图如图 3-1 所示。

立式多膛炉是一个内衬耐火材料的钢制圆筒，中间是一个中空的铸铁轴，在铸铁轴的周围是一系列耐火的水平炉膛，一级分 6~12层。各层都有同轴的旋转齿耙，一般上层和下层的炉膛设有 4 个齿耙，中间层炉膛设 2 个齿耙。经过脱水的泥饼从顶部炉膛的外侧进入炉内、依靠齿耙翻动向中心运动并通过中心的孔进入下层，而进入下层的污泥向外侧运动并通过该层外侧的孔进入再下面的一层，如此反复，从而使得污泥呈螺旋形路线自上向下运动。铸铁轴内设套管、空气由轴心下端鼓入外套管，一方面使轴冷却；另一方面空气被预热，经过预热的部分或全部空气从上部回流至内套管进入到最底层炉膛，再作为燃烧空气向上与污泥逆向运动焚烧污泥。从整体上来讲，立式多膛炉又可分为三段：顶部几层为干燥段，温度为425~760℃，污泥的大部分水分在这一段被蒸发掉；中部几层为焚烧段，温度升高到约 925℃；下部几层为冷却段，温度为 260~350℃。

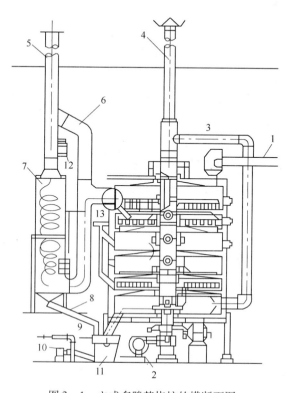

图 3-1　立式多膛焚烧炉的横断面图

1—泥饼；2—冷却空气鼓风机；3—浮动风门；4—废冷却气；5—清洁气体；
6—无水时旁通风道；7—旋风喷射洗涤器；8—灰浆；9—分离水；
10—砂浆；11—灰斗；12—感应鼓风架；13—轻油

　　20 世纪 60 年代，用作污泥焚烧的主要是多膛式焚烧炉，目前仍有 170 余座多膛炉在美国运转，81 座在日本运转。

　　该类设备以逆流方式运作，分为三个工作区，热效率很高。气体出口温度约为 400℃，而上层的湿污泥仅为 70℃（或稍高）。脱水污泥在上部可干燥至含水 50% 左右，然后在旋转中心轴带动的刮泥器的推动下落入到燃烧床上。燃烧床上的温度为 760~870℃，污泥可完全着火燃烧。燃烧过程在最下层完成，并与冷空气接触降温，再排入冲水的熄灭水箱。燃烧气含尘量很低，可用单一的湿式洗涤器把尾气含尘量降到 200mg/m³ 以下。进空气量不必太高，一般为理论量的 150% ~200%。

由于污泥类废物一般都很黏稠，点燃后易结成饼或表面灰化，覆盖在燃烧物外表上，使火焰熄灭，在焚烧过程中需不断搅拌，反复更新燃烧表面，使污泥得以充分氧化，因此不能采用炉排式燃烧。在多段炉内各段均设有搅拌面，物料在炉内停留时间也很长，方能使污泥完全燃烧。为保障工艺顺利进行，除焚烧炉外还需添置污泥器（带粉碎机）、多点鼓风系统、热量回收装置（当设二次燃烧设备时，尤要注意此点）、辅助热源（启动燃烧器）和除灰设备等辅助设备。

多膛炉后有时会设有后燃室，以降低臭气和未燃烧的碳氢化合物浓度。在后燃室内，多膛炉的废气与外加的燃料和空气充分混合，完全燃烧。有些多膛炉在设计上，将脱水污泥从中间炉膛进入，而将上部的炉膛作为后燃室使用。

为了使污泥充分燃烧，同时由于进料的污泥中有机物含量及污泥的进料量会有变化，因而通常通入多膛炉的空气应比理论通气量多 50% ~100%。若通入的空气量不足，污泥没有被充分燃烧，就会导致排放的废气中含有大量的 CO 和碳氢化合物；反之，若通入的空气量太多，则会导致部分未燃烧的污泥颗粒被带入到废气中排放掉，同时也需要消耗更多的燃料。

多膛炉排放的废气可以通过文丘里洗涤器、吸收塔、湿式或干式旋风喷射洗涤器进行净化处理。当对排放废气中颗粒物和重金属的浓度限制严格时，可使用湿式静电除尘器对废气进行处理。

多段焚烧炉具有以下特点：加热表面和换热表面大，直径可达到 7m，层数可从四层多到十二层；在连续运行时，燃料消耗很少，而在刚启动的 1 ~2 天内消耗燃料较多；在有色冶金工业中使用较多，历史也长，并积累了丰富的使用经验可供参考。多段焚烧炉存在的问题主要是：机械设备较多，需要较多的维修与保养；耗能相对较多，热效率较低；为减少燃烧排放的烟气污染，需要增设二次燃烧设备。

多膛炉的主要优点是有一个好的内部热量利用系统，因为焚烧后的烟气能很好地同污泥进行接触加热。多膛炉对污泥处理的一个主要缺点是需要不断地添加辅助燃料，增加费用。辅助燃料的作用是维持焚烧过程的进行。较早的多膛炉存在怎样设计各个区域的困惑，即干燥、燃烧及燃尽/冷却区域的分配问题。如果在较上部区域燃烧，以保证污泥的干燥，那么污泥中挥发分难以完全析出，而且燃烧温度也不能保证使污泥焚烧。另一方面，如燃烧主要在多膛炉下部进行，以保证污泥的燃尽率，那么会使得灰分不能得到足够的冷却，而会对灰处理设备形成损害。

多膛式焚烧炉在高浓度过量空气条件下工作比较理想，能产生更多的热能。但通常多膛炉需配置后燃室，来保证除尽臭味和充分燃烧。也有一些多膛炉采用污泥从下部送入，上部则设计为后燃区。正常工况下，需要50%~100%的过剩空气，送入多膛炉以保证充分燃烧，如氧气供应不足，则会产生不完全燃烧现象，排放出大量的CO、煤烟和碳氢化合物。当然，过量的空气不仅会导致能量损失，而且会带出大量飞灰。

多膛焚烧炉的污泥处理能力多为5~1250t/d不等，可将污泥的含水率从65%~75%降至约0，污泥体积降到10%左右。多膛焚烧炉的污泥处理能力与其有效炉膛面积有关，特别是处理城市污水污泥时。焚烧炉有效炉膛面积为整个焚烧炉膛面积减去中间空腔体、臂及齿的面积。一般多膛炉焚烧处理20%含水率的污泥时，焚烧速率为34~58kg/($m^3 \cdot h$)。

多膛炉尾部净化装置通常为文丘里除尘器、撞击式捕集除尘器、湿法旋风除尘器或干法除尘器。由于污泥自身热值、辅助燃料成本、严格的气体排放标准以及焚烧能力等原因，多膛炉越来越失去竞争力，促使流化床焚烧炉成为较受欢迎的污泥焚烧装置。

3.1.4.2 流化床焚烧炉

流化床焚烧炉于20世纪60年代开始于欧洲，70年代出现于美国和日本，自1962年以来，有125座流化床焚烧炉在美国安装，其中43座是1988年以后安装的。

流化床技术最早用于石油工业中催化剂的再生。流化床用于污泥的处理是流化床上的惰性材料（通常为砂子）与干化污泥一起被床底的进气托起呈悬浮状态（流态化），污泥在床层上部完全燃烧的过程。

流化床焚烧炉的结构很简单，主体设备是一个圆形塔体，下部设有分配气体的分配板，塔内衬有耐火材料，并装有耐热粒状载体。气体分配板由多孔板做成，有的平板上穿有一定形状和数量的专用喷嘴。气体从下部通入，并以一定速度通过分配板，使床内载体"沸腾"呈流化状态。污泥从塔侧或塔顶加入，在流化床层内进行干燥、粉碎、气化等过程后，迅速燃烧。燃烧气从塔顶排出，尾气中夹带的载体粒子和灰渣一般用除尘器捕集后，载体可返回流化床内。

流化床内气-固混合强烈，传热介质速率高，单位面积处理能力大，具有极好的着火条件。流化床炉采用石英砂作为热载体，蓄热量大，燃烧稳定性较好，燃烧反应温度均匀，很少局部过热。因此，能处理生活垃圾、有机污泥和有毒有害废液等废物种类，有害物质分解率高。

高压空气（20~30kPa）从炉底部的装在耐火栅格中的鼓风口喷射而上，使耐火栅格上的约0.75m厚硅砂层与加入的污泥呈悬浮状态。干燥破碎的污泥从炉下端加入炉中，与灼热硅砂激烈混合而焚烧，流化床的温度控制在725~950℃之间，污泥在流化床焚烧炉中的停留时间大约为数秒（循环流化床）至数十秒（沸腾流化床）。焚烧灰与气体一起从炉顶部经旋风分离器进行气固分离，热气体用于预热空气，热焚烧灰用于预热干燥污泥，以便回收热量。流化床中的硅砂也会随着气体流失一部分，因而每运行300h，就应补充流化床中硅砂量的5%作为补偿，以保证流化床中的硅砂有足够的量。

流化床燃烧温度在800~900℃之间，过量空气系数小，氮氧化物生成量少，有害气体生成易于在炉内得到控制，是新一代"清洁"焚烧炉，极具发展前途。此外，流化床焚烧炉无运动部件，结构简单，故障少，投资及维修费低。但工艺操作则比一般机械炉要求高些。对于污泥焚烧，流化床不管什么来源的污泥，只需干物质含量达到45%（半干化），不需要额外的热能就可以自己燃烧，到达热平衡，而且焚烧产生的热量足够满足半干化干燥机。流化床焚烧炉的优势还在于有非常大的燃烧接触面积、强烈的湍流强度和较长的停留时间。而且还可连续加料、连续出料，操作可自动调节，因此可广泛地用来处理各种固体废物及污泥。对于难以在多膛炉、炉排焚烧炉上焚烧的污泥，采用流化床焚烧技术是很合适的。

3.1.4.3 回转窑式污泥焚烧炉

一般来讲，转炉内胆是由具有较高阻力的耐火材料组成，炉膛结构稍微倾斜并以较低的速度旋转，通过炉膛的旋转，带动污泥旋转、翻转换热，使得污泥在不同的温度区域内干燥、析出挥发分、燃烧并使燃烧后的灰分冷却。燃烧通常在 800~1000℃ 范围内，烟气和灰分冷却的热量用于空气的预热和产生蒸汽。污泥的燃尽率不高，因为在污泥做旋转运动时，污泥外表面部分燃烧并烧结成团，而内部污泥并没有完全燃烧。窑体的一端以螺旋加料器或其他方式进行加料，另一端将燃尽的灰烬排出炉外。污泥在回转窑内可逆向与高温气流接触，也可与气流一个方向流动。逆向流动时，预热污泥，热量利用充分，传热效率高。排气中常携带污泥中挥发出的有害有臭气体，故必须进行二次焚烧处理。顺向流动的回转窑，一般在窑的后部设置燃烧器，进行二次焚烧。

转窑是一种工业上使用最普遍的装置（如水泥、冶金、采矿等），可将干燥和焚烧合并或分开进行。采用的燃烧温度为 900~1000℃，空气过剩量为 50%。

转窑可作为干燥器，也可作为焚化炉。大部分余灰被空气冷却后在转窑较低的一端回收并卸出。飞灰由除尘器回收。整个系统在负压下工作，可避免烟气外泄。回转窑式焚烧炉的温度变化范围较大，为 810~1650℃，温度控制由窑端头的燃烧器的燃料量加以调节，通常采用液体燃料或气体燃料，也可采用煤粉或废油作燃料。

3.1.4.4 污泥熔融焚烧炉

污泥熔化技术是将污泥进行干燥后，经 1300~1500℃ 的高温处理，完全分解污泥中的有机物质，燃尽其中的有机成分，并使灰分在熔化状态输出炉外，经自然冷却，固化成火山岩状的炉渣。这种炉渣可以作为建筑材料。

污水厂污泥在干燥状态具有 11~19MJ/kg 的发热量。所谓污泥的熔化方法是使脱水滤饼的水分蒸发，变成干燥污泥，再通过特殊结构的熔化炉，使干燥污泥处在高于其熔点温度的炉内燃烧，剩下的不燃物始终保持着熔液状态流出炉外，冷却后生成炉渣。

干燥污泥所需的燃烧热大部分来自炉内的高温燃烧排气，回收其中的一部分用于脱水滤饼的干燥。

污泥灰分的主要成分是 Si、Al、Fe、P、Ca 和 Mg 等。决定熔点高低的因素是灰分的成分比，尤其重要的指标是称为碱度的 CaO 和 SiO_2 的含量比。

运行温度低于污泥中灰分熔点的炉型的主要缺点是，灰（渣）中含有大量高浓度的污染环境的重金属，要处理处置这种污染物质，费用很高，并且需要特殊的填埋地点。污泥熔融处理技术就是为了解决污泥焚烧中的灰分存在问题而开发出来的。在这里，预先干燥的污泥在超过灰熔点的温度下进行焚烧（一般在 1300～1500℃），这不仅能对污泥中有机物进行热处理，也可以形成比其他焚烧方式形成的密度大 2～3 倍的熔化灰，从而达到污泥减容的目的。而且熔炼处理焚烧能将污泥灰转化成玻璃体或水晶体物质，此时，重金属以稳定的状态存在 SiO_2 等玻璃体或水晶体中，并且不会溶出（被过滤）而损害环境，炉渣也可用作建筑材料。

在使用机械脱水机处理污泥时，一般要添加凝聚剂（调理剂）。如果使用的凝聚剂为有机质时，灰分的碱度是 0.2～0.5g/g，熔点为 1200～1300℃。通常使用氯化铁和石灰作为凝聚剂时，灰分的碱度大，熔点也高。因此熔化炉必须保持 1300℃ 以上的高温，而且必须注意保持熔灰在炉内始终处于熔化状态。能满足这种要求的熔化炉有以下几种：

（1）底焦熔化炉。把干燥污泥和焦炭交替地投入炉内，使底焦起到炉排的作用，并燃烧提供足够的能量维持熔化炉内必要的高温，这种方式就是底焦熔化炉。

（2）表面熔化炉。表面熔化炉是由内筒和外筒构成的竖型炉，通过外筒的旋转定量地供给污泥，在燃烧室内，污泥处在倒圆锥空间内被燃烧，在炉顶和倒锥面之间形成反射炉方式，以维持高温熔化。

（3）旋转熔化炉。旋转熔化炉是在竖式圆筒形炉内，使燃烧空气夹带着经干燥、粉化的污泥进入炉内，引起强旋气流，促进完全燃烧。

污泥熔融处理的温度高，对有机质的分解接近100%（包括耐热分解有机物），无机熔渣的化学性质稳定，其中的重金属几乎完全失去可溶出性，因此比一般焚烧处理有更安全的环境特性；问题是熔融设备造价高，熔融过程的辅助燃料用量大，目前除日本外，还无其他国家发展和应用污泥的熔融处理方法。

3.1.4.5 红外焚烧炉

第一台电动红外焚烧炉于1975年引入到污泥焚烧处理过程，但迄今为止并未得到普遍推广。

电动红外焚烧炉是一种水平放置的隔热的焚烧炉，电动红外焚烧炉的主体是一条由耐热金属丝编织而成的传输带，在传输带上部的外壳中装有红外加热装置。电动红外焚烧炉组件一般预先加工成模块，运输到焚烧场所后再组装起来达到足够的长度。

脱水污泥饼从一端进入焚烧炉后，被一内置的滚筒压制成厚约0.0254m与传输带等宽的薄层，污泥层先被干化，然后在红外加热段焚烧。焚烧灰排入到设在另一端的灰斗中，空气从灰斗上方经过焚烧灰层的预热后从后端进入焚烧炉，与污泥逆向而行。废气从污泥的进料端排出。电动红外焚烧炉的空气过量率为20%~70%。

电动红外焚烧炉的特点是投资小，适合于小型的污泥焚烧系统；缺点是运行耗电量大、能耗高，而且金属传输带的寿命短，每隔3~5s就要更换一次。

电动红外焚烧炉排放的废气净化处理可采用文丘里洗涤器和（或）吸收塔等湿式净化器进行。

3.1.4.6 炉排式污泥焚烧炉

污泥送入炉排上进行焚烧的焚烧炉简称为炉排型焚烧炉。污泥焚烧中通常使用的为阶梯往复式炉排焚烧炉，这种焚烧炉是阶梯往复式燃煤炉改造而成。炉排的往复运动将料层翻动扒松，可使燃烧空气与之充分接触，焚烧完全。一般该焚烧炉炉排由9~13块组成，固定排和活动排交替旋转。前几块为干燥预热炉排，后为燃炉排，最下部为出渣炉排。活动炉排的往复运动由液压缸或由机械方式推动，往复的频率根据生产能力可以在较大范围内进行调节，所以操作控制相当方便。

炉排炉焚烧污泥时，液压装置使可动段前后往返运动，一边搅拌污泥层，一边运送污泥层。污泥燃烧的干燥带较长，燃烧带较短。水分在50%以下的污泥可以高温自燃。上部设置余热锅炉，回收蒸汽可以用于污泥干燥。脱水污泥饼（水分75%~80%）经过干燥成干燥污泥饼（水分40%~50%）后，进入焚烧炉排炉，最终形成焚烧灰。

3.1.5 污泥焚烧效果评价

焚烧效果是焚烧处理一个最基本、最重要的技术指标之一，应考查焚烧是否达到设计要求和有关规定要求，可采用一定的方法进行评价。

评价焚烧效果方法很多，在实践中为了得到较可靠的评价结果，常用两种或两种以上方法进行评价。常用的焚烧效果评价方法有目测法、热灼减量法、一氧化碳法等。

（1）目测法。目测法就是肉眼观测法。通过肉眼直接观测固体废物焚烧烟气的颜色，如黑度等，来判断污泥废物的焚烧效果。通常焚烧烟气越黑、气量越大，焚烧效果可能就越差。

（2）热灼减量法。在焚烧过程中，可燃物质氧化、焚毁越彻底，焚烧灰渣中残留的可燃成分也会越少，即灰渣的热灼减量法就越小。因此，可以用焚烧灰渣的热灼减量程度评价污泥焚烧效果。

$$MRC = (W - W_{灰})/(W - W_{渣}) \qquad (3-1)$$

或
$$E = (W_{渣} - W_{灰})/W_{渣} \times 100\% \qquad (3-1a)$$

式中　MRC——减量比，%；

　　　E——热灼减率，%；

　　　W——固体废物的质量，kg；

　　　$W_{灰}$——固体废物焚烧灰渣经（600±25）℃、3h 灼烧后的质量，kg；

$W_{渣}$——固体废物焚烧灰渣的质量，kg。

（3）一氧化碳法。在焚烧烟气中，一氧化碳和二氧化碳浓度或分压的相对比例，反映了污泥中可燃物质在焚烧过程的氧化、焚毁程度：

$$E = \frac{c_{CO_2}}{c_{CO_2} + c_{CO}} \times 100\% \qquad (3-2)$$

式中　　　E——焚烧效率，%；

c_{CO}，c_{CO_2}——分别为焚烧烟气中 CO、CO_2 含量，%。

3.2 污泥混合焚烧

污泥焚烧由于具有减容量大、处理速度快、可分解污泥中有害物质、可回收能量、焚烧灰可回收利用等优点日益受到重视。然而，污泥是高水分、低热值的劣质燃料，其成分十分复杂，不能一概认为任何污泥都可以用来焚烧，若完全以污泥作为燃料，燃烧时不一定能够稳定着火燃烧。考虑到环境要求和经济条件等方面的因素，将污泥与煤混合燃烧，可以在基于已有的煤的燃烧装置（如煤粉炉）和排放物净化回收装置上进行合理的改造来实现，这对降低污泥焚烧处理的成本、减少污染物排放具有十分重要的意义。

3.2.1 污泥和煤混合试样的基本特性

由污泥的工业分析可知，污泥水分、灰分、挥发分含量都很高，而固定碳含量低。因而可以肯定，污泥的燃烧特性及热解动力学特性与煤燃料有很大的不同。表 3-1 为某煤粉试样及其同污泥混合试样的工业分析数据。某污泥及其混煤试样的燃烧特性参数如表 3-2 所示。污泥与煤粉混烧的特性曲线如图 3-2 所示。

表 3-1　某煤粉试样及其同污泥混合试样的工业分析数据　　（%）

试　样	水分 M_{ad}	灰分 A_{ad}	挥发分 V_{ad}	固定碳 FC_{ad}
煤粉	2.0	31.39	20.32	46.29
污泥∶煤粉 = 1∶9	2.31	32.14	21.96	43.59
污泥∶煤粉 = 2∶8	2.69	34.66	23.04	39.61

试　样	水分 M_{ad}	灰分 A_{ad}	挥发分 V_{ad}	固定碳 FC_{ad}
污泥 : 煤粉 = 3 : 7	3.02	35.19	24.91	36.88
污泥 : 煤粉 = 4 : 6	3.19	37.14	26.42	33.25
污泥 : 煤粉 = 5 : 5	3.45	39.26	28.31	28.98
污泥 : 煤粉 = 6 : 4	3.77	40.92	30.66	24.65
污泥 : 煤粉 = 7 : 3	4.01	44.28	32.46	19.25
污泥 : 煤粉 = 8 : 2	4.38	47.77	35.02	12.83
污泥 : 煤粉 = 9 : 1	4.69	50.14	36.47	8.7
污泥	4.89	54.00	38.23	2.88

表 3 - 2　某污泥及其混煤试样的燃烧特性参数

试　样	着火温度 T_i /℃ (K)	$(dW/dt)_{max}/T_{max}$ /% · (min · ℃)$^{-1}$(mg · min^{-1})	燃尽温度 T_h/℃	可燃性指数 C ($\times 10^{-6}$)	燃烧特性指数 S ($\times 10^{-9}$) /mg^2 · min^{-2} · K^{-3}
煤粉	484 (757)	10.564/559 (1.0564)	682	1.8435	1.29879
污泥 : 煤粉 = 1 : 9	484 (757)	10.374/567 (1.0374)	675	1.8103	1.31074
污泥 : 煤粉 = 2 : 8	464 (737)	9.783/565 (0.9783)	668	1.8011	1.17562
污泥 : 煤粉 = 3 : 7	438 (711)	8.638/561 (0.8638)	658	1.7087	1.03098
污泥 : 煤粉 = 4 : 6	439 (712)	8.887/558 (0.8887)	657	1.7531	1.03191
污泥 : 煤粉 = 5 : 5	401 (674)	6.935/559 (0.6935)	654	1.5266	0.74582
污泥 : 煤粉 = 6 : 4	379 (652)	6.081/558 (0.6081)	650	1.4305	0.63262
污泥 : 煤粉 = 7 : 3	355 (628)	5.810/561 (0.5810)	647	1.4732	0.56714
污泥 : 煤粉 = 8 : 2	283 (556)	3.878/560 (0.3878)	638	1.2545	0.37121
污泥 : 煤粉 = 9 : 1	214 (487)	3.001/304 (0.3001)	635	1.2653	0.29903
污泥	208 (481)	3.634/310 (0.3634)	610	1.5707	0.36382

　　污泥的燃烧过程与煤粉的燃烧过程有着较大不同。煤粉的燃烧过程中起主要作用的是固定碳的燃烧；而污泥在燃烧过程中，其高挥发分的析出和燃烧起主要作用。

3.2.1.1 燃料的着火特性分析

　　燃烧动力学参数是描述燃料与氧反应性能最基本的参数。在燃烧动力学参数中,着火温度是一个十分重要的参数。从表3-2可见,污泥的着火温度相当低,远低于煤粉的着火温度,对于城市污泥与煤粉掺烧,随城市污泥比例的增加,混合试样的着火温度明显下降,说明城市污泥的掺入使混合试样的着火性能有较大的改善。这主要是由于污泥中的挥发分能够在较低的温度下迅速析出。从表3-2中还可看出:当污泥的掺烧量仅为10%～20%时,其着火性能与煤的着火性能相差不大,但当污泥的掺烧量达到60%～80%时,混合燃料的着火点明显下降,这主要是由于污泥中大量挥发分的析出和燃烧促进了混合燃料的着火,表明污泥的掺入可以改善煤的着火性能。

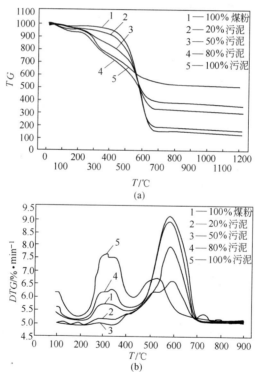

图3-2 污泥与煤粉混烧的 TG 曲线 (a) 和 DTG 曲线 (b)

3.2.1.2 燃烧性能分析

燃料着火后,燃烧速率越高,越容易形成较高的燃烧温度,燃烧越稳定,在一定的停留时间内燃料的燃尽程度也越高。在热天平试验中,最大失重速率反映燃料的燃烧速度。由表 3-2 可见,煤粉的最大失重速率比城市污泥大。对于煤粉与城市污泥这两种燃烧性能不同的燃料掺混燃烧时,最大失重速率有较大幅度的变化。这说明在污泥中加入煤粉混合燃烧,可大幅度地提高燃烧的稳定性。随着煤粉所占比例的增大,混合试样的最大燃烧速度呈上升趋势。从最大失重速率这一角度来看,污泥掺混煤粉燃烧,可以提高污泥的燃烧效率。同样可以看出:当煤和城市污泥混合后,尽管着火温度和燃尽温度有所提前,但是燃烧的剧烈程度明显下降,其综合燃烧性能将下降。

有研究表明:混烧在一定程度上可提高污泥的燃尽率,TG 曲线上,混烧的最终残留物所占比重随着污泥在混合燃料中所占比重的增加而有少量增加。这是因为污泥所含灰分很大,而煤所含灰分较少,随着污泥比重的增大,最终残留物的比重必然会有所增加。但是,当污泥掺烧比例达到 40% 时,其残留物总量相对于纯煤燃烧残留物而言增加并不明显(按掺烧比例应增加的更多),因此可以推论混烧可提高污泥的燃尽率。

混合试样的燃烧曲线基本上位于污泥和煤粉燃烧曲线之中,且存在两个失重峰,曲线形状视各试样的含量不同而稍有差别。混烧污泥较少试样,其 TG、DTG 曲线基本上接近于煤粉的燃烧曲线。但当污泥的掺烧量达到 50% 以上时,由于混合燃料中污泥挥发分的大量析出和燃烧,一方面加速了失重过程(表现为该温度段最大失重速率的增大);另一方面,析出的挥发分燃烧又迅速消耗了大量的氧气,从而使 DTG 曲线在第一温度区间内,出现了明显的失重峰,这与纯污泥在该温度段的性质相似。而在第二温度区间内,随着污泥的掺混比例的增加,失重率开始下降。由这一现象也可以看出,污泥所占比重和挥发分的析出对混合燃料的着火燃烧有较大影响。另外,就热重曲线整体比较来看,污泥单独燃烧时,DTG 峰很窄;混烧后,混合燃料的 DTG 峰宽度增大,说明污泥单独燃烧集中在低温段,混烧后,燃烧在时间上表现更加均匀。

总之,混合燃料燃烧性能在各方面表现出与单一燃料不同的特性，如在煤中掺入城市污泥后，混合试样和煤相比其着火温度减少，但综合燃烧性能却下降。因此，在进行污泥的掺混燃烧时应合理组织掺混比例。同样，污泥与煤混烧特性比较复杂，混烧表现出的着火和燃尽等燃烧特性在某些方面优于污泥或煤单独燃烧时的燃烧特性，因而将污泥掺混煤燃烧也是可行的。

3.2.2 污泥混烧技术

3.2.2.1 燃煤电厂污泥混烧

A 污泥在燃煤中掺加比例影响

实践证明，污泥占燃煤总量的 5% 以内，对于尾气净化以及发电站的正常运转无不利影响。火电厂混烧污泥的主要优点是：可以除臭，病原体不会传染，卫生；装车运输方便；仓储容易，与未磨碎煤的混合性及其燃烧性都得以改善。对于污泥和煤混烧，必须考虑燃料的制备、燃烧系统的改造和燃烧产生的污染物处理等。首先，污泥必须预先干燥，并在干燥后磨制成粉末；另外，电厂还须投入处理凝结物、臭气、粉尘和 CO 排放的设备，并考虑在污泥干燥过程中的能源损耗等；干燥后的污泥还存在自燃、风粉混合物的爆燃等隐患。污泥中的氮、硫和重金属含量较高，会导致混烧过程中 NO_x、SO_2 和重金属排放增加，所以，对于燃煤电厂，在进行污泥混烧时必须认真考虑。

德国路德维希港地区 BASF 公司采用煤粉炉混烧污水污泥。该电厂的混烧炉从 1984 年开始与 1974 年投入运行的 3 台流化床污泥焚烧炉一道运行至今。污泥在过滤器脱水之前，和煤一起用絮凝剂进行混合调湿。在进入煤粉炉之前，滤饼先在转桶干燥器中进行干燥，该煤粉炉每小时可混烧 16t 污泥（干基含量 25%）。

比利时 Aquafin 市于 1995 年开始进行污泥与煤粉混烧。其中污泥比例约为 5%，在 Electabel 电厂的 11 号机组进行了污泥混烧测试，该机组功率为 130MW，每天需 1000t 煤。混烧结果表明，过高的混烧比例（如 7.6% 干污泥）会造成尾部烟气净化装置，特别是静电除尘器会产生严重结灰现象。另外，还在黏结物中发现有硫化物金属。因此适当的混烧比例非常重要，一般建议将污泥混烧比例控制在5%以下。另外，也曾在300MW发电机组中进行混烧4000t干污泥的试验，实验持续了2000h，加入的干污泥比例，从一开始的2%到20%。结果表明，混合燃烧过程中，设备运行没有出现明显的偏离。和燃煤相比，在混合燃烧过程中炉渣没有明显的变化。但由于烟气中蒸汽浓度增加了，电除尘器进行了相应的改造，同时也发现污泥预处理设备中存在材料磨损等问题。

长期运行还发现过热器会产生高温腐蚀，因为碱性硫化物容易结在受热面管上，并与氧化层进行反应形成复杂的碱性铁硫化合物。因此混烧时，污泥中Cl、S及碱性金属应严格控制。

B 燃煤流化床炉中的污水污泥混烧

目前，在燃煤循环流化床炉上已有很多生物质和造纸厂污泥混烧的经验。法国Golbey造纸厂采用一台鼓泡流化床进行树皮、锯屑和造纸厂污泥的混烧，1993年投入运行，锅炉容量为35t/h，蒸汽压力为2.6MPa。1992年，美国德克萨斯州的谢尔登Champion国际公司就同TampellaPower签订了合同，将原有的燃烧树皮的锅炉改造为烧造纸污泥和废弃木料的鼓泡流化床锅炉，改造后，锅炉出力为90t/h，蒸汽参数为：压力6MPa、温度441℃。德国Rheinbraun公司在位于德国Villeberrenrath的一台燃用93t/h褐煤的循环流化床锅炉上，进行了长达一年的污泥和褐煤的混烧试验，经机械脱水、含固量30%的污泥和褐煤一起从返料腿进入炉膛燃烧。

通过试验，发现SO_2、NO_x、CO和颗粒物含量均低于煤燃烧和废弃物燃烧的相应标准。由于污泥中的灰含量高于褐煤，混烧后的飞灰量增加了，但分析显示，灰中重金属的浓度降低了，并且灰可以作为惰性物质进行处理。另外，烟气中Hg排放提高了，需要额外投资建设文丘里塔（塔中填充褐煤焦炭）来吸附烟气中的Hg。吸附塔位于静电除尘器之后。至于吸附Hg所必需的媒介硫酸可通过捕集烟气中的SO_2来生成（$100mg/m^3$）。Hg的脱除率可达到95%以上。由于有这样令人满意的结果，该厂于1995年11月获准可进行污泥和煤的混烧，每年可焚烧掉约65000t（干基）的污水污泥。

3.2.2.2 污泥与固体废弃物混合焚烧

污泥同固体废弃物混合燃烧主要目的是为了减少污泥和固体废弃物焚烧的费用。常用焚烧设备为链条炉和流化床炉。利用链条炉焚烧可以更好地回收废弃物的燃烧热量，主要用来产生蒸汽，并用这些蒸汽来干燥污泥，预先干燥能使污泥的含固量达到55%~65%，并能增加污泥的热值，使之与废弃物一起能够达到自主燃烧而不用添加辅助燃料。采用多膛炉或流化床锅炉焚烧污泥与固体废物的混合物，需要将废弃物磨碎成小颗粒，并与湿污泥混合后送到炉膛中去。

A 链条炉混烧焚化技术

链条炉是用来焚烧污泥和固体废弃物混合物主要炉型之一。在日本札幌焚烧厂，被干燥的污泥（含固量60%）同木材废料一起在800~900℃时进行混合燃烧，锅炉产生压力为1.9MPa、温度为300℃的过热蒸汽。德国Ingolstadt污泥–废弃物焚烧厂，污泥在流化床锅炉干燥，形成污泥颗粒与固体废弃物一起在链条炉中混合燃烧。另外还有一种链条炉粉状污泥复合燃烧系统，其显著特点是将预先干燥的污泥磨制成粉状，然后以悬浮状态进入链条炉上层燃烧，污泥量为360kg/h、废弃物量1250kg/h，即污泥比例占29%，这种系统能达到很高的燃烧效率。

B 多膛炉和流化床锅炉中的混合焚化燃烧

污泥同固体废弃物在多膛炉中的混烧是另一种广泛应用的焚烧技术。早在20世纪70年代，在多膛炉内进行湿污泥的混烧就很流行，污泥在多膛炉上部干燥，而固体废弃物则经过磨碎、除去金属颗粒后从炉膛中部挥发分析出区域加入，这种燃料组织方法相当好，但不可避免地有污泥臭气逸出。但在新建的焚烧厂中，采用了链条炉和多膛炉组合的方式进行焚烧，废弃物在链条炉中焚烧，而污泥则在多膛炉中燃烧，来自链条炉中的烟气中的热量用来加热干燥并燃烧污泥。在德国Marktoberdorf就建设了一家这样的焚烧厂，每小时分别处理废弃物和污泥各2.5t和1.0t。

3.3 污泥焚烧过程中污染物的排放及其控制

污泥是由有机残片、细菌菌体、无机颗粒、胶体等组成的极其复杂的非均质体，有机物含量为 60% ~ 80%，污泥中经常含有 PCBs、PAHs 等剧毒有机物以及大量的重金属和致病微生物。由于污泥组成的复杂性，其焚烧过程产生的有些污染物的危害甚至超过了城市污泥本身对环境和生态的影响。为了实现城市污泥焚烧处理的"无害化"目标，必须进行焚烧过程中的污染物排放与控制技术研究。

3.3.1 污泥焚烧产生的污染物

3.3.1.1 重金属

废水处理工厂中的重金属来源于工业企业，并且已经扩散到了家务、地表面活动、污水排泄管的侵蚀。污泥中重金属的浓度与相应的工业活动及污泥的来源有关。污泥中重金属的存在形式主要有氢氧化物、碳酸盐、磷酸盐、硅酸盐和硫酸盐，它们在废水处理过程中仍保持在污泥中，并与污泥结合在一起。了解重金属的种类和含量，是对城市污泥进行合理处置利用的基础。某污泥中金属离子含量见表 3 – 3。

表 3 – 3　某污泥中金属离子含量

金属离子	Al	As	Ca	Cr	Cu	Fe	K	Mg	Mn	Na	Pb	Zn
含量/mg·kg⁻¹	15227	0	14970	78	105	740	171	289	98	284	49	652

城市生活垃圾中所含重金属物质，高温焚烧后除部分残留于灰渣中之外，大部分则会在高温下气化挥发进入烟气。部分金属元素在炉中参与反应，生成的氧化物或氯化物比原金属元素更易气化挥发。这些氧化物及氯化物因挥发、热解、还原及氧化等作用，可能进一步发生复杂的化学反应，最终产物包括元素态重金属、重金属氧化物及重金属氯化物等。高温挥发进入烟气中的重金属物质，随着烟气温度降低，部分饱和温度较高的元素态重金属（如汞等），会

因达到饱和而凝结成均匀的小粒状物或凝结于烟气中的烟尘上。饱和温度较低的重金属元素无法充分凝结，但因飞灰表面的催化作用，会使其形成饱和温度较高且较易凝结的氧化物或氯化物，或因吸附作用易附着在烟尘表面。仍以气态存在的重金属物质，也有部分会被吸附于烟尘上。重金属本身凝结而成的小粒状物粒径都在 $1\mu m$ 以下，而重金属凝结或吸附在烟尘表面，也多发生在比表面积大的小粒状物上，因此小粒状物上的金属浓度比大颗粒要高，从焚烧烟气中收集下来的飞灰通常被视为危险废物。在较高的焚烧温度下，大部分金属都被蒸发了，当烟气冷却时，它们凝固在飞灰的颗粒表面。研究表明：78% ~ 98% 的 Cd、Cr、Cu、Ni、Pb、Zn 固定在飞灰中，98% 的 Hg 可能随着烟气一道被排放到大气中。灰分中金属的分布并不均匀，重金属如 Pb、Cd、Cu、Ni 一般位于灰核附近位置，而轻金属如 Si、Al、Ca、Na、K 等则分布在飞灰颗粒的表面。实验表明，焚烧炉温度在低于870℃时，对重金属挥发分排放量影响很小。污泥中氯含量的提高会促进焚烧温度对 Pb 和 Cd 排放的影响，这主要是由于高挥发性物质 $PbCl_2$ 和 $CdCl_2$ 的作用。一般来讲，氯离子在干基污泥中的含量低于 0.5%，但如果污泥采用石灰和氯化铁进行脱水的话，氯离子在干基污泥中的含量可提高到 7% ~ 9%。如处理这样的污泥，Pb 和 Cd 排放量将大大提高。

3.3.1.2 飞灰

污泥的高灰含量导致烟气中很高的灰浓度。离开燃烧室的烟气含灰量可达 $6000mg/m^3$，这主要与燃烧方式、炉膛结构以及污泥的灰含量有关。特别是在流化床中几乎所有的灰分都可能离开床层进入到烟气中。对于回转炉窑及多炉膛结构的焚烧炉，预计的烟气平均含灰量是流化床的 10% ~ 20%。

二噁英是一类非常稳定的亲油性固体化合物，其熔点较高，分解温度大于700℃，极难溶于水，可溶于大部分有机溶液，所以容易在生物体内积累。通常认为燃烧含氯金属盐的有机物是产生二噁英的主要原因，其中金属起催化剂作用，如 $FeCl_3$、$CuCl_2$ 可以催化二噁英的生成。几乎可以在所有的燃烧过程中，如城市生活垃圾，废水污泥，医疗废物、危险废弃物、煤、木材、石油产品燃烧过程以及建筑物燃烧过程中的产物烟气、飞灰、底渣和废水中都能发现二噁英（PCDD/Fs）的存在。而且污泥中包括家庭生活污水污泥普遍存在二噁英。焚烧过程中温度在 250～650℃ 之间时会生成二噁英，且在 300℃ 时生成量最大。

3.3.1.3 其他污染物

20 世纪 60 年代的污泥焚烧工厂，从烟气中去除灰分是仅有的烟气处理措施。但污泥焚烧时烟气中还存在有机碳和酸性气体，如 NO、SO_2、HCl、HF 和 N_2O、CO 等其他污染物。这些气体与全球环境的变化有很大关系，比如酸雨、臭氧层的破坏和全球变暖。污泥中 N、Cl 等的含量直接影响到焚烧烟气的排放。污泥中 S 的含量与煤中 S 含量相当，并在污泥焚烧过程中全部转化为 SO_2，而 N 的含量是煤中的好几倍，因此污泥燃烧会产生更多的 NO_x 和 N_2O。由于 N_2O 是一种温室气体并且会导致臭氧层的破坏，人们对于 N_2O 的排放越来越关注，据报道，空气中 N_2O 的浓度从现在的 $330 \times 10^{-7}\%$ 以 0.18%～0.26% 的年增长率增加。N_2O 与氧反应形成 NO 分子，这种分子严重地破坏臭氧层。在平流层（同温层）中，N_2O 是主要的氮氧化物，NO 和 NO_2 的浓度只有 $(0.01～0.03) \times 10^{-7}\%$，而 N_2O 的浓度达到 $330 \times 10^{-7}\%$。N_2O 的半衰期为 170 年，NO_x 为 1～2min，空气中 NO_x 由于与低层潮湿空气反应，而使存在时间更短。而 N_2O 却没有类似的反应，因而扩散进入上层空气，在那里与氧反应形成 NO 而破坏臭氧层。

3.3.2 污染物控制技术

3.3.2.1 飞灰

在大多数固体废弃物和污泥焚烧工厂中，静电除尘器常用于除去飞灰。静电除尘器的最高操作温度为 400℃。有些情况下旋风分离器也有可能安装在静电除尘器的前端，它既可除去粗颗粒以减少除尘器的负荷，也可作为保护设备，防止来自烟气中的粗颗粒对机组其他设备形成损害，如余热锅炉、热交换器、风机等。静电除尘器和洗涤设备联合使用能够使烟气中的灰分颗粒在出口处减少，并满足排放标准。

3.3.2.2 重金属

焚烧厂排放尾气中所含重金属量的多少，与污泥组成、性质、重金属存在形式、焚烧炉的操作及空气污染控制方式有密切关系。国内外对于由于焚烧引起的重金属污染的控制技术，可分为焚烧前控制、焚烧中控制以及焚烧后控制。

A 焚烧前控制

焚烧前控制的最主要的方法就是从来源上减少，即在重金属进入市政污水排放系统前就减少。污泥中重金属主要来源于工业用水、城市生活用水、地表运动、排水设施等。如由英国环境署所统计的数据表明，严格控制行业排污系统的标准，促使各行业控制商业排水，减少排放废水的量，同时改进制造工业的用水工艺，从而使得排放到下水道中的重金属含量减少，在 1982 ~ 1992 年间，使污泥中的锌、铜、镍、镉、铅、铬的含量降低了 26% ~ 64%。对于来源于工业生产过程中的污泥，可通过工艺改造来降低污泥中重金属含量，如在 Norddeutsche Affinerie 公司，欧洲最大的铜冶炼厂，通过投资改进工艺，使灰尘和铁颗粒降低了 58%，铅和 SO_2 的排放分别减少 80% 和 87%。

B 焚烧中控制——重金属的捕获技术

目前焚烧系统重金属排放的控制是使用传统的除灰装置，如文丘里除尘器、静电除尘器以及湿式电离除尘器。大部分固体废弃物和污泥焚烧电厂用静电除尘设备来控制飞灰排放，除尘效率一般需在 99% 以上，才能保证焚烧的飞灰排放控制要求。某些情况下，在除尘设备前安装旋风分离器分离粗颗粒，以减少粗颗粒对余热锅炉、热交换器、风机等设备的磨损。静电除尘器和洗涤设备的联合使用可以使烟气中的粉尘排放完全达标。因此，控制气态重金属排放的措施是强化除尘器的除尘效率。

C 焚烧后控制——飞灰处理技术

基于上述讨论，控制烟气中重金属排放的技术已逐渐转向怎样有效地将飞灰除去。在越来越严格的颗粒排放浓度标准限定下，重金属的问题正由空气污染问题转变成含重金属灰污染的处理。由于污泥焚烧中的灰分含有高浓度的重金属，不能应用于建筑行业，因此必须以特殊的填埋法进行填埋堆放。由于重金属可溶解和过滤，污染周围环境水体，故重金属溶解是非常危险的。

在欧洲目前有三种填埋法，它们分别针对于惰性废弃物、无危险的废弃物和危险的废弃物，具体填埋方式依据填埋废弃物中重金属的浓度而定。MSW 流化床焚烧试验表明，底层灰分是惰性的，旋风分离器灰分是无危害的，布袋式过滤器中的灰分是危害性的，它们的重金属浓度也依次增加。由于重金属的溶解和过滤会污染周围环境，而污泥的高温焚烧可以解决重金属的渗流问题，高温条件下形成的灰分是一种熔融状态，其中的重金属受到约束，渗滤性能将下降，从而可以在建筑行业进行再利用。在这方面日本走在前列，采用技术包括：熔融物和熔渣的分离，灰分的粒化，重新回炉生成空隙以形成轻质混凝料，通过加压焙烧制造建筑用砖，也可以通过与石灰石在 1450℃下退火生产陶瓷玻璃。

利用固体废弃物焚烧炉（MSW 炉）混合焚烧固体废弃物与污泥，不会使灰分质量变差，因为固体废弃物中的重金属浓度与污泥相当，甚至更高。或者利用污泥制砖，制砖时，重金属被固定在砖块中而不会渗滤，而在混合烧结过程中来源于污泥中的重金属被粒子吸收并经静电除尘器分离后返回炉窑。

污泥焚烧会产生二噁英类物质，当污泥中 S/Cl 增大时，可以减少二噁英类物质的生成，原因是燃烧过程中生成的 SO_2 把 Cl 还原为 HCl，减弱了氯化作用。由于焚烧在 600℃以上进行，二噁英类物质（二氧（杂）芑和呋喃）被完全破坏，因此控制二氧（杂）芑和呋喃排放的主要途径是避免它们在烟气中重新生成。由于污泥中的 S/Cl 比要比其他废弃物中的高 7～10 倍，正如前面所述，硫的高含量抑制了二氧（杂）芑和呋喃的形成。因此对于污泥焚烧来讲，要满足相关排放标准并不困难。有关资料表明：与输入浓度相比，氧（杂）芑和呋喃的排放量要少得多，实际燃烧过程中输入量的 94%以上在燃烧过程中被破坏，只有不到 1%随烟气进入大气，大约 5%

保留在灰中。

3.3.2.3 酸性气体控制

在固体废弃物及污泥焚烧工厂中，燃烧后形成的酸性气体如 SO_2、HCl 和 HF 的去除通常通过同样的工艺进行。目前，主要控制酸性气体的技术有湿式、半干式及干式洗气三种方法。

A 湿式洗气法

焚烧烟气处理系统中最常用的湿式洗气塔是填料吸收塔，经静电除尘器或布袋除尘器去除颗粒物后的烟气由填料塔下部进入，首先喷入足量的液体使烟气降到饱和温度，再与向下流动的碱性溶液不断地在填料空隙及表面接触及反应，使烟气中的污染气体被有效吸收。

填料对吸收效率的影响很大，要尽量选用耐久性与防腐性好、比表面积大、对空气流动阻力小以及单位体积质量轻和价格便宜的填料。近年来最常使用的填料是由高密度聚乙烯、聚丙烯或其他热塑胶材料制成的不同形状的特殊填料，如拉西环、贝尔鞍及螺旋环等，较传统的陶瓷或金属制成的填料质量轻、防腐性高、液体分配性好。使用小直径的填料虽可提高单位高度填料的吸收效率，但是压差也随之增加。一般来讲，气体流量超过 $14.2m^3/min$ 以上时，不宜使用直径在 25.4mm 以下的填料；超过 $56.6m^3/min$ 以上，则不宜使用直径低于 50.8mm 的填料，填料的直径不宜超过填料塔直径的 1/20。

吸收塔的构造材料必须能抗拒酸气或酸水的腐蚀，传统做法是碳钢外壳内衬橡胶或聚氯乙烯等防腐物质，近年来玻璃纤维强化塑胶（FRP）逐渐普及。FRP 不仅质量轻，可以防止酸碱腐蚀，还具有高度韧性及强度，适于作为吸收塔的外设及内部附属设备。

B 干式洗气法

干式洗气法是用压缩空气将碱性固体粉末（生石灰或碳酸氢钠）直接喷入烟气管道或烟道上的某段反应器内，使碱性消石灰粉与酸性废气充分接触和反应，从而达到中和废气中的酸性气体并加以去除的目的。

为提高干式洗气法对难以去除的一些污染物质的去除效率，用硫化钠（Na_2S）及活性炭粉末混合石灰粉末一起喷入，可以有效地吸收气态 Hg 及二噁英。干式洗气塔中发生的一系列化学反应如下：（1）石灰粉与 SO_2 及 HCl 进行中和反应；（2）SO_2 可以减少 $HgCl_2$ 并转化为气态 Hg；（3）活性炭吸附现象将形成 H_2SO_4，而 H_2SO_4 与气态 Hg 可发生反应。因此当消石灰粉末去除 SO_2 时，会影响 Hg 的吸附，故需加入一些含硫的物质（如 Na_2S）。

干式洗气塔与布袋除尘器组合工艺是焚烧厂中烟气污染控制的常用方法。其优点为设备简单、维修容易、造价便宜、消石灰输送管线不易阻塞；缺点是由于固相与气相的接触时间有限且传质效果不佳，常需超量加药，药剂的消耗量大，整体的去除效率也较其他两种方法为低，产生的反应物及未反应物量也较多，需要适当最终处置。目前虽已有部分系统采用回收系统，将由除尘器收集下来的飞灰、反应物与未反应物，按一定比例与新鲜的消石灰粉混合再利用，以期节省药剂消耗量，但其成效并不显著，且会使整个药剂准备及喷入系统变得复杂，管线系统亦因飞灰及反应物的介入而增加了磨损或阻塞的频率，反而失去原系统设备操作简单、维修容易的优势。

C 半干式洗气法

半干式洗气塔实际上是一个喷雾干燥系统，利用高效雾化器将消石灰泥浆从塔底向上或从塔顶向下喷入干燥吸收塔中。烟气与喷入的泥浆可以同向流动或逆向流动，充分接触并产生中和作用。本法最大的特性是结合了干式洗气法与湿式洗气法的优点，构造简单、投资低、压差小、能源消耗少、液体使用量远较湿式洗气法低；较干式洗气法的去除率高，免除了湿式洗气法产生过多废水的问题；操作温度高于气体饱和温度，烟气不产生白雾状水蒸气团。但是喷嘴易堵塞，塔内壁容易为固体化学物质附着及堆积，设计和操作中要很好地控制加水量。

3.4 工程实例

3.4.1 华电滕州新源热电有限公司污泥掺烧发电工程

从 2007 年 9 月起受滕州市政府委托成立攻关小组，研究污泥掺烧发电系统，科研人员在广泛调查和研究的基础，经过多次试验，于 2008 年 12 月城市污泥干化焚烧系统在华电滕州新源热电公司 150MW 机组上成功运用。该系统充分利用电厂热源和余热优势，采用镶嵌式技术，抽取电厂锅炉烟道气，通过接触式干化设备，对含水率 75% ~80% 的城市污泥进行干化，干化后的污泥掺入电厂输煤系统，送入锅炉燃烧，在实现污泥燃烧热能与污泥干化热能平衡的基础上，减少发电原煤量消耗，实现污泥无害化处置，开创了国内 $10 \times 10^4 kW$ 以上机组污泥掺烧处置的先河。该工程一次性投资少，全过程自动化控制，无二次污染；实现以废治废、废中取材的目的。其系统的优势在于利用企业原有发电系统和资源管理，节省投资。由于处置污泥属于市政项目，电力企业的经营范围得到扩大，企业价值提升。

该城市污泥无害化、资源化处置系统的关键节点在于以下几方面：

（1）锅炉尾部烟气的取用部位和取用量。热源是污泥干化掺烧的关键，利用火力发电厂具有的热源优势，在原有发电锅炉烟气尾部烟道开口，使用既有热能，既要防止改变炉膛原系统，确保锅炉安全燃烧，又要保证污泥干化所需热能。

（2）烟气中粉尘的去除。由于污泥干燥用热能大部分取自锅炉空气预热器前的烟道，该位置所取的烟气含尘量较大。因此，在考虑满足污泥干化用热能的同时，要考虑较高含尘量对烟气管路及干燥设备的磨损影响，需采用合适的除尘方式，降低烟气含尘量。

（3）污泥异味的去除。污泥在干燥机内干化的过程中，由于水分的蒸发，将会产生一定的恶臭味。该味对人员造成一定的身心影响，破坏了周围环境，需考虑采用一定的异味吸附手段，将其去除。

（4）干化设备的选用。对于污泥干燥设备的选型，通过比较国内外污泥干化处理设备特点，结合我国实际国情，需充分考虑工程投资、处理成本、工作场所、设备热效率，热源条件等因素，以降低污泥干化处理成本。

（5）监控手段的设计。污泥干化、掺烧处置工艺均采用小型DCS系统进行控制，为保证抽取的锅炉烟气热量能够满足污泥干化系统的正常运行及主机系统的安全运行，需充分考虑污泥干化装置、主机控制系统需控制的参数，以有效杜绝因抽取锅炉烟气对主机生产带来的安全隐患，通过高度自动化控制，确保污泥干燥系统的正常运行和主机系统的安全运行。

（6）防干泥板结挂壁的手段。在将城市污泥从80%的含水率条件下干化至能够掺配到电厂原煤中燃烧，具有一定热值的污泥，需要考虑污泥干化处置过程中，热量的消耗及防止污泥干化后挂壁碳化。采用先进的污泥干燥设备，提高了污泥与热风的换热效果，缩短了污泥传质时间，使污泥在干燥机内停留时间短，热交换效率高，处理量大，并对抛掷后的污泥贴壁现象采用刮壁干燥机内壁清扫器，将粘壁及时刮下，杜绝了污泥在干燥机壁上碳化，造成干燥机腔内着火的问题。

（7）干化系统与原输煤系统的配合。污泥在完成干燥处理后，如何与电厂锅炉原有输煤系统有机结合，实现干化后污泥能够及时输送至锅炉进行燃烧，减少各种不必要的中间环节，需考虑在电厂现有生产条件下，采取科学、合理的镶嵌式技术，实现污泥输送系统与电厂燃煤输送系统结合，将干燥后污泥通过储料仓合理分配、根据电厂机组上煤时间，及时输送至原煤输送皮带进入锅炉燃烧处置，达到干化设备有效利用，保证干化设备连续运行。

该资源化处置系统总投资1400万元，从2008年12月投运至今，干化设备、输煤皮带、锅炉、脱硫设施等设备均运行良好，各项指标达到预期值。

因各污水处理厂污泥的泥质和热值不尽相同，污泥掺烧处理方法必须因地制宜、科学规划、慎重立项。项目上马前必须对本地区的城市污泥相关指标做好详细的调查、检测与分析，以便在开展下一步工作时，更加科学地确定污泥处置各项参数；各项配套工程应同步进行建设，缩短建设周期，同时要提高污泥干化设备系统集中控制水平，实现集控化管理，降低运行成本；选择适当的污泥处置车间位置，减少中间环节，既便于日常管理又可降低投资及运行成本。

当前该污泥掺烧发电工艺渐趋成熟，因对城市污泥进行无害化、资源化处置，将消耗电厂一定的热能，如果政府不能如实地给予财政补贴，对企业具有较大的投资风险。

3.4.2 污泥熔炼焚烧工程

在日本东京以南的 Nanbu 污泥熔炼焚烧厂是日本最大的污泥熔炼焚烧厂，1991 年投入运行。每日处理含固量 20% 的湿污泥 160t，湿污泥被预先干燥到含固量达 80% 以后，磨碎后送入旋风熔融炉中，同气体燃料一起燃烧，炉膛温度维持在 1400 ~ 1500℃，余热被余热锅炉和空气预热器利用，来自锅炉的蒸汽用于污泥的干燥。

由于采用高温焚烧处理（一般在 1300 ~ 1500℃），因此污泥灰分熔融变成炉渣，重金属可以被封在 SiO_2 等玻璃质中。在显著减量的同时，由于灰分转变为均质物质，因此可彻底进行回收利用。

污泥熔融处理时，从热经济角度看，降低熔融温度有运行容易、炉壁损耗减少等优点。因此，可以加入石灰和硅石进行调整来降低熔融温度。然而，过多地加入调整材料，会导致调整剂本身抢夺熔融热。

一般来说，污水污泥的熔融设备系统由以下四个过程组成：

（1）干燥过程（含有 70% ~ 80% 水分的脱水污泥饼→含有 10% ~ 20% 水分的干燥污泥饼）。

（2）调整过程（根据各熔融炉的使用方式，进行造粒、粉碎、热分解碳化等）。

（3）燃烧、熔融过程（有机分燃烧→灰熔融→炉渣）。

（4）冷却、炉渣化过程（使用水冷可得到粒状炉渣，空冷得到的炉渣结晶化后→有效利用）。

3.4.3 湿污泥流化床焚烧工程

德国的 Berlin – Ruhleben 污泥焚烧厂和英国的 Roundhill 焚烧厂采用流化床技术焚烧湿式污泥。在 Berlin-Ruhleben 厂每天接收来自污水处理厂含固量（2% ~3.5%）的污泥5000m^3。这些污水污泥先经过脱水处理到含固量24% ~28% 后，经活塞泵打入焚烧炉燃烧。焚烧厂有3 台焚烧机组，每台机组有4 个给料点，机组最大能处理3.7t/h 的干燥污泥量，这相当于含水25% 湿污泥15t/h。为了除去臭气，焚烧厂专门设置了引风机从臭气发生点抽出异味。为了保证床料层温度达到750℃，稀相区温度能保持在850℃，设置了辅助燃料——工业用油燃烧装置。烟气离开炉膛时的温度达到了850 ~870℃，烟气余热通过余热锅炉和空气预热器加以回收利用，烟气利用电除尘及湿式洗涤系统进行净化，每天大约产生45t 灰。通过烟气脱硫系统，烟气中的 SO_2 含量从2500mg/m^{3}减少到30mg/m^3，在烟气脱硫系统（FGD）中，每天消耗 CaO 大约2.5t 左右，并产生7t 石膏。

3.4.4 烟台市辛安河污水处理厂污泥电厂混合焚烧项目

烟台市辛安河污水处理厂污泥电厂混合焚烧项目是德国复兴银行在烟台建设的一个示范项目，该项目利用德国政府中德财政合作城市污水处理专项贷款100 万欧元进行建设。该项目由普茨迈斯特机械（上海）有限公司和山东德利环保工程有限公司联合体中标施工。项目运行后，辛安河污水厂污泥在清泉热电厂得到合理处置，彻底消除填埋造成的二次污染，产生的炉灰制作加压蒸汽砖，实现资源的回收利用。

3.4.4.1 工艺流程

污泥用卡车运至电厂，倒入泥仓（接料仓），通过滑架，池底的污泥被输送到两台污泥泵的预压螺旋推进机内，两台污泥泵各有一条管线，通过管线把污泥送入两台流化床锅炉内焚烧。在污泥泵后面安装大物体分离器，使污泥装卸和运输过程中进入污泥中的异物（如石头、金属等）在这里被分离出来，目的是避免管道堵塞和防止后续设备受到损坏。用于输送污泥的两条管道各配一套润滑剂投加设备。润滑剂为聚合物溶液或水，润滑剂在整个圆周上被均匀地注射到管内壁上，目的是减少管内的压力损失，降低泵的扬程。污泥通过管道分流闸使污泥合理地进入燃烧室内，根据污泥泵柱塞的工作节奏，管道分流闸始终只让一个管道进入污泥。在污泥泵和管道分离闸之间设四个球阀，使得每台泵都能改变方向给两座流化床锅炉中的任一座供泥。

接收站为半地下式构筑物，地上部分为操作间，地下部分为设备间，污泥仓和泵及配套设备安置在地下构筑物内，为钢筋混凝土结构。污泥仓上需加盖，为液压驱动。为防止气味扩散和产生爆炸性的甲烷/空气混合物，污泥仓和设备间需要不间断地抽风，风机把废气选择性地送入两座流化床锅炉中的一个一级鼓风机的吸气管内。

3.4.4.2 工艺特点

为达到污泥减量化、无害化的目标，本项目采用污泥电厂混合焚烧工艺，该工艺技术特点如下：

（1）污泥焚烧处理后，污泥中的病原体被彻底消灭、燃烧过程中产生的有毒有害气体和烟尘经处理后达到标准排放，无害化程度高。

（2）污泥经焚烧后，减容量大，一般可减容 80% ~ 90%，可节约大量填埋场地和运输费用，污泥的后序处置可免于受制于人。

（3）污泥焚烧所产生的高温烟气，其热能被废热锅炉吸收转变为蒸汽，可用来作为干化的热源及发电，实现污泥处理的资源化。

（4）焚烧处理可全天候操作，不受天气影响。

（5）利用电厂循环流化床混烧具有投资少、占地小、见效快的特点。

按照每天产生污泥 $50m^3$ 计算，辛安河污水厂电厂污泥焚烧项目年处理污泥约 1.8 余万吨。污泥在炉膛内燃烧温度在 $100°C$ 以上可避免二噁英产生，燃烧后产生的灰粉可作为水泥原料或与粉煤灰一起制作轻质砖。由于污泥焚烧后仅产生灰粉，污泥体积大大减少，同时灰粉作为制造建材的原料，实现了污泥的资源化利用。

4 污泥做建材

污泥制建材与轻质材料可以利用污泥的焚烧热量减少其他燃料消耗，可以作为污泥的最终处置方式，减少处置程序和费用，还可以节省黏土等资源，是一种比较理想的污泥处置方式。

经稳定处理和干化后的污泥用来制备建筑和轻质材料，污泥焚烧所产生的焚烧灰具有吸水性、凝固性，因而可用于改良土壤、筑路等，也可作为砖瓦和陶瓷等的原料；另外，污泥灰也可以作为混凝土混料的细填料。本章主要介绍将污泥制备成为烧结材料、水泥制品、生化纤维板、陶粒和吸附材料的相关内容。

4.1 污泥制烧结砖

城镇污泥和黏土的化学成分比较见表 4 - 1，黏土的主要化学成分为：SiO_2、Al_2O_3 和结晶水，还有少量碱金属氧化物（K_2O、Na_2O），碱土金属氧化物（CaO、MgO），着色氧化物（Fe_2O_3、TiO_2）等。可见，生活污泥的成分可类比自然界黏土的成分组成，黏土类原料是烧结砖、陶瓷、耐火材料、水泥工业的主要原料之一，这就意味着生活污泥或污泥灰可以作为这些非金属材料制备的原料或添加剂。

表 4 - 1　污泥灰和黏土的化学成分　（%）

主要成分（质量分数）	污泥灰				黏土			
	灰1	灰2	灰3	灰4	黏土1	黏土2	黏土3	黏土4
SiO_2	36.2	36.5	30.3	35.2	67.1	55.9	66.6	64.8
Al_2O_3	14.2	12.3	16.2	16.9	13.4	15.2	18.0	20.7
Fe_2O_3	17.9	15.1	2.8	5.6	5.6	6.1	7.6	6.7
CaO	10.0	13.2	20.8	16.9	9.4	12.2	1.1	0.5
P_2O_5	1.5	13.2	18.4	13.8	0.1	0.2	0.1	0.2
Na_2O	0.7	0.6	0.6	0.7	0.3	0.5	0.2	0.2
MgO	1.5	1.5	2.5	2.8	0.9	6.0	1.6	1.0

城市污泥中含有有机碳和大量的水，含有有机碳说明污泥有一定的热值，其燃烧热值在 10kJ/g 左右，可为材料的烧结提供一定的能量。生活污泥燃烧后的污泥灰中的 SiO_2 含量远低于黏土中的含量，污泥灰中 Fe_2O_3 与 P_2O_5 的含量比黏土中高 10% 左右，重金属含量比黏土中要多，其他含量基本接近。因而生活污泥燃烧后的产物与黏土的组成基本接近。用黏土制砖时加一定量的干生活污泥一般是可行的，因其具有的燃烧热值，还可以节约能源。

由于污泥与黏土成分区别不大，利用城市污泥制备烧结材料的方法和生产工艺与常规烧结砖生产工艺一致，只需要在原料的制备和成型工艺上稍做改进即可实现，因此得到了广泛的应用。因地制宜地采用各种掺杂材料来制备烧结砖是国内制砖行业发展的新方向，这些掺杂材料包括粉煤灰、煤矸石、河道淤泥、工业废渣、生活污泥等。

污泥制砖对污泥的预处理要求高，烧制砖的成本比一般的黏土制砖要高，但论及污泥的处理成本而言，干化焚烧法 1t 的污泥处理成本需要近 1000 元，而这种污泥除臭除毒后的制砖利用的处理成本每吨不到 200 元，使污泥处理具有实际操作的意义。

对于污泥制砖而言，先将含水量高达 85% 的污泥脱水，同时投加化学药剂进行注水洗涤，使其中的含氮有机物得到处理，并破坏污泥胶体；然后加入石灰、铁盐、氯化物等分解其中导致产生臭味的有机物，进行除臭；最后投加化学药剂与其中的有害重金属产生反应，转化为无害物质，进行除毒。

4.1.1 污泥制砖发展现状

日本的污泥焚烧灰制砖技术，走在世界前列。基于污泥焚烧技术在日本大规模的应用和该技术处理污泥比例的进一步上升（日本污泥焚烧比例已高），以及污泥焚烧灰在填埋过程中所必须面对的越来越严格的环境法规要求，污泥焚烧灰的处理与再利用问题就日益凸显出来。污泥焚烧灰制砖技术操作简单，产品可销往市场，从而平衡污泥处理成本。因此，污泥焚烧灰制砖技术在日本受到了越来越多的重视。

东京市政府和 ChugaiRo 公司合作开发利用污泥焚烧灰制砖的技术。第一个完整规模的工厂于 1991 年在南部污泥处理厂投入运行，能每天用 15t 焚烧灰生产 5500 块砖。这项技术的优越性在于能利用 100% 的焚烧灰而不加任何添加剂，而且砖块在恶劣环境下也没有金属渗出。目前已经有 8 座完整规模的厂用 100% 的污泥焚烧灰制砖。制成的砖块被广泛用于公共设施，如作为广场或人行道的地面材料。

利用污泥进行制砖，在其他很多国家同样得到了重视。例如，在新加坡，从 1984 年开始，就有将污泥与黏土混合制砖的报道。干化污泥和黏土的混合物被碾磨、成型并在 1080℃ 的烧窑内焙烧 24h。通过对产品的密度、吸水率、收缩性等参数的对比，表明干化的污泥与黏土混合制砖的最大掺加比例是 40% 。对污泥焚烧灰与黏土混合制砖的研究结果表明，这样制成的砖的强度比用干化污泥制成的砖要高。如果加 10% 的污泥焚烧灰，得到的强度就跟普通的黏土砖一样。焚烧灰与黏土混合制砖的最大掺加比例是 50% 。新加坡的研究者认为，由于测试方法、黏土材料和研究中使用的砖块大小不同会导致研究结果的很大差异。

英国斯塔福德大学的研究使砖块制造者认识到在原料中加一定比例的污泥焚烧灰有可能代替加沙子来造砖。在进一步的试验中，将沙子换成同等质量的污泥焚烧灰做对比试验，物理性能测试的结果表明：加污泥灰对产品的陶瓷性质有正面影响，烧成后的颜色也没有很大变化。

德国对于污水污泥的建材利用才刚刚起步，没有任何长期工业上的实践，正借鉴日本的经验，并与日本开展合作研究项目，已经取得阶段性研究成果。对不同污水处理工艺对污泥焚烧灰性质的影响，以及不同焚烧灰对砖块性质的影响在主要参数上有了结论。

同济大学环境科学与工程学院用城市排水管污泥预处理后与黏土混合烧制成砖，试验砖块的抗折强度和抗压强度达到了国标 50 号砖的要求，表明用排水管污泥制砖具有可行性，而且由于污泥中含有一部分有机物，烧制过程会产生热量，因此还能够节省一部分烧砖的能源。

南京制革厂采用制革脱水污泥（含水率 60% ~ 70%）、煤渣、石粉、粉煤灰、水泥等参照制砖厂"水泥、炉渣空心砌块"生产工艺进行批量试验。从批量试验结果来看,制革污泥在常温下用水泥做结合剂成型,砌块的浸出液中含铬量是很低的,可视同无二次污染;砌块的物理性能检测虽不合格,但检测结果距标准值较为接近,只需经过适当的前处理,降低污泥中的油脂、有机物等含量,并提高砌块中的水泥比例,制革污泥是可以通过制砌块而得到综合利用的。

我国在污泥制砖方面的研究较多,但缺乏实际的工程应用,所以在今后的研究中还要结合经济效益进行投资、收益的估算,并大胆借鉴国外经验;开发污泥前处理及混合焙烧等成套工艺及配套设备,才能将污泥的制砖利用付诸实际。

4.1.2 烧结砖生产工艺

利用生活污泥制砖有两种工艺方式:一种是污泥焚烧灰制砖;另一种是干化污泥直接制砖。

将污泥焚烧后搜集的灰与黏土混合制砖,可不掺假添加剂单独烧砖,也可与黏土其掺和后制砖,砖的综合性能好,但没有利用污泥的热值。干化污泥制砖,由于污泥中有机质在高温下燃烧导致砖的表面不平整、掺量低和抗压强度低等。但利用了污泥的热值,且价格低,在制砖过程中应对污泥的成分进行适当调整,使其与制砖黏土成分相当。

污泥制砖的工艺过程分为原料制备、成型、干燥和烧制,基本流程如图 4-1 所示。

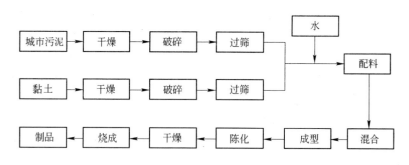

图 4-1 污泥制砖基本工艺流程

将含水 90%~97% 污泥注入板框压滤机,达到泥量时,在

1.6 ~ 2.0MPa 左右的压力下保压 35 ~ 45min 后，以将污泥中的水分脱掉；保压完成后，卸压放料，污泥的含水率达到 70% ~ 80%。采用干污泥制砖则应将压滤脱水的污泥干燥，干燥污泥制备成适当的粒度后，与掺和料配料后进行制砖。如果是采用污泥灰制砖，则是将污泥经过浓缩、脱水、干燥后进行焚烧制备成污泥灰，掺入原料制砖。经过带反击板的锤式破碎机加工的黏土由皮带输送机送到电磁振动筛筛分，细料被直接送到双轴搅拌机与处理后的污泥（污泥灰）加水搅拌，拌和时间为 10min 左右。粗料送到高速笼式破碎机，高速笼式破碎机仅仅处理筛上料。一般对原料颗粒级配进行如下控制：粒径小于 0.05mm 的粉粒称为塑性颗粒；粒径为 0.05 ~ 1.2mm 的称为填充颗粒；粒径为 1.2 ~ 2mm 的称为粗颗粒。合理的颗粒组成为：塑性颗粒 35% ~ 50%，填充颗粒 20% ~ 65%，粗颗粒小于 30%。

成型是烧制的重要前提之一，采用半干压成型，配料含水率和压制强度对其烧制成品的抗压强度有重要影响。采用压砖机（比如 JZK60/60 - 35 砖机）生产砖坯，每分钟挤出泥条 12 条左右，成型含水率 13% ~ 14%，真空度 - 0.090MPa，使用油泵强制润滑。湿坯强度完全能满足码垛 13 层的要求。采用较细的高强度钢丝切割砖坯，自动切条切坯机能切出尺寸准确、棱角分明的湿坯。湿坯由运坯机送入陈化库陈化，陈化时间 72h 以上，经陈化后的物料塑性指数大于 7。陈化后的砖坯直接码上窑车，推向转盘，转向进入干燥室，由摆渡推车机推动前进。干燥室顶上设有排潮孔，排除干燥过程中蒸发出来的潮气。热风机将焙烧窑和冷却带的热风鼓入热风道，作为干燥热源由热风道的进风口进入干燥室干燥砖坯，风量由阀门调节。砖坯经过干燥后进入密封室，渡车将窑车渡到隧道窑预热段口，由推车机推入窑内进行一次码烧。

隧道窑设有排烟系统、抽余热系统、燃烧系统、冷却系统、车底冷却压力平衡系统、温度压力测控系统和窑车运转系统。现代化系统装备的隧道窑断面温差小、保温性能好、焙烧热工参数稳定，保证烧成质量。排烟系统由排烟风机和风管组成，用于排除坯体在预热过程中产生的低温、高湿气体及焙烧过程中产生的废气。抽余热系统中的预热段高温余热抽出系统保证半成品均匀平稳地升温，使坯体中物理化学反应更充分地进行，消除了传统隧道窑焙烧中产生的黑心、压花、裂纹、哑音等制品缺陷；冷却带余热利用系统将窑内冷却带余热用于成型后湿坯的干燥。冷却系统由窑尾出车端门上的风机和窑门等组成，可使坯体出窑时得到强制冷却，缩短窑的长度，降低窑炉建设投资。燃烧温度、压力检测、控制系统用来准确控制焙烧温度和保温时间（取决于制砖原料的烧结性能，如干污泥砖中含有大量的有机物，其内燃值大，起着助燃剂作用，因而其烧结温度比污泥灰砖低）。车底冷却、压力平衡系统使各部位窑车上下压力保持平衡，减少了窑车上下气体流动和窑内坯垛上下温差；窑车底部的冷却系统保证了窑车在良好的状态下运行；窑车运转系统由顶车机、出口拉引机等组成，保证窑车按制度进出车。

值得注意的是：因污泥中含有大量的有机物，焚烧或烧砖时都有有害气体放出和恶臭气体的产生，特别是在加热条件下恶臭非常强烈，二次污染问题和恶臭治理往往成为污泥利用过程中的首要解决的难题。

4.1.3 产品质量检测

根据资料报道，利用污泥和黏土制砖，研究发现当污泥含量为10%时，在1000℃下烧制，制得的污泥砖与黏土砖强度一样；当污泥含量为20%时，在1000℃下烧制，可满足中国的Ⅰ类标准；当污泥含量为30%时，在1000℃下烧制，可满足中国的Ⅱ类标准；在污泥含量为10%、含水率为24%时，在880~960℃温度范围内烧制，可以得到优质的污泥黏土砖。

污泥灰砖的烧成收缩率基本上低于8%。在干污泥砖中，烧成收缩率随污泥含量的增加而相应增加，呈近似线性关系。由于干污泥的有机质含量远高于黏土，污泥的加入提高了烧成收缩率，导致砖的性能降低。烧成温度也是影响烧成收缩率的重要参数，通常提高烧成温度，烧成收缩率上升，但烧结温度不能过高，以免把砖烧成玻璃体。污泥含量与烧成温度是控制烧成收缩率的关键因素。据有关文献报道，在干污泥砖中，污泥含量低于10%、烧成温度低于

1000℃时，其烧成收缩率符合优质砖标准。

抗压强度也是衡量砖性能的重要指标之一。抗压强度极大地依赖干污泥的含量与烧成温度。干污泥砖的抗压强度随干污泥含量的增加而降低，随烧成温度的升高而升高。10%含量的干污泥砖在1000℃烧成，其抗压强度为二级品。在制污泥灰砖中，P_2O_5含量越高，SiO_2含量越低，其软化性越强；污泥灰抗压强度还依赖污泥灰中铁和钙的含量，铁含量的增加使得砖体抗压强度提高，钙则使其降低。

吸水率是影响砖耐久性的一个关键因素，砖的吸水率越低，其耐久性与对环境的抗蚀能力越强，因而砖的内部结构应尽可能致密以避免水的渗入。不同污泥含量的污泥灰砖和干污泥砖的吸水率试验表明：随着污泥含量的增加与烧成温度的降低，砖的吸水率升高。而在污泥灰制砖中，污泥灰起着造孔剂作用，其吸水率比黏土砖高。在用干污泥制砖中，污泥降低了混合样的塑性和黏结性能，烧制后的污泥砖内部微孔尺寸增加，其吸水率比污泥灰砖还高。

污泥制砖的产品性能可根据国家标准《烧结普通砖》（GB 5101—2003）标号和分类等。

4.1.4 污泥制砖优缺点分析

利用污泥、黏土和黄河泥沙制砖，实现了污泥的资源化，具有良好的社会效益。在煅烧过程中将有毒重金属封存在砖坯中，杀死了有害细菌。污泥砖质轻、孔隙多，具有一定的隔音、隔热效果等优点。

在污泥制砖的过程中，因污泥中含有大量的有机物，无论是污泥灰的制作过程还是污泥砖的烧制过程，恶臭非常强烈，应考虑二次污染的控制问题。另外，污泥制砖对污泥的预处理要求高，烧制砖的成本比一般的黏土制砖要高，这些问题还有待于进一步的探索研究。

4.2 烧制轻质骨料

陶粒又名黏土陶粒，是以粉煤灰或其他固体废弃物为主要原料，加入一定量的黏土等胶结剂，用水调和后，经造粒成球，利用烧结机或其他焙烧设备焙烧而制成的人造轻集料。传统陶粒是以黏土和页岩烧结而成的，需要大量开采优质黏土和页岩矿山，加大了环境负担。目前采用固体废弃物生产陶粒代表了陶粒的发展方向，对实现可持续发展具有决定性意义。可用于生产陶粒的固体废弃物包括粉煤灰、炉渣、生活垃圾烧渣、城市污泥等。城市污泥和污泥灰与黏土的成分相似，可以用作制备普通陶粒材料，污泥陶粒是以城市污水厂污泥为主要原料，掺加适量黏结材料和助熔材料，经过加工成球、烧结而成的，与传统污泥处置技术相比，具有以下显著优点：

（1）不仅利用了污泥中有机质作为陶粒熔烧过程中的发泡物质，而且污泥中的无机成分也得到了利用。

（2）二次污染小。污泥中含有的难降解有机物、病原体及重金属等有害物质，如果处置不当可能造成二次污染，而制陶粒时熔烧的高温环境可以完全将有机物和病原体分解，并把重金属固结在陶粒中，具有一定的经济效益和环境效益。

（3）污泥烧制陶粒可充分利用现有陶粒生产设备和水泥窑等，设备技术和生产成本较低。

（4）用途广泛，市场前景好，具有一定的经济效益。

（5）可替代传统陶粒制造工艺中的黏土和页岩，节约了土地和矿物资源。因此，污泥陶粒利用具有广泛的应用前景。

4.2.1 研究现状

自 1950 年以来，我国在陶粒的研究与生产方面取得了很大发展，至 1997 年，我国有陶粒生产厂家近 40 个，总的生产能力近 $2 \times 10^6 m^3$，其中 80% 属于 700～800 级，密度很大，缺少 400 级以下的轻质陶粒，强度方面只能配置 CL300 以下的混凝土。由于陶粒特别是轻质陶粒优点多、需求量大，因此，开辟新的陶粒原料，开发新的轻质陶粒有重要意义。城市污泥产量巨大，将其用于陶粒生产可取得巨大的经济效益和环境效益。

同济大学的研究人员对苏州河底泥的化学成分、矿物成分等性能进行了分析，探索了以底泥为主要原料烧制黏土陶粒的工艺参数，分析了底泥原料及陶粒制品中有害成分的来源，并对其进行了定量的测试。结果表明，经适当的成分调整，利用苏州河底泥能烧制出700 号的黏土陶粒产品。经高温焙烧后，苏州河底泥中的重金属将大部分被固溶于陶粒中，不会对环境造成二次污染。

广州华穗轻质陶粒制品厂采用城市污水处理厂污泥替代河道淤泥或部分黏土烧制轻质陶粒获得成功，已经应用于实际生产，处理量已达 300t/d，年产陶粒 $18.8 \times 10^4 \mathrm{m}^3$，年产轻质陶粒砌块 $18 \times 10^4 \mathrm{m}^3$。

德国有人对利用制革厂污泥制陶瓷产品的可行性做了研究，在制陶器的黏土中加入一定比例的制革污泥，对制成的样品进行了吸水率、多孔性、线性收缩和横向断裂强度等物理性能和浸出液的测试。研究表明生产的陶瓷材料可以作为建筑材料应用。

Elkin 和 St. George 的报道表明了污泥和黏土的混合物可以用来生产轻质建筑聚合体。在经过改造的污水处理小试厂，筛过的生活污水和黏土、明矾、聚丙烯酸混合，然后凝结、絮凝。沉淀池收集的污泥浓缩至 45% 的含固率。然后泥饼跟黏土混合、颗粒化，在1070~1095℃ 焙烧。得到的物质是一种极像陶粒的可被用于轻质混凝土块的材料。

昆明坤达陶粒工贸有限公司于 2000 年投资 1200 万元，引进国内先进技术，用污泥生产出优质的人造轻骨粒——陶粒和陶粒空心砖。这种轻型砖具有轻质、高强度、保温隔热、抗震等功能。用这种陶粒空心砖代替普通黏土烧结实心砖，既节约土地，又节约能源及钢材，提高了综合效益，变废为宝。英国夏文公司利用洗煤厂产生的污泥在无泄漏的闭路系统中烧制人造骨粒，余热也得到了利用。

4.2.2　工艺过程

4.2.2.1　烧结法生产陶粒

烧结法生产陶粒是目前世界各国采用最普遍的生产工艺。我国已形成了特色的烧结陶粒工艺，立窑法生产工艺就是其中一种。以下以立窑法工艺为例,介绍污泥陶粒烧结的工艺和设备。立窑法生产污泥陶粒,是在原料制备和造粒后,采用立窑进行煅烧,产品的堆积密度可达 500~1000kg/m³,通过调整配方,可制备不同堆积密度的产品。

其工艺流程包括原料预处理、配料、造粒、烧成、分选。

立窑法生产陶粒的主要设备有立窑、造粒机、粉磨机、强制式搅拌机、筛选机、输送机、烘干机等。污泥的预处理设备有压滤机和烘干机。

生产过程为污水处理厂污泥经板框压滤机压滤脱水,用烘干机对污泥进行烘干,使含水率为 5%~10%。烘干机可采用装有粉碎搅拌装置的旋转干燥器,热风进口 800~850℃,排气温度 200~250℃。干燥器的排气通过脱臭炉后外排,干燥器的热源来自烧结炉的排气。如果粉煤灰含水率在 10% 以上,粉煤灰也需要烘干。粉煤灰、污泥和煤粉经粉磨后按照配方进行计量,与助熔剂在强制式搅拌机中混合搅拌,调成含水率 20%~30% 的混合物料,再送入造粒机造粒,制备成生料球,造粒时间一般需要 10min 左右。含煤的生料球在立窑中煅烧制成成品,烧结陶粒的强度和相对密度与烧结温度、烧结时间和产品中的残留碳含量有关,最佳烧成温度为 1050~1200℃,烧结时间一般为 2~3min,可以控制残留碳含量为 0.5%~1.0%,陶粒强度为 1.5~2.0kg/个,相对密度为 1.6~1.9。立窑是一种竖式固定床煅烧设备,内衬耐火材料。通常采用机械化立窑,配有机械加料和卸料装置。含煤的生料球从窑顶喂入,空气从窑下部用高压风机鼓入,窑内物料借自重向下移动,料球在窑内经预热、分解、烧成和冷却等一系列物理、化学变化,形成陶粒,从窑底卸出。由于采用了污泥原料,窑顶废气经窑罩收集后进行除臭、洗涤处理后经烟囱外排。陶粒出窑后,先经过破碎机破碎,然后经回转筛筛分处理,分选出的 5mm 颗粒即为陶砂,5mm 以上颗粒就是陶粒成品。

4.2.2.2 烧胀法生产陶粒

烧胀型陶粒的生产工艺一般包括原材料预处理、配料、成型、预热、焙烧、冷却等生产过程。在整个工艺过程中，以熔烧过程为陶粒生产的关键。

制坯前要对淤泥及添加剂进行预处理，使之达到一定要求，主要指标有粒度、可塑性、耐火度等。物料颗粒越细，对膨胀越有利，一般要求泥级颗粒占主要部分，含砂量越少越好；原料的可塑性与陶粒的容重呈反比关系，一般要求原料的塑性指数不低于8；原料的耐火度一般以1050~1200℃为宜，这样软化温度范围大，对膨胀有利，便于热工操作。制成的坯料也需要满足一定要求才能进入熔烧阶段。料球的粒径与级配对烧胀性很重要。粒径过大时，或是烧胀不透，或是膨胀过大超过标准要求，料球粒径小于3mm过多时，易结窑或结块。一般级配为23~5mm占不到15%、5~10mm占40%~60%、10~15mm占不到30%。料球的含水率对陶粒的膨胀和表壳有影响，含水率过高则水分在窑的干燥和预热带排除不尽，造成在熔烧带不能膨胀或膨胀产生炸裂，使陶粒出现裂纹。故料粒的含水率一般控制在8%~16%的范围为宜。

在焙烧阶段，主要的工艺步骤包括干燥、预热、烧胀、冷却。除了干燥阶段可能在窑外进行外，其他几种工艺条件主要通过控制焙烧温度来实现。坯体的干燥目的在于去除自由水、防止坯体在预热阶段烧裂。干燥温度与干燥时间的选择，以能够保证干燥过程坯体的完整以及大多数自由水的去除为好。预热能减少料球由于温度急剧变化所引起的炸裂，同时也为多余气体的排除和生料球表层的软化做准备。预热温度过高或预热时间过长都会导致膨胀气体在物料未到达最佳黏度时就已经逸出，使陶粒膨胀不佳；预热不足，易造成高温焙烧时料球的炸裂。在实际生产中，预热温度和预热时间应通过试验确定。为了使陶粒具有较高的强度和较小的吸水率，必须将陶粒在膨胀温度范围内产生适量适宜黏度的液相与陶粒发泡物质产生的适宜膨胀气压在焙烧时间上很好匹配起来，这个阶段一般被称为烧胀阶段。目前认为，陶粒发泡温度一般在1100~1200℃。实际生产中烧胀温度和时间一般也应通过试验确定。坯体的冷却速度对其结构和质量有明显的影响。一般认为，冷却初期应采用快速冷却，而到750~550℃宜采用慢速冷却。这是因为陶粒出炉急速冷却，熔融的液相来不及析晶，就在表面形成致密的玻璃相，内部则为多孔结构，这样的结构质轻，且有一定的强度。而在玻璃相由塑性状态转变为固态的临界温度时应该采用慢速冷却，以避免玻璃相形态转变所产生的应力对坯体产生影响，一般这一转变温度在 750 ～ 550℃ 之间，视玻璃相中 SiO_2 和 Al_2O_3 的含量而定。

污泥制轻质陶粒的方法按原料不同分为两种：一是用生污泥或厌氧发酵污泥的焚烧灰制粒后烧结，但利用焚烧灰制轻质陶粒需要单独建焚烧炉，污泥中的有机成分没有得到有效利用；二是直接从脱水污泥制陶粒的新技术，含水率 50% 的污泥与主材料及添加剂混合，在回转窑熔烧生成陶粒。

污水厂的污泥脱水干燥后烧失量仍很高，其中包括两部分：一是矿物组成中的结晶水，二是有机物含量。但根据污泥的 X 射线衍射图谱，污泥中的矿物组成主要为晶态石英，其次为方解石和蓝晶石，未见其他矿物组成的谱峰，且这三种主要矿物组成均不含结晶水，因此污泥的烧失量主要是由其中的有机物燃烧引起的。污泥的化学组成处于良好发泡的黏土组成范围附近，其中 SiO_2、Fe_2O_3 含量适当，但 Al_2O_3 含量略低，而 MgO 和 CaO 含量偏高。Fe_2O_3 的分解与还原所产生的气体是黏土受热后产生的众多气体中起主要作用的气体，Fe_2O_3 还原生成的 FeO 是黏土的强助熔剂，而液相的生成正好处在大量气体即将产生急需有适当黏度的液相量的时候。因此，Fe_2O_3 含量多少和能否烧制出合格的产品关系很大。高温煅烧时，有机物燃烧释放出一定热值，内部燃烧可使制品烧成更均匀，对提高陶粒的强度是有利的。另一方面，有机物燃烧产生的高温气体可在陶粒内部形成大量微细孔隙，可降低陶粒的表观密度。

为了使陶粒获得良好膨胀，一般要求陶粒原料中的烧失量达 4% ～13%、有机质含量 2% ～5%。国内多数陶粒厂的主原料达不到上述要求，一般都要掺加适量有机质材料，主要有重油、废机油、渣油、煤粉或木屑等。污泥中有机质含量很高，如哈尔滨市文昌污水处理厂、常州市丽华污水处理厂和清潭污水处理厂干污泥的烧失量分别为 26.4%、82.14%、68.75%。将污泥作辅助原料掺入主原料中后，可免去掺加有机质材料，有利于降低生产成本。由于污泥的有机质含量过高，污泥掺入量也不能太多，否则陶粒膨胀不好，内部会出现黑芯，微孔结构大小不一，甚至出现开裂，影响陶粒性能。

陶粒焙烧前要完成料球制粒，如采用窑内制粒，混合料相对含水率允许 20% ~ 50%；采用窑外制粒，混合料相对含水率允许 20% ~ 33%（由于污泥中含有絮凝剂，允许含水率比一般高）。实践证明，主原料含水率越低，污泥的掺入量越高；混合料含水率越低，陶粒的焙烧热耗也相应减少。因此，在资源允许的情况下，尽量选用含水率较低的主原料，如页岩、粉煤灰等。

除了掺加污泥外，是否还要掺加其他外加剂（石灰石、铁矿石或废铁渣、膨润土等），取决于主原料的性能和对陶粒堆积密度的要求。如要生产超轻陶粒，多数主原料还需掺加其他外加剂。为获得最佳配方，正常生产时的焙烧温度和膨胀温度范围、陶粒主要性能等，应预先进行实验室配方、焙烧试验等。

陶粒可直接使用或用于制作陶粒制品。污（淤）泥焙烧陶粒原理与水泥生产中污泥燃烧处理原理基本一致。目前经实验室和工业性试验，确保产品产量和质量的较佳原材料基本配比（质量比）为主料（干）∶页岩（干）∶污泥为 56∶50∶50。

4.2.3 产品性能

陶粒的优异性能体现在以下几个方面：（1）密度小、质轻，堆积密度一般为 $300 \sim 900 kg/m^3$；（2）陶粒内部多孔，具有良好的保温隔热性；（3）耐火性好；（4）抗震性能好；（5）吸水率低、抗冻性能和耐久性能好；（6）优异的抗渗性；（7）优异的抗碱集料反应能力；（8）适应性强，可根据实际用途和市场需要生产不同类型的陶粒产品。

采用城市污泥为主要原料制备的烧结陶粒的技术性能指标可达到国家标准《轻集料及其试验方法》（GB/T 17431.1—1998）。其物理性能表现为：（1）强度较高，筒压强度可达 $3.0 \sim 7.0 MPa$；（2）烧结陶粒中的普通型产品吸水率略高于烧胀陶粒；（3）抗炭化性能一般优于免烧型，与烧胀型相当，不存在炭化问题；（4）堆积密度较大，一般大于 $600kg/m^3$。

4.3 水泥窑协同处置污泥

硅酸盐水泥是以石灰石、黏土为主要原料，与石英砂、铁粉等少量辅料，按一定数量配合并磨细混合均匀，制成生料。生料入窑经高温煅烧，冷却后制得的颗粒状物质称为熟料。熟料与石膏共同磨细并混合均匀，就制成纯熟料水泥，即硅酸盐水泥。普通硅酸盐水泥则是以硅酸盐水泥熟料、少量混合材料、适量石膏磨细制成的水硬性胶凝材料，称为普通硅酸盐水泥，简称普通水泥。

作为水泥生产的主要原料之一，黏土的化学成分及碱含量是衡量黏土质量的主要指标。一般要求所用黏土质原料中 SiO_2 含量与 Al_2O_3 和 Fe_2O_3 含量和之比为 2.5~3.5，Al_2O_3 与 Fe_2O_3 含量之比为 1.5~3.0。

城市污水处理厂的污泥或焚烧后的污泥灰与黏土有着相似的组成，因此可以将污泥或污泥灰作为黏土质原料来生产水泥。生料配料计算，理论上污泥可以替代 30% 的黏土质原料。根据水泥生产对黏土质原料的一般要求，考察硅酸率的数值，从而确定是否需要掺用硅质原料来提高含硅率。有关文献的研究表明，以污泥代替部分燃料，对煤的燃烧特性不会产生影响，污泥代替部分水泥生料可满足水泥生料的配料要求，生料中污泥的掺入比例以 20% 为佳。

另一方面和煤粉相比，污泥来自污水处理中通过絮凝沉淀的方式形成，完全干化后具有很细的颗粒度。干燥后的污泥发热量低，不同污水处置工艺形成的污泥其空气干燥基低位发热量通常在 3000kcal/kg（1kcal = 4.186kJ）以下，仅仅相当于泥炭类物质；而干化污泥的着火点远远低于普通的烟煤，其着火温度通常在 260~320℃之间；同时由于污泥的颗粒通常在 0.005ram 以下，在燃烧过程中形成的飞灰多，极其容易被燃烧形成的烟气裹胁离开燃烧空间内；又因为颗粒细，并且主要是微细的有机物质在菌丝的作用下包裹形成，污泥颗粒的孔隙结构发育良好，故燃烧时间短，燃烧速度很快。

水泥窑具有燃烧炉温高和处理物料量大等特点，且水泥厂均配备有大量的环保设施，是环境自净能力强的装备。而城市生活垃圾、污泥的化学特性与水泥生产所用的原料基本相似。垃圾焚烧灰的化学成分中一般有 80% 以上的矿物质是水泥熟料的基本成分（CaO、SiO_2、Al_2O_3 和 Fe_2O_3）。利用水泥回转窑处理城市垃圾和污泥，不仅具有焚烧法的减容、减量化特征，且燃烧后的残渣成为水泥熟料的一部分，不需要对焚烧灰进行处理（填埋），将是一种两全其美的水泥生产途径。

4.3.1 工艺流程

污泥协同处置污泥的工艺流程如图 4 - 2 所示。

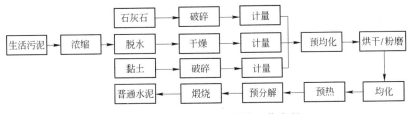

图 4 - 2 水泥窑处理污泥的工艺流程

石灰质、黏土质（由黏土和污泥/污泥灰调和而成）和少量铁质原料，按一定要求的比例（约 75∶20∶5）配合，经过均化、粉磨、调配，即制成生料。经过均化和粗配的碎石和黏土，再经计量秤和铁质校正原料按规定比例配合进入烘干兼粉磨的生料磨加工成生料粉。生料用气力提升泵送至连续性空气搅拌库均化。经均匀化的生料再用气力提升泵送至窑尾悬浮预热器和窑外分解炉，经预热和分解的物料进入回转窑煅烧成熟料。

水泥生产所用燃烧设备为回转窑，回转窑的主体部分是圆筒体。窑体倾斜放置，冷端高，热端低，斜度为 3% ~ 5%。生料由圆筒的高端（一般称为窑尾）加入，由于圆筒具有一定的斜度而且不断回转，物料由高端向低端（一般称为窑头）逐渐运动。因此，回转窑首先是一个运输设备。

回转窑又是一个燃烧设备，固体（煤粉）、液体和气体燃料均可使用。我国水泥厂以使用固体粉状燃料为主，将燃煤事先经过烘干和粉磨制成粉状，用鼓风机经喷煤管由窑头喷入窑内。

污泥干化采用的废热来自现有的熟料生产线预热器出口窑尾废热烟气，通过风机升压后鼓入干燥机的破碎干燥室进口。需要干化的湿污泥由污泥输送专用的高压管输送至污泥储料小仓，在污泥储料小仓内，进行污泥的打散搅拌，防止污泥卸料形成拱桥影响下料的稳定性，经过预压螺旋输送机送入干燥机干燥塔中部。气流由进口向下通过破碎干燥室底部的缩口，在破碎干燥室下部向上折返，形成喷动射流。该喷动射流在破碎干燥室内向上呈螺旋状移动，需要干化的污泥由上向下运动，在气流、干燥室中的搅拌器的共同作用条件下，气固两相进行旋流喷动的热交换工作。在干燥室内，气固两相进行对流型干燥，完成热交换后的污泥和烟气一起向上旋流运动，在干燥室的上方经管道进入袋收尘器。由袋收尘器收取污泥颗粒通过锁风卸料阀后由胶带输送机离开本车间，进入提升机后汇入成品污泥储仓。干燥后尾气经除尘处理后，洁净气体经烟囱排放进入大气。

4.3.2 性能分析

污泥水泥性质与污泥的比例、煅烧温度、煅烧时间和养护条件有关。污泥制备的普通水泥的主要特性如下：

（1）适于早期强度要求较高的工程，制造水泥制品、预制构件、预应力混凝土、装配式建筑的结合砂浆需要在较短的时间内达到较高的强度，可采用这种水泥。

（2）适于冬季施工，但不适于大体积混凝土，由于放热量大，本身的放热可提高温度，防止混合物受冻并维持水分适宜的温度，故在冬季施工时可考虑选用；制造大体积混凝土时，由于放热量大而不易散发，容易造成混凝土的破坏，故不宜采用。

（3）适用于地上工程和无侵蚀、不受水压作用的地下工程和水中工程，不运用于受化学侵蚀和受水压、流水作用的水中工程。另外，由于污泥制备的水泥中含氯盐量较高，会使钢筋锈蚀，主要用作地基的增强固化材料即素混凝土，以及水泥刨花板和水泥纤维板等。

4.3.3　污染物排放

4.3.3.1　重金属

经过高温煅烧，污泥带入的重金属可固化在水泥熟料中，不会产生危害。

4.3.3.2　二噁英

利用水泥窑协同处理污泥，通过调整系统的风、料、煤的配合关系，在燃烧条件优越的富氧区域（分解炉）加入废物替代燃料，可以保证污泥在分解炉内的高温燃烧，阻断了二噁英在高温燃烧区域的形成。城市污泥只从高温段进入窑系统，在分解炉内的停留时间长达6s，分解炉内平均温度在880℃以上，是完全可以保证污泥及燃料的完全燃烧的。通过调整系统的配风，适当增加系统的氧气含量水平，可以很好地抑制窑系统出现不完全燃烧反应。二噁英形成需要催化剂，作为催化剂的重金属在窑尾主要以矿物的形式分布在生料粉中，在燃烧灰焦的表面存在很少，催化媒介很少，导致二噁英的形成受到很大的抑制。

4.3.3.3　恶臭污染

市政污泥本身具有臭味、异味，在处置的过程中，散发出来的臭味、异味主要来自于微生物需氧/厌氧发酵作用形成的，虽然所处置的废物经过了脱水预处理，但仍具有一定的微生物，在废物替代燃料的运输、储存、计量、入窑焚烧等一系列工艺过程中均存在着臭味、异味气体的处理预防问题。

为降低恶臭污染，应在预处理车间内采用负压操作，维持负压所抽取的空气及异味气体的混合物被送入回转窑焚烧。该部分主要为维持储池及储仓负压的抽取空气总量（5000m³/h），直接作为助燃的二次风经冷却机直接进入窑系统，占用的气体量很小，不会对窑系统的操作产生影响。

输送过程中采用拉链机进行密闭输送，在所有的扬尘点设置收尘装置，保证输送过程中维持微负压，不存在气体及粉尘的泄漏。在进入水泥窑系统后，在850℃以上的高温区域和富氧的条件下进行燃烧。与专业的焚烧炉相比，水泥窑分解炉具有更大的湍流度、更高更稳定的温度场、更长的气体和物料停留时间，完全可以保证废物中有机物质的彻底分解，不会在水泥窑烟气中存在着有机恶臭气体的残留。总之，水泥厂利用市政污泥不会在处置过程中向环境散发恶臭气体，利用水泥窑的高温焚烧，可以保证有机物质的彻底分解，不会在排放烟气中出现有机恶臭气体。

4.3.4　污泥水泥窑处置的优势

污泥水泥窑处置的优势有：

（1）水泥窑生产温度高，对污泥中的有机物能100%处置。水泥生产过程中的熟料温度在1450℃，气体温度在1800℃左右，燃烧气体在回转窑内的停留时间大于8s，高于1100℃时停留时间大于4s，燃烧气体的停留时间长达20min，回转窑内物料呈高度湍流化状态，污泥中有害有机物能得到充分燃烧，废弃物的焚毁率能达99%以上。

（2）焚烧污泥采用闭路生产措施，不产生新的废物。新型干法水泥企业生产特点决定焚烧污泥后的废气粉尘需经过布袋收尘器收集后又进入水泥回转窑内煅烧，形成闭路生产路径。

（3）窑内呈碱性气氛，能抑制二噁英形成。从国内外水泥窑处置有毒有害废弃物的实践表明，鉴于水泥窑系统的热容大、温度稳定、窑尾的增湿塔能迅速降温等特点，废弃物焚烧后产生的二噁英排放浓度远低于国家对废气排放要求的限值标准。我公司利用水泥窑焚烧污泥废气排放监测经环保部下属的国家环境分析测试中心显示为 0.042ng/m^3。

（4）水泥生产过程中的熟料吸收重金属。鉴于水泥回转窑生产自有特性，在焚烧污泥过程中能将灰渣中的重金属固化在水泥熟料的晶格中，达到稳定固化效果。北京金隅红树林环保技术有限责任公司和清华大学于2006年6月对焚烧废物时熟料中重金属含量经中国建材院水泥研究所对其生产水泥产品溢出进行检测得到符合水泥产品标准，双方编写《水泥回转窑处理危险废物过程重金属的环境安全性研究》结论是水泥窑处置废物完全可行。当前，我们控制污泥的标准是按照欧盟的标准来执行的。

（5）处置污泥数量多、见效快。从建成的广州越堡水泥厂处置600t/d，还是我公司建成的500t/d处置线显示，利用水泥窑及时高效处置污泥的优势是专业焚烧炉无法相比较。

（6）能彻底实现资源化目的。污泥中的有机成分和无机成分都能在水泥生产中得到充分利用，无机成分的氧化钙、氧化硅可以被生产所用，有机成分经过脱水后可以产生热量，抵消一小部分由于蒸发污泥中的水分需要的热能。

4.4 工程实例

广州市越堡水泥有限公司（下称越堡公司）从2007年就开始研究建设利用水泥窑无害化处置污泥项目（下称本项目）。2008年越堡公司开始新建一座日处理污泥600t（含水率80%）的干化处置中心，2009年正式运营。越堡公司进行了含水量30%的漂染污泥在600t/d生产线上的工业试验工作。试验期间，漂染污泥的空气干燥基热值平均为1445kcal/kg（1kcal = 4.186kJ），入窑平均水分33.24%，喂料量1.2～7.6t/h。试验结果表明，新型干法水泥窑系统完全可以处置具有较高硫含量的工业污泥。

4.4.1 该工艺技术特点

对水泥窑工艺过程的研究可知，利用水泥回转窑处理污泥具有以下特性：

（1）有机物分解彻底。在回转窑中内温度一般在1350～1650℃之间，甚至更高，燃烧气体在此停留时间大于8s，高于1100℃时停留时间大于3s。燃烧气体的总停留时间为20s左右，且窑内物料呈高湍流化状态。因此窑内的污泥中有害有机物可充分燃烧，焚烧率可达99.999%，即使是稳定的有机物如二噁英等也能被完全分解。

（2）抑制二噁英形成。由于干化污泥喂入点处在高于850℃的分解炉，分解炉内热容大且温度稳定，有效地抑制了二噁英前驱体的形成。从国内外水泥窑处置有毒有害废弃物的实践表明，废弃物焚烧后产生的二噁英排放浓度远低于排放限值。

（3）不产生飞灰。煅烧排出废气粉尘经窑尾布袋收尘器收集后作为水泥原料重新进入窑内煅烧，没有危险废弃物飞灰产生。

（4）同化重金属。回转窑内的耐火砖、原料、窑皮及熟料均为碱性，可吸收 SO_2，从而抑止其排放。在水泥烧成过程中，污泥灰渣中的重金属能够被固定在水泥熟料的结构中，从而达到被固化的作用。

（5）资源化效率高。污泥中的有机成分和无机成分都能得到充分利用，资源化效率高。污泥中含有部分有机质（55% 以上）和可燃成分，它们在水泥窑中煅烧时会产生热量；污泥的低位热值是 11MJ/kg 左右，在热值意义上相当于贫煤。贫煤含 55% 灰分和 10% ~15% 挥发分，并具有热值 10 ~12.5MJ/kg。

（6）处理量大、见效快。水泥生产量大，需要的污泥量多；水泥厂地域分布广，有利于污泥就地消纳，节省运输费用；水泥窑的热容量大，工艺稳定，处理污泥方便，见效快。

4.4.2 项目组成

2008 年越堡公司开始新建一座日处理污泥 600t（含水率 80%）的干化处置中心，2009 年正式运营。

来自污水处理厂的污泥含水率约 80%，在水泥厂配套建设一个烘干预处理系统，利用出预热器废气余热（温度约 280℃）将污泥烘干至含水率低 30%。利用窑尾废气余热将污泥烘干至含水 30% 以下，然后通过新建的接口设备将污泥送入 600t/d 生产线水泥熟料烧成系统中焚烧处理。在分解炉喂料口处设有撒料板，将散状污泥充分分散在热气流中，由于分解炉的温度高、热容大，使得污泥能快速、完全燃烧。污泥烧尽后的灰渣随物料一起进入窑内煅烧。本项目主要的建设内容包括：（1）污泥收集及输送；（2）污泥来料称重计量系统；（3）污泥来料接收仓系统；（4）污泥储存料仓系统；（5）污泥输送系统；（6）污泥干燥车间，含车间建筑、污泥干燥设备；（7）成品污泥料仓系统；（8）成品污泥输送系统；（9）配套电气、自控仪表、暖通、消防、除臭、卫生等系统。

4.4.3 技术创新点

本项目是通过新的技术路线，充分利用水泥窑的余热和处置能力，使市政污泥的处理达到低成本运行，并可达到稳定化、减量化、无害化和资源化的目的，为解决长期困扰的市政污泥处理问题，寻求一种有效利用的途径，为全国污泥的减量处理和有效利用提供示范作用。本项目的实施不但有很好的社会效益，而且节省了资源，彻底地排除污泥无害化处理技术领域中最终处置时所付出的巨大环境代价。从而从根本上消除城市生活中威胁着人们健康生存的一个隐患，使生态环境与资源再生利用走上可持续发展的道路。

主要技术创新点表现在：干化污泥和水泥窑系统的衔接布置，在建设及运行过程中不影响水泥窑系统的正常生产；利用窑尾废气余热烘干污泥的干燥系统采用了旋流喷腾直接接触干燥工艺，大幅提高热效率和烘干能力，实现了规模化处置污泥的能力。这个项目解决了以下几个技术问题：

（1）半干化模式。作为污泥干化的热源，水泥厂的废热烟气由于温度低、含尘量较大对污泥的干化换热有很强的限制作用。污泥干化随着成品干度的增加，所需设备的容积呈幂指数增加，污泥干化的经济性和污泥成品干度之间有着强烈的相关性。热源的品质决定了利用水泥窑废热干化污泥只能采用半干化模式，才能具有显著的处置能力优势。

（2）处理成本低廉化。干化后的污泥替代燃料的能力和污泥的水分、有害元素的含量有直接的关系，通过系统研究处置污泥对水泥窑系统的影响，科学分析水泥窑处置污泥的最大能力和最经济的处置指标，实现社会处置污泥总体成本的最低廉化，在目前还没有类似的研究工作可供参考。

（3）全新的设计。国外采用全干化污泥替代燃料在多个行业中应用，但目前国内还没有污泥替代燃料的应用，因此干化后的污泥只能采用水泥厂自行消纳的模式。半干化污泥进入水泥窑工艺系统需要进行全新的设计。

4.4.4 关键技术

利用水泥窑处置污泥的关键技术是污泥的干化。污泥含有很高的附着水和结合水，尽管污水处理厂已采用真空过滤或离心脱水等机械脱水，污泥含水率仍达80%以上。污泥进行水泥窑处置，主要技术难点在于污泥必须进行干化。以污泥含固率20%计，处理每吨干固体需要蒸发4倍量的水分。在同等的绝干基污泥日处理量的条件下，进入水泥烧成系统的污泥其含固率越高，则污泥焚烧进入系统的有效发热量（扣除污泥焚烧过程中水分蒸发、形成烟气的升温等的耗热）就越高，污泥燃烧过程对窑系统的工艺参数的稳定性影响就越小。因此，干燥工业的选择是本项目的关键点。

本项目是在利用水泥窑废气余热作为烘干热源，总结了流化床、热破碎、旋流和分级技术的基础上设计的一种热效率高、适应范围广的新型干燥装置。余热废气以适宜的喷动速度从干燥机底部进入搅拌破碎干燥室，对物料产生强烈的剪切、吹浮、旋转作用，物料受到离心、剪切、碰撞、摩擦而被微粒化，形成较大的比表面积，强化了传质传热。在干燥室底部，较大、较湿的颗粒团在搅拌器的作用下被机械破碎，并被高速喷动的热气流裹胁、撕裂，不断形成新的干燥表面；而湿含量较低、颗粒度较小的颗粒被旋转气流夹带上升，在上升过程中进一步干燥，并被分级。干燥器内锥体结构、气流对壁的旋转冲刷和搅拌器的结构，强制物料被高速气流裹胁，因此很适宜处置黏性干燥物质。物料的干燥过程主要在旋流区内迅速达到平衡，在离心旋流场的作用下，气固之间的热交换进行速度很快，物料的干燥过程时间很短，可以大幅度地降低设备的规格。物料在干燥过程中完成颗粒化，不需要成型或进行破碎作业。由于干燥过程中物料受到破碎、冲刷、碰撞，表面积增大，强化了干燥；同时由于最热烟气直接接触待干物料，可以使进风温度高于物料熔点，因此该设备干燥强度高。

由于干燥系统的干燥速度特快，在干燥机内的平均停留时间约10s后，污泥含水就从80%降至30%，含水30%的干污泥离开干燥机的温度约50℃。烟气从底部进入的时候达277℃,到达加泥口烟气温度已降到100℃以下,在干燥过程中,干泥基本上不和277℃的高温烟气接触,确保运行的安全性。污泥颗粒的表观密度和水分的含量关系密切,在旋流风的分级作用下,干化的污泥颗粒总是和低温的烟气接触和携带离开,热烟气基本不直接接触干料。

5 污泥湿式氧化处理

湿式氧化法(WAO)是一种物理化学方法,是利用水相的有机质热化学氧化反应进行污泥处理的工艺方法,在高温(下临界温度为150~370℃)和一定压力下处理利用生物处理效果不佳高浓度有机废水是十分有效的。由于剩余污泥在物质结构上与高浓度有机废水十分相似,因此湿式氧化法也可用于处理污泥。

在污泥湿式氧化过程中污水厂污泥结构与成分被改变,脱水性能大大提高。城市污水厂剩余污泥通过湿式氧化处理,COD 去除率可达70% ~80% ,有机物的80% ~90% 被氧化。湿式氧化与焚烧在技术机制上具相似性,故又称为部分焚烧或湿式焚烧。

5.1 污泥湿式氧化的原理

湿式氧化处理污泥是将污泥置于密闭高压条件下通入空气或氧气当氧化剂,按浸没燃烧原理使污泥中有机物密闭反应器中,在高温、氧化分解,将有机物转化为无机物的过程。湿式氧化过程包括水解、裂解和氧化等过程。

污泥湿式氧化的过程实际上非常复杂,主要包括传质和化学反应两个过程,通常认为:湿式氧化反应属于自由基反应,包含链的引发、链的发展、链的终止三个阶段。

用 WAO 法处理剩余污泥,反应温度对总 COD 的降解效果影响很大。在300℃和30min 的停留时间下,总 COD 可去除80% 。反应温度对剩余污泥氧化作用的影响大于活性污泥中溶解氧浓度的变化对湿式氧化效果的影响。在特定的温度和压力下,总 COD 要变成可溶性有机物主要依赖于氧化时间。由于剩余污泥是由大量的细菌群组成,它在高温下能够比较容易水解,从细胞中释放出大量可溶性有机物,在300℃以上并氧化30min 以后,除部分可溶性 COD 被氧化成 CO_2 和 H_2O 外,剩余可溶性有机物成分都是以乙酸和其他有机酸为主的难分解有机物。在这一过程中,82% 的 COD 降解(其中

75% 被氧化、7% 转化成可溶性有机物），18% 的 COD 以非溶性形式存在；70% 以上的 MLSS 被去除，且使 MLVSS：MLSS 的比率明显降低。反应中灰分并没有发生化学反应，它的减少是由于本身被溶解进入溶液中所致。经处理后的 MLSS 极易从混合液中沉淀出来。

在污泥湿式氧化过程中污泥中的一部分有机物被氧化转化到污泥上清液，经湿式氧化后，污泥脱水性能极佳，灭菌率高。从 20 世纪 60 年代美国出现工业化应用以来，到 1979 年为止，世界各地共建造了 200 多座采用湿式氧化工艺的污水和污泥处理厂。

近几年来，垂直深井湿式氧化反应器的开发引起普遍的兴趣。这种反应器的优点是依靠污泥液的自身重力产生高压，当井深达 1200 ~ 1800m 时，在深井反应器下部可产生 12 ~ 18MPa 的高压，形成污泥、废水、氧和富氧气体构成的多相系统。当反应温度达 278℃时，COD 和总挥发固体去除率达 80% 和 98% 以上。氧化反应主要在深井反应器底部进行，反应后的液体向上流与向下流的进料液通过井壁换热。处理后污泥流出地面，用于加热进料液后，再进入三相分离器。与传统的反应器相比，垂直深井式反应器在地下，安全可靠，而且深井系统不需要高压泵，并且热量散失少，因此可大大节约能耗。VerTech（荷兰）已通过实现了次临界氧化技术条件，在 Apeldorn 建立了一座深 120m、直径 0.95m，内置套管和恒温器的深井，井底温度为 270℃，通过深井后 COD 去除率达 70%。

5.2 湿式氧化工艺分类

湿式氧化可分为次临界氧化（低于 374℃，21.8MPa）和超临界湿式氧化（高于 374℃，21.8MPa）。前者反应条件易实现，反应可控，实践中经济实用，但反应过程中部分溶于水的有机质未被氧化分解而造成出水含较高的有机质浓度；后者具有极高的转化率，可以氧化分解包括多氯联苯在内的所有存在的有机质。

根据湿式氧化所要求的氧化度、反应温度及压力的不同可分为以下三种：

（1）高温、高压氧化法。反应温度为 280℃，压力为 10.5 ~ 12MPa，氧化度为 70% ~ 80%，氧化后残渣量很少，氧化分离液的

BOD_5 为 4000~5500mg/L、COD 为 8000~9500mg/L、氨氮为 1400~2000mg/L、氧化放热量大，可以由反应器夹套回收热量（蒸汽）发电，但设备费用高。

（2）中温、中压氧化法。反应温度为 230~250℃，压力为 4.5~8.5MPa，氧化度为 30%~40%，不需要辅助燃料，设备费较低，促氧化分离液的浓度高，BOD_5 为 7000~8000mg/L。

（3）低温、低压氧化法。反应温度为 200~220℃，反应压力为 1.5~3MPa，氧化度低于 30%，设备费更低，需要辅助燃料，残渣量多，氧化分离液 BOD_5 高。

5.3 影响湿式氧化处理效果的主要因素

5.3.1 氧化度

对有机物或还原性无机物的去除效果，一般用氧化度表示。实际上多用 COD 去除率表示氧化度（%）：

$$氧化度 = \frac{湿式氧化前 COD 值 - 湿式氧化后 COD 值}{湿式氧化前 COD 值}$$

5.3.2 污泥的反应热和所需的空气量

湿式氧化通常依靠有机物被氧化所释放的氧化热来维持反应温度。单位质量被氧化物质在氧化过程中产生的发热值即燃烧值。湿式氧化过程中还需要消耗空气，所需空气量可由降解的 COD 值计算获得。实际需氧量由于受氧的利用率的影响，通常比理论计算值高出 20% 左右。污泥的燃烧值大致相等，一般为 700~800kcal/kg（1kcal = 4.186kJ）。

完全去除时空气的理论需要量与污泥中 COD 之间的关系（g 空气/kg 污泥）为：

$$A = 4.3COD$$

相应的放热量（kJ/kg 污泥）为：

$$H = 4.3COD \times 3.16 = 13.6COD$$

5.3.3 污泥中有机物的结构

大量的研究表明，有机物氧化与物质的电荷特征和空间结构有很大的关系，不同的污泥有各自的反应活化能和不同的氧化反应过程，因此湿式氧化的难易程度也不相同。

今村一郎研究发现：氧在有机物中所占的比例越小，其氧化性越小；碳在有机物中所占的比例越大，氧化性越大。同时实验也发现异构体与氧化性有关，如异构体醇的分解顺序为叔＞异＞正。Randan 等对有毒有机物的湿式氧化的研究表明，无机及有机氧化物、脂肪族、卤代脂肪族化合物、芳烃、芳香族和含非卤代烃的芳香族化合物易氧化；不含其他基因的卤代芳香族化合物（如氯苯和多氯联苯）难以氧化。Joglekar 研究酚及它的衍生物的湿式氧化动力学方程时发现，酚氧化反应为亲电子反应，芳香基与氧反应为慢反应，其氧化反应速度由大到小的顺序为：2－对甲氧基苯酚＞邻甲基苯酚＞邻乙基苯酚＞2，6－二甲基苯酚＞邻甲基苯酚＞间甲基苯酚＞对氯苯酚＞邻氯苯酚＞苯酚＞间氯苯酚。造成氧化反应速率不同的原因主要是，苯酚和氯苯酚自由基存在诱导期，而甲基苯酚不存在诱导期，因为甲基使苯环中的电子云密度增加，使之反应加快。

污泥中的有机物必须被氧化为小分子物质后才能完全被氧化。一般情况下湿式氧化过程中存在大分子氧化为小分子的快速反应期和继续氧化小分子中间产物的慢反应期两个过程。大量研究发现，中间产物苯甲酸和乙酸对湿式氧化的深度氧化有抑制作用，其原因是乙酸具有较高的氧化值，很难被氧化，因此乙酸是湿式氧化常见的累积的中间产物。故在计算湿式氧化处理污泥的完全氧化效率时，很大程度上依赖于乙酸的氧化程度。

5.3.4 温度

温度是湿式氧化过程中非常重要的因素。很多研究表明，反应温度是湿式氧化系统处理效率的决定性影响因素，如果反应温度太低，即使延长反应时间，反应物的去除效率也不会显著提高。

反应速率常数与温度关系服从 Arrhenius 公式。

实际过程中当温度小于100℃时氧的溶解度随着温度的升高而降低；当温度大于150℃时，水的溶解度随着温度的升高而增大，氧在水中的传质系数也随着温度的升高而增大；同时，温度升高液体的黏度减小，有利于氧在液体中的传质和氧化有机物。大量的研究表明，温度越高，有机物的氧化程度越彻底，但温度升高，总压力增大，动力消耗也增大，且对反应器的要求越高。因此，为满足氧化的效率和合理地设计能量消耗，从经济的角度考虑，应通过实验选择合适的氧化温度。

5.3.5 压力

系统压力的主要作用是保持反应系统内液相的存在，对氧化反应的影响并不显著。如压力过低，大量的反应热就会消耗在水的蒸发上，这样不但反应温度得不到保证，而且反应器有蒸干的危险。在一定温度下，总压力不应该低于该温度下水的饱和蒸汽压。

氧分压代表了在一定条件下反应系统内氧气的含量，因而氧分压在一定的范围内对氧化速率有直接的影响。氧分压不仅提供了反应所需的氧气，而且推动氧气向液相传输。氧分压影响的强弱与温度有关，温度越高影响越不明显。当氧分压增加到一定值时，它对反应速率和有机物的降解不起作用。

在 $1atm$（$1 \times 10^5 Pa$）下，水的沸点是100℃，要氧化有机物是不可能的。湿式氧化必须在高温、高压下进行，所用的氧化剂为空气中的氧气或纯氧、富氧空气。由于必须保证在液相中进行，温度高则氧化速度快，氧化度也高。但若压力不随之增加，使大量氧化反应热被消耗于蒸发水蒸气，造成液相固化（即水分被全部蒸发）无法保持"湿式"。因此，反应温度高，压力也相应要高。

反应温度低于200℃时，反应速度缓慢，反应时间再长，氧化度也不会提高。反应温度为230～374℃时，反应时间约1h即可达到氧化平衡，继续延长反应时间，氧化度几乎不再增加。

5.3.6 反应时间

污泥中有机物的氧化反应不是瞬时反应，在确定的温度、压力下要求一定的停留时间，才能使反应系统达到在相应温度和压力条件下的平衡点，使污泥得到足够的氧化。但是，过分延长停留时间只会无谓地增加设备投资和运行费用。

污泥湿式氧化预处理的工艺条件：温度 $200\,^\circ\!C$ ，氧分压 $0.8\,MPa$ ，反应时间 $60\,min$ 。

5.4　设备要求

湿式氧化设备材料的要求较高，须耐高温、高压，并耐腐蚀，因此设备费用大，系统的一次性投资高；需用耐压不锈钢制造员管理，造价昂贵，而且操作也比较困难。这些因素阻碍了湿式氧化技术的推广使用。

美国得克萨斯州哈灵根启动了采用超临界水氧化法（SCWO 法）处理城市污水污泥的处理场的首条作业线。该处理场可处理含 7% ~ 8% 固体的城市污水污泥 $3.5 \times 10^4\,USgal/d$ ，这是哈灵根水厂系统厂内的两个废水处理厂和工业废水处理厂每天处理的污泥总量。据称，这是 SCWO 法首次大规模应用于处理污水污泥。此法是由 Hydroprosessing 公司开发的，故称作 Hydrosolids 法。在此处理法中，有机物与 $592\,^\circ\!C$ 高温和 $23.47\,MPa$ 高压接触被氧化成 CO_2 和水，重金属一般被氧化成不可浸提的状态和盐，黏土或矿物保持惰性流往下游。

此处理装置的造价为 300 万美元，操作费用约为 180 美元/t 干污泥，用于农田和掩埋处理污泥的处理费用则为 295 美元/t 干污泥。然而，此处理装置产生的废热和 CO_2 产品可以出售，以每吨干污泥计，可销得 120 美元，使净操作费用减至 60 美元/t。

5.5　湿式氧化工艺特点

湿式氧化的优点主要有：适应性强，难生物降解有机物可被氧化；达到完全杀菌；反应在密闭的容器内进行，无臭，管理自动化；反应时间短，仅约 1h，好氧与厌氧微生物难以在短时间内降解的物质，如吡啶、苯类、纤维、乙烯类、橡胶制品等，都可被碳化；残渣量少，仅为原污泥的 1% 以下，脱水性能好；分离液中氨氯含量高，有别于生物处理。

湿式氧化的缺点主要有：设备需用耐压不锈钢制造员管理，造价昂贵，需要专门的高压作业人员管理；高压泵与空压机电耗大，噪声大（一套湿式氧化设备的噪声总强度相当于 70～90 个高音喇叭）；热交换器、反应塔必须经常除垢，前者每个月用5%硝酸清洗1次，后者每年清洗1次；反应物料在高压氧化过程中，器壁有腐蚀作用；需要有一套气体的脱臭装置。

湿式氧化方法可以将有机物进行较彻底的氧化分解，使不溶性的高分子有机物变成短链的低分子有机物，从而改变污泥的成分和结构，使脱水性能大大改善，同时还可以去除某些有机物的毒性。相对于焚烧法而言，它还可以减少蒸发水分的步骤，从而节省了能量，且大气污染易于控制。湿式氧化有非常高的有机质去除率和能量回收、利用率，当污泥固体含量为2%（其中70%为挥发性固体）时，一个小型的隔热良好的反应器就可以维持运转而不需要外加热量。与传统的污泥处理工艺，如厌氧消化相比，湿式氧化的优势在于处理时间短、处理效率高、可大大减少设备的占地面积。

但传统的湿式氧化，由于其工艺条件十分苛刻，要求在高温（300℃左右）、高压（9.8MPa以上）下进行反应，使得设备投资和运行费用都非常高，而且操作也比较困难，这些因素阻碍了湿式氧化技术的推广使用。

湿式氧化工艺的发展趋势是：应用极端反应条件，即超（近）临界湿式氧化以及应用催化剂，降低操作温度和压力。

超临界湿式氧化的操作温度和压力达到或接近水的超临界状态条件（温度大于370℃、压力大于40MPa），利用有利的热化学转化（氧化）平衡条件和传递条件（超临界水的强烈溶剂作用），使污泥有机质完全被氧化，可基本免除处理产物的后续处理需要，达到简化技术体系的作用。代价是更高的设备投入与操作技术要求。

催化湿式氧化主要利用过渡系金属氧化物和盐对有机物氧化可能存在的催化作用，使一定温度和压力条件下的氧化反应速率提高、活化能降低，以提高相应氧化条件下的污泥氧化度，达到既简化后续处理要求，又不致过分增加投入的目的。从已有的发展情况看，催化剂的可回收性与耐用性将是其实用化发展中应主要解决的关键问题。日本大阪煤气公司开发了有良好活性和耐久性的催化剂，并提出反应条件可降低到温度为 200～300℃、压力为 1.47～9.8MPa，对 COD 的去除率也大大提高。但即便使用催化剂，反应条件依然很高，而且催化剂的价格昂贵，限制了其在实际工程中的普及。湿式催化氧化在催化剂的研究方面已经取得了一定的进展，但仍不完善，还需进一步开放有效降低压力和温度的催化剂。

用湿式氧化法处理剩余污泥，反应温度对总 COD 的降解效果影响很大。在 300℃和 30min 的停留时间下，总 COD 可去除 80%，反应温度对剩余污泥氧化作业的影响大于活性污泥中溶解氧浓度的变化对湿式氧化效果的影响。在特定的温度和压力下，总 COD 要变成可溶性有机物，主要依赖于氧化时间。由于剩余污泥由大量的细菌群组成，它在高温下能够比较容易水解，从细胞中释放出大量可溶性有机物，在 300℃以上，氧化 30min 以后，除部分可溶性 COD 被氧化成 CO_2 和水外，剩余可溶性有机物成分都是以乙酸和其他有机酸为主的难分解有机物。在这一过程中，82% 的 COD 降解（75% 被氧化、7% 转化成可溶性有机物）、18% 的 COD 以不溶性形式存在、70% 以上的 MLSS 被去除，且使 MLVSS、MLSS 的比率明显降低。反应中灰分并没有发生化学反应，它的减少是由于本身被溶解进入溶液中所致。经处理后的 MLSS 极易从混合液中沉淀出来。为了使污泥得到进一步的生物处理，目前国外研究的方向大多集中在污泥成分的转化上。湿式氧化液体中剩余有机物在临界条件下很难被氧化，最终的产物以乙酸的形式存在，而不是 CO_2 和水。在湿式氧化处理中，乙酸很难进一步被氧化，但在厌氧和好氧生物处理过程中十分容易被降解，因此在湿式氧化设计中通常选择乙酸的浓度作为动力学参数。活性污泥的组分非常复杂，很难用一个简单的表达式表示，所以在设计湿式氧化处理系统时，必须使用简化的分析参数，如 MLVSS、可溶性 COD、乙酸、甲醛等。这些参数被优化组合后，就有可能使湿式氧化系统在最佳条件下运行，并为下一步的生物处理提供最易降解的原料。

湿式氧化法处理城市污水厂活性污泥是十分有效的。但由于是在高温、高压下运行，设备复杂，运行和维护费用高，适用于大中型污水处理厂。

5.6 工程实例

目前，最接近于实用的污泥液化技术进行了连续化运行模型试验。

P. M. Molton 于 1986 年在 STORS 污泥连续液化制油系统中进行了连续运行研究：原料为含水率 80% ~82% 的初沉污泥脱水泥饼及占总量 5% 的 Na_2CO_3；操作参数范围为：温度 275 ~ 300℃、压力 11.0 ~ 15.0MPa、停留时间 60 ~ 260min。运行时间超过，设备没有腐蚀和结焦现象。试验证明：300℃、1.5h 的停留时间，可使污泥有机质充分转化，输入污泥能量的 73% 可以以燃料油或炭焦的形式回收。处理中所产生的气体主要是 CO_2（95%，V/V），剩余废水中的 BOD/COD 值表明其可生物降解性强。依此所做的过程能量分析表明，回收的能源制品（油和炭焦）的能量不仅可满足过程操作与污泥脱水之需，还可有占输入污泥能量 3.6% 的部分可以燃料油形式外供。初步的建厂经济评价是，处理脱水泥饼 500t/d 的污泥液化制油工厂的投资为 610 万美元，运行费用为 9 美元/t 泥饼。

S. Itoh 于 1992 年在 500kg/d 脱水污泥连续化装置进行了研究，该装置运行参数为：温度 275 ~ 300℃、压力 6 ~ 12MPa、停留时间 0 ~ 60min。运行 700h 后装置一切正常，总的油品收率为 40% ~ 53%。该装置包含一个能从反应混合物中连续分离出占污泥有机质质量 11% ~ 16% 的燃料油的高压蒸馏单元，油的热值为 8MJ/kg、黏度为 0.05Pa·s，残渣可直接用于锅炉燃料，向处理系统供能，简化流程。废水 BOD_5 为 30.4g/L、BOD_5/COD 约为 0.82，可回流污水厂处理。反应条件：温度 300℃、压力 9.8MPa、停留时间（指达到反应温度后的时间）0min。过程试验流程如图 5-1 所示。依据试验结果和建厂流程所做的能量平衡分析认为：日处理含水率 75% 的脱水泥饼 60t 时，系统无需外加能量并剩余 1.5t/d 燃料油可供回收。

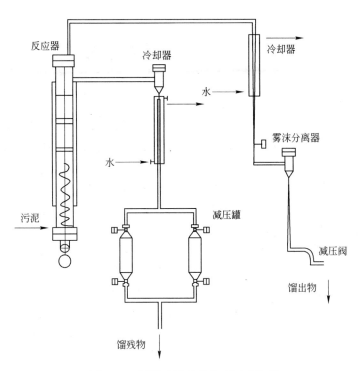

图 5 - 1 污泥连续液化处理试验流程

6 污泥热解技术

热解是一种有着悠久历史的技术，木材、泥炭以及页岩的气化都是热解。根据所用化工工艺的不同，热解被称为干馏、焦化、气化以及热分解等。近年来，热解被作为焚烧的替代技术越来越受到各方的关注。

随着人们生活水平的不断提高，污泥中的有机物含量逐年升高，污泥的能量利用价值越来越高。近几十年发展起来的低温热解技术，与传统的焚烧技术相比：可以回收液体燃料油，排放的气体中含有的 N_xO 和 SO_2 较少，对环境的污染小，并且运行成本较低。若能将回收的液体燃料加以改性，作为柴油等矿物燃料的替代品，则污泥的资源化利用可为人类提供一条新的能源开发途径。

热解技术的显著特点：是一项绿色、没有二次污染的热处置技术；能源利用率高、减容率高、运行费用低；从根本上解决污泥中重金属问题；无二噁英和呋喃产生，不会因为环境问题扰民；燃烧后，需要处理的废气量小；回收可再生能源，有 CO_2 减排意义，有 CDM 收益；热解技术处理对象也比较广泛，包括污泥、工业垃圾、生物质、塑料、电子垃圾、废轮胎等。

从 20 世纪 90 年代至今，国外学者针对污泥热解技术中的污染物排放、燃油产量的提高及应用等方面做了大量研究。我国学者也对污泥热解研究做了许多工作，但都处于实验室研究阶段。

6.1 污泥热解基本原理

污泥的有机组分可以在高温条件下被分解，根据温度、炉内气氛条件和产物的不同，分为气化和热解。气化是在 1000℃ 左右，氧气不充分的条件下，将污泥分解为不凝气和灰分的过程。气化的目的是为了尽可能多地得到可燃气，尽量减少焦油的产生。

由于高温热解耗能大，目前研究重点放在低温热解（热化学转化）上。污泥在低温下转化为水、不凝性气体、油和炭。其中最为引人关注的是污泥低温热解制油技术，它是在催化剂条件下，在较低的温度下使污水污泥中含有的有机成分，如粗蛋白、粗纤维、脂肪及碳水化合物，经过一系列分解、缩合、脱氢、环化等反应转变为主的混合物。热解产物的组成及分布主要由污泥性质决定，但也与热解温度有关。由于现今进行的污泥热解试验多限于试验室规模，因此提出了不同的作用机理。较普遍的看法为：在300℃以下发生的热化学转化反应，主要是污泥中脂肪族化合物的转化，此类化合物沸点较低，其转化形式主要为蒸汽；300℃以上蛋白质转化与390℃以上开始的糖类化合物转化，主要转化反应是肽键的断裂、基因转移变性及支链断裂等；含碳物质在200~450℃发生转化，至450℃基本完毕。

Midilli等和Dogru等认为污泥气化是一种很好的污泥资源化处置方法，可以用来生产低品质燃气。在1000~1100℃条件下，污泥的气体产物中含有H_2、CO、CH_4、C_2H_2和C_2H_6等可燃成分，其中H_2、CO和CH_4的含量最大，占总气体量的比例分别为10.48%、8.66%和1.58%，可燃成分占全部气体产物的19%~23%，其他为N_2和CO_2。气体的热值（标态）在2.55~3.2MJ/m^3之间，这些可燃成分可以用来补偿气化过程中所需能量。在污泥气化过程中，绝大部分的重金属被稳定到固体半焦中，只有Hg会伴随气体颗粒物散发出去，可通过气体过滤装置减少Hg对大气的污染。虽然在气化过程中会控制条件朝着有利于气体生成的方面进行，但是不可避免地会生成少量的焦油，焦油的产生会造成能量损失、环境污染，并会堵塞管道和腐蚀设备等，如何减少气化过程中的焦油产生量，是急需解决的问题。在年处理800~1000t污泥的气化厂，每吨污泥的处理成本达到350~450欧元，如此高的处置成本，很难被发展中国家所接受。

热解法是在无氧或缺氧条件下加热污泥，使其中的有机物分解为不凝气、热解液及固体半焦。污泥热解根据温度不同分为高温热解（600~1000℃）和低温热解（<600℃）。热解与焚烧和气化的主要区别在于实验气氛不同，热解是在无氧（供O_2量为零）条件下的反应，而焚烧是在氧气过量（供O_2量大于1）的条件下进行的反

应。气化是在有氧存在但供氧量（供 O_2 量小于 1）又不能引起燃烧的情况下进行的。

污泥热解过程中得到热解油、水、可燃气和固体半焦，并无污染物排放，而且减量化效果良好，在得到可燃气和燃料油的同时，还可以将污泥中的重金属稳定在固体半焦中。热解工艺具有占地面积小、运行成本低等优点，具有良好的环境效益和经济效益，是应用前景广阔的污泥处置技术。

6.2 污泥热解工艺

6.2.1 热解工艺技术分类

根据供热方式、产品状态、热解炉结构等方面的不同，污泥热分解方式也各不相同。

（1）根据供热方式分为直接加热法、间接加热法。直接加热法是指热解反应所需的热量是被热解物直接燃烧或向热解反应器提供的补充燃料燃烧产生的热的方法；间接加热法是指将被热解物料与直接供热介质在热解反应器中分离开的一种热解方法。

（2）根据热解温度的不同分为高温热解、中温热解、低温热解。高温热解是指热解温度在 1000℃ 以上的热解过程，其加热方式一般采用直接加热法的热解过程；中温热解指热解温度在 600~700℃ 之间的热解过程，主要用在比较单一的物料进行能源和资源回收的工艺上，如废橡胶、废塑料热解为类重油物质的工艺；低温热解是指热解温度在 600℃ 以下的热解过程。农林产品加工后的废物生产低硫、低灰炭时就可采用这种方法，其产品可用作不同等级的活性炭和水煤气原料。

（3）根据热解炉的结构分为固定床、移动床、流化床和旋转炉等。

（4）根据热解产物的物理形态分为气化方式、液化方式和碳化方式。

（5）根据热解与燃烧反应是否在同一设备中，热分解过程可分为单塔式和双塔式。

根据热解过程是否生成炉渣分为造渣型和非造渣型。

污泥热解的主要工序包括污泥脱水—干燥—热解—炭灰分离—油气冷凝—热量回收—二次污染防治等过程。典型的热解基本流程如图6-1所示。

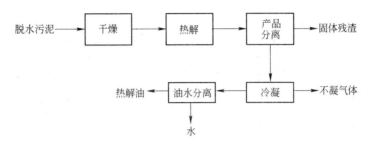

图6-1 污泥热解的基本流程

6.2.2 热解工艺的发展

有关污泥低温热解技术的最早报道可追溯到1939年的一项法国专利，在该专利中Shibata首次阐明了污泥的热解处理工艺。到20世纪70年代，德国科学家Bayer和Kutubuddin对该工艺进行了深入研究，开发了污泥低温热解工艺，流程如图6-1所示。

热解过程在微正压、热解温度为250~500℃、缺氧的条件下进行，停留一定时间，污泥中的有机物通过热裂解转化为气体，经冷凝后得到热解油。污泥热解油主要由脂肪族、烯族及少量其他类化合物组成。通过比较污泥及其衍生油与石油的烃类图谱，Bayer认为污泥转化为油的过程是一系列生物质脱氨、水和二氧化碳反应的综合，与石油的形成过程类似，油的来源主要是污泥中的脂肪和蛋白质。

1983年，Campbell和Bridle在加拿大采用带加热夹套的卧式反应器进行了污泥热解中试试验。他们通过机械方法先将污泥中的大部分水和无用泥沙去掉，再将污泥烘干；然后将干污泥放进一个450℃的蒸馏器中，在与氧隔绝的条件下进行蒸馏。结果，气体部分经冷凝后变成了燃油，固体部分成为炭。但由于热解产物中存在表面活性剂等原因，油水分离困难，热解效率较低。Campbell 还重点解释了热解油中含有较长的碳直链的原因，认为这是污泥中逸出的有机蒸气与残炭间发生了相际催化反应的结果。

1986 年，在澳大利亚的 Perth 和 Sydney 建立起第二代试验厂，其实验结果为大规模污泥低温热解油化技术的开发提供了大量的数据和经验。20 世纪 90 年代末，第一座商业化的污泥炼油厂在澳大利亚的 Perth 的 Subiaco 污水处理厂建成，处理规模为每天处理 25t 干污泥，每吨污泥可产出 200 ~ 300L 与柴油类似的燃料和半吨烧结炭。该专利工艺为 Enersludge 工艺，工艺生产流程如图 6 – 2 所示。

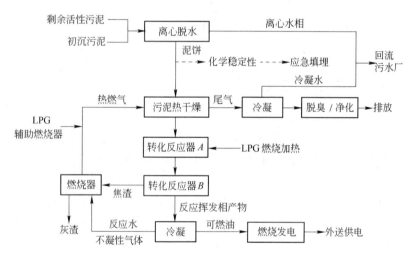

图 6 – 2　Enersludge 工艺生产流程

该工艺采用热解与挥发相催化改性两段转化反应器，使可燃油的质量得到提高，达到商品油的水平。污泥的干燥过程所需的能量主要由热解转化的可燃气体提供。热解后的半焦通过流化床燃烧，尾气处理工艺简单，排放的气体达到德国 TALuft（全球最严格的废物焚烧尾气控制标准）标准。

我国同济大学环境学院何品晶教授也在我国的污水厂污泥热解方面做了大量工作。同济大学利用回转式管式炉进行了小试实验研究。推荐的污泥热解小试操作参数为：反应温度270℃，停留时间30min，油收得率为20.1%，油的热值为33.3MJ/kg，炭收得率为77%，炭的热值为14.2 MJ/kg。通过对污泥热解过程的能耗分析认为，热解过程为能量净输出，最终排放物符合现行的环境标准，处理成本低于焚烧法，该技术有较好的应用前景。

在传统热解工艺的基础上，近年来又开发了催化热解技术及微波热解技术。与传统电加热及燃气加热热解工艺相比，微波热解所用的时间更短，且生成的液态油中含氧脂肪类物质含量较高，经检测油中不含有相对分子质量较大的芳香族有害物质。污泥热解过程中加入钠、钾、钙等的化合物作催化剂后，不仅可以加快污泥中有机物的分解速度，而且可以改善热解油的性能，为后续利用创造条件。

随着近年来对环境标准要求的提高和污泥传统处理方法弊端的逐渐显露，污泥是非常有用的资源的观点被广泛接受，一些污泥资源化利用途径的探讨也就被提到日程上来。Lutz 和 Bayer 等对活性污泥、消化污泥及印刷厂污泥低温热解后的油产率及产物特性进行了研究。结果发现活性污泥的产油率最高，达到31.4%，并且污泥中大约2/3 的能量被转移到了油中，而消化污泥的产油率最低，只有11%。因此得出，活性污泥最适合采用热解法进行处理及利用。通过研究还发现，污泥热解油中94.8% 的产物为脂肪族化合物（其中含有26% 的脂肪酸、46% 的软脂酸），4.3% 的烯烃化合物，2.5% 的芳香族化合物。这些化合物除了燃料利用外，还可作为化工业的原材料加以利用。

6.2.3 热解过程的影响因素

热解过程中固、气、液三种产物的比例与热解工艺和反应条件有关，热解过程的影响因素包括热解终温、停留时间、加热速率及方式、污泥特性和催化剂等。

6.2.3.1 热解终温的影响

热解终温对污泥热解产物的影响最大，这是众多学者得到的共

同结论。热解终温对产物的影响如图 6 - 3 所示。Stammbach 等在
450 ~ 650℃内，污泥处理量为 1 ~ 5kg/h，利用流化床研究了消化污
泥的热解特性，发现随着热解终温的升高，固体半焦和水的产率降
低，气体产率增加，热解油产率先增大、后减小，在550℃左右达到
最大。

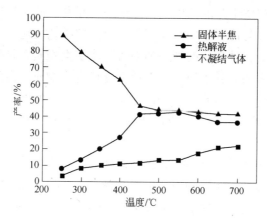

图 6 - 3 热解产物产率随热解终温的变化

Kaminsky 等在 620 ~ 750℃范围内，利用流化床对污泥进行连续
热解实验，处理量为 40kg/h，发现油产率从 620℃的 40.1% 降至
750℃时的 22.1%，气体产率从 22.7% 增至 40.8%，油中的芳环产
物在油中的比例从 620℃的 1.81% 增长到750℃的9.32%。何品晶等
在 200 ~ 450℃内，利用微型石英管炉对污泥进行热解研究，并对污
泥从干燥到热解完全整个过程进行经济评价，得出热解油产率随温
度升高而增大，最佳热解条件是 270℃、停留时间 30min、油产率为
20.1%/有机物。

热解终温在影响产物产率的同时，也会影响各产物的性质和组
成，生成的热解油黏度会随热解终温的升高而降低，气体产物成分
也会随热解终温变化。

A 热解终温对液态产物的影响

由图 6 - 3 可知，热解液的产率随温度的变化有一最大值，在热
解终温为 250℃时只有少量热解液产出，而且低温时热解液主要为水

分的析出；随温度升高热解液产率增加，450℃时热解液产率为41.65%，该温度段污泥中有机物的碳链断裂，发生裂解生成大分子油类，在终温为550℃时达到最大值43%。当温度继续升高时，反应体系中的羧酸、酚醛、纤维素等大分子物质可能发生二次裂解，生成相对分子质量较小的轻质油及H_2、CH_4等，焦油的产率则相应有所下降。

从实验现象看，污泥热解过程中不同温度段产生的热解液的组成、颜色及性状有很大差别。实验过程中当物料温度为165℃左右时，在热解液收集器的内壁上开始形成淡黄色的晶体状物质，如果温度继续升高，会逐渐产生淡黄色的焦油，而且黏度较大，物料温度为356℃左右时热解液的增长速率最大，当温度达到450℃时，热解液中黑褐色油明显增多，且流动性好。污泥裂解后收集的热解液呈现明显的分层现象：最下层为水及水溶性有机物；中间为浅黄色的没有合成完全的热解油，黏稠状，其相对分子质量相对较高；最上层为黑褐色类似于原油的热解油，分子量较小。

当热解终温在250℃左右时，热解液中以水分为主，低温下生成的少量淡黄色晶体漂浮在水面上；超过250℃以后，开始形成浅黄色的热解油；热解终温达到300℃以上时，黑褐色原油类热解油析出；终温达到400℃以上时，黑褐色热解油比例超过浅黄色油。在250～550℃温度范围内，随着热解温度的升高，热解液的体积也在升高，但在450～550℃，热解液产率的变化只有1.35%。热解终温超过550℃后，热解液产率下降，原因在于一部分挥发性物质进入到气体中。虽然550℃后总的热解液减少了，但是黑褐色热解油的产率却在增加，黄色热解油相应地减少，这说明温度升高有利于油的转化。

B 热解终温对固态产物的影响

从图6-3中可以看出：热解温度由250～700℃范围内，半焦的产率逐渐减少；在250～450℃范围内，半焦产率减少很快，从250℃的89%减少到450℃的46.6%，平均热解终温每提高100℃，半焦产率下降21.2%；在450～700℃范围内，半焦产率的减少非常缓慢，从450℃的46.6%减少到700℃的41.5%，平均热解终温每提高100℃，半焦产率下降2%，即热解终温对半焦的产率影响很小。

在250～450℃范围内，发生的反应以解聚、分解、脱气反应为主，产生和排出大量的挥发性物质（可凝性气体和不可凝性气体），且温度越高挥发分脱除的越多，剩余的固态物质就越少。在450～700℃这一阶段，一方面有机质中的可挥发性物质大部分已经脱离出来；另一方面其中间产物存在两种变化趋势，既有从大分子变成小分子甚至气体的二次裂解过程，又有小分子聚合成较大分子的聚合过程，这阶段的反应以解聚反应为主，同时发生部分缩聚反应，因而半焦产率的减少变缓。本研究的相关实验及 Inguanzo 的研究表明，随着温度的升高，半焦中的挥发分含量下降，在450℃以上时，其挥发分含量的变化已很小。

若以脱除污泥中的挥发分为目的的热解反应，其热解终温控制在450℃为宜。超过450℃后，污泥中的挥发分已基本脱除，而由于温度升高所需的能耗会显著提高。

C 热解终温对气态产物的影响

热解过程中产生的挥发性物质中存在着在常温状态下仍为气态的物质（即 NCG）。一般而言，热解终温是影响气态产物产率的决定因素。图6-4表示了气态产物的体积产率随热解终温的变化。

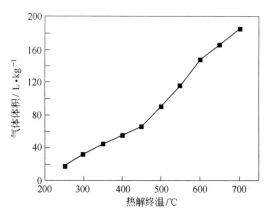

图6-4 热解气的产量随热解终温的变化

由图 6 - 4 看出，热解温度为 450℃时出现转折点，即在 450℃
前后两个温度段内，气体产率的实验数据点均呈很好的线性关系。
在 250 ~ 450℃区间内产率随温度的变化缓慢，从 250 ~ 450℃产率增
加了 49L/kg，平均温度每提高 100℃，气体产率增加 24.5 L/kg；
450 ~ 700℃区间内产率随温度的变化较快，从 450 ~ 700℃产率增加
了 118.4L/kg，平均温度每提高 100℃，气体产率增加 47.36 L/kg。
这一不同段的温度变化规律可分别回归为下式：

$$V = 0.2416t - 40.72 \qquad (6-1)$$
$$V = 0.4859t - 150.58 \qquad (6-2)$$

式中　V——热解气产率，L/kg；

　　　t——热解终温，℃。

对比式（6 - 1）和式（6 - 2）可知，450℃以上高温部分气体
产生速率约为低温下的 2 倍。这一现象可能是在 450℃左右，通常大
分子有机物可能发生二次裂解，无论是一次裂解气还是一次裂解焦
油都可能会发生二次裂解反应。

由图 6 - 3 可以看出，当热解终温低于 450℃时，半焦产率随热
解终温升高而减少，变化明显。此阶段热解气、液产率随热解终温
升高而增加；热解终温在 450℃以上时，半焦的产率继续减少，但变
化很小，直至 700℃时只减少了 5.1%；在这一温度段，热解气的产
率在持续增加，而热解液产率则持续下降，说明在这一阶段热解液
产率的减少是热解气产率增加的主要因素。热解液产率的减少，一
方面是由于原料中的大分子有机物在高温下更多地直接断裂为小分
子的有机气体，使得生成焦油的产率减少；另一方面作为中间产物
的焦油中的高分子量碳氢化合物在高温下又进一步发生裂解，生成
小分子的二次裂解气。

国内同济大学也对该工艺做了实验研究，发现污泥在 450℃以下
时，温度上升，产油率上升，而且经微生物处理程度越低的污泥，
有机物含量越高，其产油率也越高；炭焦的热值与反应温度基本呈
反比；污泥热解制成的炭为无光泽多孔状黑色块（粒），炭体积约为
原有污泥体积的 1/3，污泥炭产率随温度上升而下降，为取得较高产

炭率，可将热解温度控制在300℃以下，可得到燃烧性能较好的污泥炭，且此时全系统的能量回收效率最高。此过程的生产性规模设备还处于发展之中。澳大利亚、加拿大正在研制的该过程反应器的特点是带加热夹套的卧式搅拌装置，反应器分成蒸汽挥发和气间接触两个区域，两区域间以一个蒸汽内循环系统相连接，从而满足了反应机制对反应器的要求。

6.2.3.2 停留时间

污泥热解过程中所产生的有机物在高温条件下会发生反应，为减少有机物的二次分解和相互反应，缩短其在高温区的停留时间是有效方式。Stammbach & Kummer 认为在污泥热解过程中，停留时间对热解产物的影响程度仅次于热解终温。Piskorz 等利用流化床进行污泥热解实验研究，选用的温度范围为 400 ~ 700℃，停留时间为 0.3 ~ 1s，污泥处理量为 2kg/h。在 450℃，停留时间为 0.3s 条件下，油产率为 53.7%；当停留时间为 1s 时，液体产率将至 43.5%。可见，随着有机蒸汽的停留时间增加，液体产率降低很多。

Shen 和 Zhang 利用流化床对活性污泥进行热解油化研究，温度范围为 298 ~ 601℃，停留时间为 1.5 ~ 3.5s，通过对产物产率进行分析认为，高的热解温度和长的停留时间有利于不凝气的生成；在 525℃，停留时间 1.5s 时，油的产率最高为 30%，通过色谱分析发现随停留时间变长，热解油中含量最大的有机物的出峰时间左移，表明小分子有机物含量增加，可能的原因是大分子物质发生了二次分解。

Shen 和 Zhang 利用两级回转窑对污泥和易腐垃圾进行混合热解研究，处理量为 600g/h，热解温度为 400 ~ 550℃，停留时间为 20 ~ 60min；发现高的热解温度和低的停留时间会得到较高的热解油产率，而高的热解温度和长的停留时间会降低热解油产率，在热解终温为 550℃ 和停留时间为 20min 条件下，污泥比例不同的各种原料都得到最大的热解油产率。

李海英利用固定床热解炉进行污泥热解研究发现，随着热解反应时间的增长，各种加热条件下污泥热解气体产物的产率均存在峰值，而且曲线有规律地波动，这种产气率的波动是与热解的反应进程密切相关的。例如，当热解加热速率为5℃/min、热解终温为500℃时，气体产率随时间的变化曲线的第一个峰值对应的反应时间为105min，对应的炉子壁温已达到500℃、物料中心温度为362℃、距中心42.5mm处温度为367℃、距中心85mm处温度为432℃，这时物料各处的污泥中有机质都达到了裂解温度，因此，产生的气体量迅速增加。当反应进行到150min左右，有机质裂解释放出的挥发分开始有所降低，到200min时，气体产量已经很少。当热解终温较低时，物料内部温度也较低，热解终温为250℃以下时，气体产物很少，经冷凝后生成少量水；但当热解终温超过500℃后，气体的总产量及瞬时产气率都较高，热解终温越高，瞬时产气率越大。当终温为700℃时，气体的瞬时产率可达0.00456m³/min，而且温度越高，曲线中峰的宽度越小，也就是产气时间随温度的升高而降低。

通过比较相同热解终温但不同加热速率下气体的产率发现：加热速率越高，气体的瞬时产率最大值出现得越早；热解终温越高，这种倾向越显著。

6.2.3.3 升温速率

Inguanzo等利用固定床在450~850℃之间对污泥热解进行研究，分析了产物与升温速率的关系，得出：液体产率在低温450~650℃之间，受升温速率影响较大；当热解终温高于650℃时，加热速率对液体产率的影响可以忽略。

在污泥热解过程中，低温段形成的热解液很少，升温过程也很短，因此热解液受到加热速率的影响在低温段很小。但当达到一定温度水平后，有机物的裂解反应很剧烈，而且很复杂，这时加热速率对反应进程的影响较大。加热速率对热解液的产率影响在高温段较明显，在低温段达到热解终温所需的时间较短，而热解液的形成在低温时主要在保温过程，因此受到加热速率的影响较小。在热解高温段，达到450℃以上时，在升温过程中已发生了强烈的裂解，而且温度越高，受加热速率的影响越大。在 450~550℃时，加热速率越慢，热解过程停留的时间较长，产生的挥发性气体较多，但由于温度较低，这些挥发性物质以长链有机物为主，冷凝后形成的焦油量较大。在 550~650℃温度范围，由于温度升高，引起了大分子挥发物的二次裂解，加热速率慢时，有一部分有机物裂解成气态，生成的焦油量略有减少。

热解达到热解完全时，加热速率对固态产物的产率影响不是很大，这主要是由于实验过程中以不再产生气体作为反应终止时间，因此最终半焦的产率受到加热速率的影响不大。但在 350~550℃温度范围内，不同加热速率下固体半焦的产率略有不同，而此阶段正好是热解反应最激烈的温度段。加热速率越低时，固体半焦的产率略低。原因是在热解过程中，加热速率越低，物料在此反应阶段停留的时间则越长，热解得越完全，剩余的固体半焦量也就越少。

在相同的热解终温下，热解速率较低时，由于热解过程中停留的时间较长，因此形成的不凝结气体量都相应较多。在高温时，可能由于小分子气体的聚合作用加强，使得低加热速率时气体的产量略有下降。

6.2.3.4 污泥性质

Lutz 等利用热管炉对活性污泥、消化污泥和油漆污泥进行热解研究，热解终温为380℃，通过研究发现：不同原料污泥的热解油产率不同，其中活性污泥热解油产率最大为31.4%，消化污泥和油漆污泥的热解油产率分别为11%和14%；而且热解油的成分也很不相同，活性污泥、消化污泥和油漆污泥热解油的脂肪酸含量分别为26%、2.5%和3.4%，可见不同的原料污泥所产生的热解产物也不同。

根据一项法国专利，德国哥廷根大学发展后首先提出了污泥热解工艺：干燥污泥加热至 300~500℃，停留时间 30 min。加拿大的研究人员对此工艺做了进一步的研究。通过对英国、加拿大、澳大利亚三国的 18 种不同污水厂污泥进行了连续反应实验，结果表明：相同条件下，不同性质污泥经热解后，产物产率分布是不相同的，生污泥油产率明显高于消化污泥；在热解产物中，不凝性气体热值很低，产率也不高，但带有很强烈的臭味，其中含有一氧化碳、硫化氢、甲烷、甲硫醇、二甲硫醚、二甲二硫醚和氨等，这类气体属可燃性气体，可通过燃烧脱臭，所产生热能可作为补充能源用，但要增加相关设备；转化产生的油热值高，是过程的主要产能产物，收集起来后可作为可储存能源利用（与轻柴油混合后可达到加热用燃料油的品质）；转化产生的固体，通过流化床燃烧，燃尽率大于99%，其热能可满足前置干燥的需求，使其衍生油可能成为净回收产品。该工艺的环境安全性较好，污泥中的含氯有机物和多环芳烃在热解过程中可有90%和80%的分解率，余者少量存在于油中；污泥中重金属在热解过程中不挥发，且全部存在于固相产物中，固相产物中无含氯和多环有机物，使炭焦焚烧尾气可处理性好。

6.2.3.5 预处理

污泥热解前需进行干燥预处理，这将造成大量的能源消耗，为节约能源，英、美等国有人提出了直接热解油化法，即污泥在300℃、100×10^5Pa条件下反应生成油状物。该方法适用于生活污泥处理，能增加有机质的转化率，燃油率达16%，充分实现了污泥资源化，但应对恶臭问题进行有效解决。日本采用在250~350℃、7.8~17.6MPa压力下以碳酸钠作为催化剂进行污泥油化，反应1~2h，结果证明是产能型工艺。

从设备构成看，污泥低温热解比污泥焚烧要增加预干燥器、油水分离设备。因此设备费会有所增加，但污泥热解所需温度（≤450℃）比污泥焚烧所需温度（800~1000℃）低，因此前者运行费用远低于后者。且污泥热解后生成的油和炭，还可出售或辅助二次燃烧分解获得一部分收益。二项相抵，污泥低温热处理成本为直接焚烧的80%左右。何品晶等对此做了详细的研究，结果表明低温热解是能量净输出过程，成本低于直接焚烧。

6.2.3.6 其他因素

加热方式、催化剂的加入都会影响污泥热解产物的分布。

Domínguez 等利用微波加热和电加热两种设备对污泥热解特性进行研究，发现微波的加热速率高于电加热，两种加热方式下所得到的气体产物有很大差别，电加热产生的热解气中含有大量的碳氢化合物，因此气体热值较高，另外在污泥中加入石墨或热解半焦作为微波吸收介质的情况下，会提高热解气中 CO 和 H_2 的产量。两种加热方式所产生的热解油组成有很大不同，微波加热产生的热解油主要由脂肪、脂、羧基和氨基类有机物组成；而电加热产生的热解油主要为芳香族有机物，还含有少量的脂肪族、脂和腈类有机物。Menéndez 等通过微波热解湿污泥得到与 Domínguez 等相似的规律，还发现当污泥中加入 CaO 也会提高 H_2 产量。

Kim & Parker 研究了催化剂和预处理对污泥热解产物的影响，发现催化剂（沸石）的加入不会提高热解油产率，但可以降低半焦产率，表明催化剂的存在有利于生成热解气；污泥的酸预处理只是对原污泥中的挥发分进行提取，也并没有提高热解油产率；热解油产率与污泥种类有很大关系。

污泥低温热解能量回收率高，经济性优于焚烧处理，是大有前途的处理方法。在热解机理和动力学研究、工艺和设备的改进方面有待进一步探讨。

6.2.4 热解设备

目前已开发的污泥热解设备主要有带夹套的外热卧式反应器和流化床热解工艺，其热解反应器及工艺流程分别如图 6-5 和图 6-6 所示。近年来出现的用于生物质热解设备如真空移动床、旋转锥及用于快速热解的烧蚀涡流反应器等在污泥热解中的应用还未见报道。现已开发的这些热解设备在实际操作过程都存在某些弊病。例如，卧式搅拌反应器工艺中污泥在低温段热解后容易发生粘壁现象，而且热解油的产率也较低；Lilly 等利用流化床工艺热解，污泥的减量化达到 55% 左右，但热解产物的回收率也不太理想。目前还缺乏操作简单、成本低、效率高的热解工艺技术。

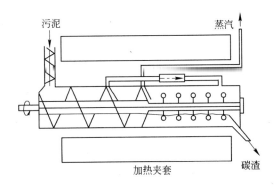

图 6 - 5　卧式搅拌反应器

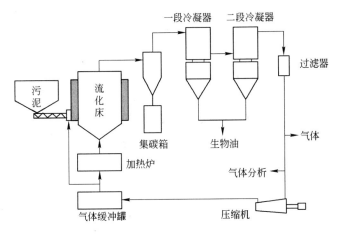

图 6 - 6　流化床反应器工艺流程

6.3　产物分析

　　热解的目的是尽可能多地得到热解液体，但在实际操作过程中，气体和固体产物不可避免地会产生，而且占有很大的比例，本研究对各类产物的特性和应用进行分析。

　　污泥热解产物分析十分有必要，产物特性直接影响其应用价值及应用途径。在此根据前人研究结果，针对气、液、固三种产物进行产物性质和应用前景分析。

6.3.1 气体产物特性及应用前景

　　李海英通过气相色谱对污泥热解气体的研究发现：不同温度情况下，气体组成不同，主要由 H_2、CO、CH_4、CO_2、C_2H_4、C_2H_6 等几种成分构成的混合气，除 CO_2 外均为可燃气体；此外，热解气中还含有少量的 C_3、C_4、C_5 等气体，由于含量较少，未做分析。具体结果如图 6-7 所示。由图 6-7 可知：在低温段，主要气体产物为 CO_2，只有少量的 CO 和 CH_4 气体，热解终温在 300℃ 以下时，热解气不能燃烧。当热解终温达到 350℃ 以上时才产生 H_2、C_2H_4、C_2H_6。气体中 H_2 的含量随着温度的升高而升高，且温度 450~600℃ 时 H_2 的产量增加很显著，在 450~600℃ 温度范围时，CH_4 气体的含量也明显提高。450℃ 左右，C_2H_4、C_2H_6 含量达到最高，随着温度的增加而逐渐减少，这是因为随反应温度的增加及污泥中含有的重金属的催化作用，脱氢反应加剧，越来越多的大分子碳氢化合物分解释放出 H_2 和 CH_4。这种现象也证实了在 450℃ 左右有机物发生了二次裂解。根据气体组成估算：热解终温在 450℃ 时，气体的热值可达到 12347.25kJ/m^3 左右；在 600℃ 气体的热值最高，达到 16712kJ/m^3；当温度超过 600℃ 时，热值有所降低。

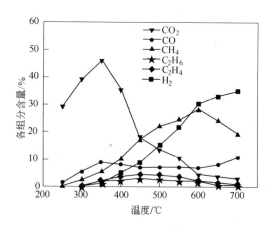

图 6-7 热解气成分平均值随热解终温的变化

总结文献报道发现：热解气的热值在 $6 \sim 25 MJ/m^3$ 之间，变化很大，热值的大小与气态碳氢化合物的含量有关。热解气大约占到全部热解产物的 1/3，此部分气体在大多情况下作为燃料烧掉，所产生的能量用以补充污泥热解所需能量，这样既可以减少热解过程中其他能量的消耗，也可以解决气体的收集和运输问题。

6.3.2 液体产物特性及应用前景

对于热解来说，液体产物可以作为目标产物，其特性及应用前景直接影响该工艺技术的经济效益。

6.3.2.1 液体产物物理性质

热解后污泥中的可凝结挥发性物质，冷凝后形成了热解液。热解液主要包括反应生成的少量水及不溶于水的油状有机物。热解液具有易储存及易运输等特点，可作为能源或化工原料加以利用。

热解液呈现明显的分层现象，最下层为少量水，中间为淡黄色的没有合成完全的热解油，最上层为黑褐色类似于原油的黏稠状热解油。由此可知，热解终温越高，黑色油状物越多，焦油的密度越小。

从热解液的流动性看，在低温段产生的热解液黏度较低，呈水状，而高温段的热解液黏度较高；尤其是没有合成完全的淡黄色热解液，流动性较差，类似泥状，而高温段产生的黑色热解液，黏度相对较低。

6.3.2.2 液体产物性质及应用前景预测

A 液体产物化学组成

热解液是污泥热解的目标产物，是污泥中有机物受热分解的蒸汽经冷凝后得到的产物，具有容易储存和运输等特点，性质和原油相似，可作为燃料或化工原料加以利用。热解液产率与污泥自身的性质和热解条件有关，在 3% ~70% 之间，在污泥热解的三类产物中，人们对热解液的研究最多。污泥热解液包括水和有机物两部分，这两部分的比例也与热解条件有很大关系，水相所占比例为热解液质量的 2% ~10%，水相的 pH 值在 8 左右，是由于污泥分解所产生的溶于水的低分子含氮有机物呈弱碱性。水相中含有一些可溶性的醇、脂肪酸和酯等低分子有机物，在水中的比例为 2% 左右。Elliott认为水中有机物浓度太低，常规的 IR、核磁共振等检测方法很难确认水中有机物的种类。热解油是一种含有多种有机物的复杂混合物，因有机组分性质的不同，会出现分层现象。李海英等认为除去水相后的污泥热解油分为上下两层，而 Fonts 等发现热解油分为三层，但他们都认为上层油具有密度小、黏度低、热值高的优点，适合做高附加值燃料。

热解油的有机组成也是各国学者研究的重点，为了搞清楚热解油中包含的有机物种类，多种化学分析方法都应用到其中，如元素分析仪、GC、GC - MS、核磁共振、FTIR 等。大家一致认为污泥热解油中含有烷烃、烯烃、芳烃、有机酸、脂肪酸、含氧有机物和含氮有机物。因热解条件不同热解油的组成也不尽相同，Fonts 等在 450 ~ 650℃ 范围内，通过不同的给料速率研究污泥液体产物的变化，采用 GC - MS 分析发现在不同情况下各类有机物含量均不相同，主要就是脂肪族碳氢化合物、芳香族碳氢化合物、含氧脂肪酸、含氮芳香族化合物和类固醇，其他有机物含量很少。Vieira 等在 380℃ 利用 GC - MS 分析了连续式和间歇式实验装置的污泥热解油中的代表性有机物，包括甲苯、乙苯、苯乙烯、异丙基苯、α - 甲基苯乙烯、丁腈和二苯丙烷，在两种情况下各有机物的含量分别为 4.7% 和 7.9%、6.5% 和 11.8%、35.8% 和 14.2%、2.4% 和 4.7%、21.9% 和 8.3%、9.2% 和 9.6%、7.0% 和 7.3%，原因是在两种实验条件下挥发性有机物在高温区的停留时间不同导致生成物不同。

污泥热解油中含有大量的芳香族和含氮有机物，这些有机物中有许多毒性较大，人们对此进行了实验研究。Fullana 等采用 GC - MS 分析热解油成分发现，含氮化合物主要是氰基化合物和杂环芳香族化合物，而原料污泥中蛋白质 N 以氨基形式存在，N 与芳环形成杂环化合物的结构很少见，因此推断这些化合物是经历了二次反应才形成的。含氮有机物中存在大量溶于水的有机物，Fonts 等研究发现通过水洗可以去除热解油上层油中 12% 的 N。PAHs 因毒性较大往往受到人们的关注，Sánchez 利用石英管反应器研究了在 350 ~ 950℃

内温度升高对污泥热解油成分的影响，发现油中正构烷烃和 1 - 烯烃的含量随温度的升高而减小；而芳香族化合物含量随温度的升高呈现不同的变化规律，在 350℃、450℃、550℃ 和 950℃ 时，总的 PAHs 含量分别为 1.70%、2.34%、1.51%、1.97%，含有 2 ~ 3 个芳环的有机物在 450℃ 时含量最大，4 个芳环以上的有机物含量随温度升高而增加，在 950℃ 时含量最大；认为 PAHs 含量的变化是由于挥发有机物的停留时间过长，发生二次反应的结果，污泥热解油在使用过程中需要注意 PAHs 这类有毒物质。Kaminsky 和 Kummer 在研究过程也发现芳香族有机物的含量随温度升高而增大，苯的含量从热解终温为 620℃ 时的 1.81% 增加到 750℃ 时的 9.32%。

污泥热解油主要是由 C、H、N、S、O 五种元素组成，其中 C 含量约为 75%、H 约为 9%、N 约为 5%、S 约为 1%、O 约为 20%，由于热解油中含有大量的 C、H 元素，所以热解油具有很高的热值，随着热解油中的含水率不同，发热量范围在 15 ~ 41MJ/kg 之间，单单从发热量来看，热解油可以是很好的燃料。

污泥热解油中有机物的碳链长度在 C3 ~ C31 之间，而柴油的有机物分子的碳链长度在 C11 ~ C20 之间，表明热解油含有较多的易挥发和沸点较高的有机物。Chang 等通过 GC 分析含油污泥热解产生的热解油发现其中含有的轻、重石脑油或汽油的含量与柴油很相近，H/C 也与燃料油相似，但是在高温条件下剩余残渣量较大。Fonts 等认为热解油的上层部分可以直接与柴油混合使用，与柴油的比例为 1:10 时，可以直接作为柴油机燃料；而中间层和下层的热解油因为 N、S 含量超标，可以作为石灰窑的燃料，如果经过脱 N、S 加工可以作为高品质燃料。

B　燃料特性分析

若将污泥热解油用作石油的替代品，必须保证其具备柴油等矿物油成分的基本特征。根据 Kevin J. Harrington 的研究，作为柴油替代品的理想物质应具有以下的分子结构：具有较长的碳直链；双键的数目尽可能地少，最好只有一个双键，并且双键位于碳链的末端或均匀分布在碳分子链中；含有一定的氧元素，最好是酮、醚、醇类化合物；分子结构中尽可能没有或只有少数碳支链；分子中不含芳香烃结构化合物。

具备这些分子结构特性的原因在于：碳链较长，可以保证有较高的沸点，不易挥发，有利于安全储存、运输和使用；但碳链过长，则会使熔点过高，使流动性和低温性能变差，一般认为 C 原子数在 16～19 为宜；含有双键可保证在常温下保持液态，增强流动性，特别是低温流动性，这是保证作为燃料使用的必要条件；双键过多会使物质不稳定，且燃烧不完全，影响作为燃料的适用性；双键位于分子的末端或均匀分布，可增加抗震性，并易于点燃；没有支链可以使燃料易于氧化，保证充分燃烧，不会产生炭沉积而堵塞烧嘴现象；没有芳香烃存在，可保证不产生炭黑；此外，长链结构还能使燃料与其他矿物油相混合。

Lilly 等采用色质联用技术对热解温度为 525℃ 的污泥热解油的成分进行了分析研究，从热解油的分子量看，大部分有机物的分子在 360 左右，450℃ 前生成的热解油中分子小于 150 的轻质油含量较少，热解油中主要为 C13～C32 的大分子直链化合物；而超过 450℃ 后，热解油中碳原子数小于 C9 的轻质油含量急剧增加，而且通过 Lilly、Adegoroye 等的分析，污泥热解油的分子结构与理想柴油替代品的结构类似。因此，从理论上讲，污泥热解油具有代替矿物柴油的可能性。

a 燃料油特性

用于燃料特性测试的为蒸馏脱水后的无水热解油，燃料特性大都按照中华人民共和国石油化工行业标准《燃料油》（SH/T 0356—1996）所规定的项目进行测试，水分和机械杂质通过含水率和固体物质含量来确定。污泥热解油的燃料特性分析结果见表 6－1。

表 6－1 热解油的燃料性质

燃料特性		热解油	2 号	4 号（轻）	4 号
20℃密度/kg·m^{-3}		935～961	≤ 872	≥ 872	—
水和沉淀物/%		未测定	≤ 0.05	≤ 0.5	≤ 0.5
40℃运动黏度/mm^2·s^{-1}		见图 6－8	≥1.9（≤3.4，100℃）	≥ 1.9（≤5.5，100℃）	≥ 5.5（≤24，100℃）
馏程/℃	10%	见图 6－9	≥228	—	—
	90%		≤ 338	—	—

燃料特性	热解油	2 号	4 号（轻）	4 号
铜片腐蚀 （3 h，50℃）	1 级 h	≤ 3	—	—
倾点/℃	8	≤ - 6	≤ - 6	—
闪点/℃	33	≥ 38	≥ 38	≥ 55
硫含量 /%	1.2	≤ 0.5	—	—
10% 蒸余物 残炭 /%	3.8	≤ 0.35	—	—
灰分 /%	0.11	—	0.05	0.10

由表 6 - 1 可以看出：

（1）热解油在 20℃时的密度在 935 ~ 961kg/m³之间，而含水热解油密度在 971 ~ 984 kg/m³之间，原因是水的密度比热解油密度要大。与燃料油的标准进行比较，热解油密度要高于 2 号燃料的要求（≤872 kg/m³），可以满足 4 号（轻）燃料油的要求。

（2）由于热解油是黑色的，无法清楚看到析出的水和机械杂质，因此本研究未对此项目进行分析。只是对热解油的含水率进行分析，经过蒸馏脱水后热解油的含水率为 2.5%。所含的水分可能来源于两部分：其中一部分是轻质组分中含有的水，在把轻质组分与剩余油混合时，水也一起进入热解油中；第二部分就是热解油中的一些有机组分在受热情况下会发生反应而生成的水，由于热解油中含有大量的不饱和有机物，这些有机物很不稳定，在受热情况下会相互发生反应而生成水。2.5% 的含水率不会对热解油的应用造成影响。固体颗粒物含量见非燃料性质分析结果。

（3）热解油的运动黏度随温度的变化如图 6 - 8 所示。通过图 6 - 8 可以看出，热解油的黏度受温度的影响很大，随着温度的升高，运动黏度逐渐降低。热解油的运动黏度从 20℃的 15.22mm²/s 降至 80℃的 2.65mm²/s。在 20 ~ 50℃之间运动黏度降低了 9.72 mm²/s，但在 50 ~ 80℃之间的高温范围内只降低了 2.79mm²/s。原因是随着温度升高，热解油中有机物之间的摩擦力减小，运动黏度也会降低，当升高到一定温度时，有机物之间的摩擦力已经足够小，温度的升高对摩擦力的影响很小，因此运动黏度变化也较小。

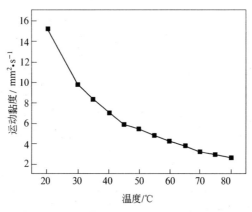

图 6-8 热解油的运动黏度随温度的变化

污泥热解油在 40℃时的黏度为 7.02mm²/s，高于 2 号和 4 号（轻）燃料油的运动黏度要求，但能够满足 4 号燃料油黏度要求（40℃时≥5.5 mm²/s 和 100℃时≤24 mm²/s）。

无水乙醇对改善热解油的性质有很大帮助，它可以降低热解油黏度和气味，提高热解油稳定性等，是一种操作简单、成本低廉的热解油加工方法。本研究通过向热解油中加入少量无水乙醇，讨论热解油的性质变化。

40℃时热解油运动黏度随加入无水乙醇体积含量而变化，热解油运动黏度随无水乙醇含量的增大而减小，当无水乙醇含量为 5% 时，运动黏度从 13.3mm²/s 降至 10.2mm²/s，降低了 24%；当乙醇含量为 20% 时，运动黏度降至 7.0mm²/s，降低了 47%。可见无水乙醇含量对热解油运动黏度的影响很大，原因为无水乙醇流动性好，其加入可以起到稀释热解油的作用，降低热解油的运动黏度。

然而无水乙醇的加入对热解油的闪点造成不利影响，由于乙醇的易挥发性，会增加热解油中易挥发组分含量；热解油闪点从 33℃分别降至无水乙醇含量为 5% 的 25℃和含量为 10% 和 20% 的 20℃以下，使得闪点更加偏离燃料油的标准要求。另一方面，无水乙醇的加入只是通过稀释作用在一定程度上降低了固体颗粒物含量，但是热解油中的总固体量并没有变化。

（4）热解油的铜片腐蚀结果为 1 级 b，满足各个型号燃料油的要求。热解油的腐蚀性不大，与其有机物性质有关，热解油的 pH 值约为 8.6 呈弱碱性，所以腐蚀性较弱。Dominguez 等认为污泥中蛋白质受热分解过程中产生的一些低分子可溶性和碱性的含氮有机物是热解油呈碱性的原因。本研究在进行热解油含水率测定和蒸馏脱水实验时，在冷凝管出口处发现有铵盐生成，表明热解液中氨气或铵盐的存在，氨气来源于污泥中含氮有机物的分解。

（5）热解油的馏程曲线如图 6-9 所示，原油在 450℃ 只能蒸馏出约 50% 的质量，而热解油在 380℃ 以下能蒸馏完全，热解油比原油含有的高沸点有机物少。热解油的初馏点为 65℃，10% 馏出温度为 148℃，终馏点为 374℃，最终馏出比例为 93%，90% 馏出温度为 365℃。2 号燃料油标准要求的 10% 馏出温度 228℃，而 90% 馏出温度低于 338℃。热解油在 228℃ 时的馏出比例约为 23%，338℃ 时的馏出比例约为 68%，不能满足 2 号燃料油的要求，原因是热解油中含有大量的低沸点和高沸点的有机物，如果能够去除热解油中约 10% 易挥发有机物和高沸点有机物，可以得到与 2 号燃料油接近的油品。

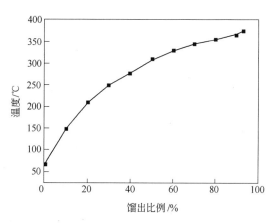

图 6-9　热解油馏程曲线

（6）热解油的闪点为 33℃，不能满足燃料油高于 38℃ 的要求，闪点低的原因是其中含有大量易挥发有机物。而含水热解油闪点为 53℃，比无水热解油的闪点 33℃ 要高 20℃，是由于水的分压会减少热解油上方的有机蒸汽分压，因此提高了热解油的闪点。去除轻质组分也能够使热解油闪点升高，稍重组分的挥发温度较高，所以闪点相应升高。

（7）倾点高低反映了热解油的低温应用性能。热解油的倾点为8℃，高于4号（轻）燃料油标准要求的 -6℃，因热解油中存在分子量大的有机物在较高温度下就会凝固，导致热解油的倾点较高。如果将热解油作为燃料油使用，最好在气温较高的季节使用，若需要在寒冷的冬天使用，应对热解油进行预热。

（8）硫燃烧会生成大气污染物 SO_2，硫含量是燃料品质的重要指标。热解油的硫含量为 1.2%，高于2号油低于 0.5% 的要求。为保护环境，热解油应在使用前进行脱硫或燃烧后对烟气进行脱硫处理。

（9）10% 蒸余物残炭指蒸出 90% 的油后剩余物的残炭。热解油的 10% 蒸余物残炭值为 3.8%，远远大于2号燃料油要求，热解油残炭较高与热解油本身的性质有关，热解油中的有机物在长时间受热时发生反应，生成的重质大分子增加残炭量，另一方面热解油中较高的无机物含量也是残炭高的原因之一。

（10）灰分是油品燃烧后的剩余不可燃物。热解油的灰分为0.11%，高于4号油标准要求，在热解过程中污泥中的一些无机尘粒和无机盐热类分解随有机蒸汽一起冷凝到热解油中，导致热解油灰分较高。

通过对比热解油的燃料性质与燃料油标准要求，发现除了闪点和灰分外，其他各燃料性质均可满足4号燃料油要求，因此认为热解油经过去除少量轻质组分和固体有机物之后，可以作为4号燃料油使用，在使用过程中应该注意采用脱硫设施减少 SO_2 对大气的污染。

b 非燃料性质

虽然热解油具有良好的燃料特性，可以作为4号燃料油使用，但是一些非燃料性质也会对热解油的利用产生影响。金属离子会影响油的品质；固体颗粒物会堵塞设备进而影响燃烧系统；热解油中的不饱和有机物会导致热解油的成分和性质变化。本研究对上述热解油三个方面的性质进行分析。

（1）金属离子含量。热解油中的金属离子来源于污泥中金属盐类的分解和挥发，在冷凝过程中与有机物蒸汽一起被冷凝进入热解油中，本节将原料污泥与热解油一并进行分析。原料污泥和热解油的金属离子含量见表6-2。

表6-2 原料污泥和热解油的金属离子含量 （mg/kg）

金属离子	原料污泥	热解油	金属离子	原料污泥	热解油
Al	15227	74	K	171	230
As	0	0	Mg	289	108
Ca	14970	471	Mn	98	3
Cr	78	12	Na	284	66
Cu	105	48	Pb	49	0
Fe	740	103	Zn	652	88

由表6-2可以看出，原料污泥中 K、Ca、Na、Mg、Al、Zn、Fe 的含量均高于171mg/kg，而 Cu、Pb、Cr、Mn 的含量较低，分别为 105 mg/kg、49 mg/kg、78 mg/kg、98 mg/kg。原料污泥中 Al、Ca、Fe 的含量最高，分别达到15227 mg/kg、14970 mg/kg 和740 mg/kg，原因可能是污水处理过程中使用了含有 Al、Fe 的絮凝剂，Ca 含量大可能因为污泥中含有 Ca 离子的沉淀物。

在污泥及其热解油中均未检出 As，热解油中除 K 外，各种金属离子含量均低于原料污泥，热解油中金属离子含量与各种金属盐类在高温条件下的热挥发性有关，另外污泥热解液中的固体半焦颗粒也是金属离子含量大的原因，因为金属离子在热解过程中大都集中到半焦中，而随有机蒸汽一起被冷凝到热解液中的半焦微粒会增加热解油中的金属离子含量。除 K、Ca、Fe、Mg 外，其他金属离子含量均低于100mg/kg，表明 K、Ca、Fe、Mg 的金属盐类容易分解和挥发。对比原料污泥与热解油发现，并不是原料中含量高的金属离子在热解油中的含量就高，最明显的就是 Al 在污泥中含量为15227 mg/kg，而在热解油中只有 74 mg/kg。按照热解油产率30% 计算，热解油中金属离子总量约为污泥中金属离子总含量的10%，在热解过程中污泥中的金属离子大都残留在固体产物或进入热解液中。

金属离子会对热解油的利用造成影响，金属离子的存在会加速热解油的性质变化，在燃烧过程中，金属离子是灰分的主要来源，不能挥发的金属离子会形成金属氧化物或盐类积聚下来，会堵塞设备或影响设备性能。因此有必要对热解油中的金属离子进行脱除。

（2）固体颗粒物含量。污泥热解油中的固体颗粒物含量利用过滤方法测定，经过 2~4μm 的微孔滤膜过滤后，测得固体颗粒物含量为 4.3%，滤液利用 0.45μm 的微孔滤膜进行过滤，得到的固体颗粒物含量为 3.1%，总的固体颗粒物含量为 7.4%。在污泥热解过程中，不可避免地会有一些小的污泥尘粒和固体半焦颗粒会随着有机蒸汽一起挥发出热解炉，因为在冷凝设备前没有安装除尘装置，这些固体颗粒物随有机蒸汽一起被冷凝下来，进入到热解液中。另一方面污泥中未分解完全的有机物也会随蒸汽一起冷凝到热解液中，这些未分解有机物粒径较大，也会被微孔滤膜截留。由于固体颗粒物粒径很小而且都混在一起，因此无法将有机颗粒物和无机颗粒物完全进行分离。

在油品使用过程中，固体颗粒物会造成输油管路堵塞，并造成积炭，进而影响燃烧系统。热解油中存在如此多的固体颗粒物，在很大程度上会影响其应用，因此有必要对颗粒物进行脱除。

（3）热解油的稳定性。热解油的稳定性可以通过热解油成分、运动黏度和含水率的变化来衡量。由于热解油成分十分复杂，虽然现在的分析手段已经很先进，但是想要确定热解油成分的微妙变化，还是无法办到。运动黏度虽然不能确定反应产物，但是可以在一定程度上反映油的成分变化。

选取 4 组运动黏度不同的样品，在 80℃恒温石蜡浴中进行储存，待样品在该环境下存放一定时间，将样品取出来冷却，3 天后热解油的运动黏度增加了约 70%，其中在第一天变化最小，第三天最大。与同条件下的木材热解油相比，污泥热解油运动黏度变化幅度小。原因与热解油的性质有关，木材热解油的 pH 值在 2~3 之间，表明里面含有大量的有机酸，有机酸在和醇发生酯化反应时可以作为催化剂和原料，同时也可以作为其他反应的催化剂；污泥热解油的 pH 值约为 9，其中含有许多碱性含氮有机物，由于缺少酸性催化条件，反应速率较慢。

污泥热解油的稳定性是由于其中含有大量的有机酸、醇、醛等有机物，在长期的储运过程中，这些物质会发生反应，从而造成热解油中有机物的变化。

6.3.2.3 热解液加工产品

热解液含水率 25%，固体颗粒物含量 7.4%，限制了热解油的应用。

通过两步蒸馏法对热解液进行加工，得到轻质组分、中质组分、沥青质和水，具体工艺流程如图 6-10 所示。具体操作过程为：第一步利用简单蒸馏装置，在温度条件为 120~130℃ 范围内，保持 2min，分离出轻质组分和水；第二步为减少沥青质的生成，在减压操作过程中，选用的回流比为 1（回流量/采出量），收集在常压下沸点低于 325℃ 的馏分，蒸馏分离出中质组分和沥青质。

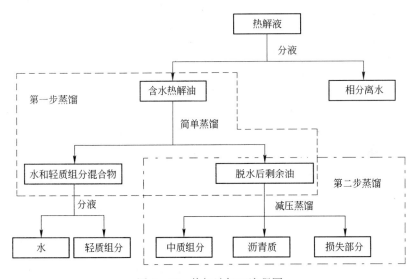

图 6-10　热解油加工流程图

A　轻质组分燃料性质与应用前景

a　轻质组分有机组成

轻质组分中含有大量的有机物，利用 GC-MS 分析，其谱图如图 6-11 所示，有机组成见表 6-3。

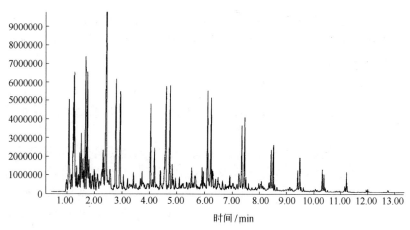

图 6 - 11　轻质组分气质联用谱图

表 6 - 3　轻质组分有机组分

保留时间 /min	含量/%	化　合　物	分子式	匹配度
1.06	3.58	环丙烷基甲醛 Cyclopropane carboxaldehyde	C_3H_5CHO	72
1.16	0.79	环戊烯 Cyclopentene	C_5H_8	76
1.23	3.05	己烯 1 - Hexene	C_6H_{12}	91
1.25	3.38	己烷 Hexane	C_6H_{14}	88
1.35	0.69	异丙基腈 Propanenitrile, 2 - methyl -	C_4H_7N	95
1.41	0.59	1, 3, 5 - 己三烯 1, 3, 5 - Hexatriene	C_6H_8	70
1.46	1.09	3 - 甲基环戊烯 Cyclopentene, 3 - methyl -	C_6H_{10}	91
1.51	2.12	苯 Benzene	C_6H_6	95
1.57	0.65	正丙基腈 n - Butyronitrile	C_4H_7N	95
1.61	0.45	环己烯 Cyclohexene	C_6H_{10}	94
1.66	4.73	1 - 庚烯 1 - Heptene	C_7H_{14}	97
1.72	3.61	庚烷 n - Heptane	C_7H_{16}	91
1.79	0.97	2, 5 - 二甲基呋喃 2, 5 - Dimethylfuran	C_6H_8O	93
1.85	0.64	2 - 庚烯 2 - Heptene	C_7H_{14}	95
1.91	0.57	甲基环己烷 Cyclohexane, methyl -	C_7H_{14}	95
1.99	1.15	2 - 硝基丙烷 Propane, 2 - nitro -	$C_3H_7NO_2$	65

保留时间 /min	含量/%	化 合 物	分子式	匹配度
2.11	1.4	1, 2 - 二甲基 - 1, 3 - 环戊二烯 1, 2 - dimethylcyclopenta - 1, 3 - diene	C_7H_{10}	62
2.18	0.41	吡啶 Pyridine	C_5H_5N	94
2.27	1.13	1 - 乙基 - 1 - 环戊烯 Cyclopentene, 1 - ethyl -	C_7H_{12}	72
2.31	1.46	1H - 吡咯 1H - Pyrrole	C_4H_5N	91
2.42	9.98	甲基苯 methyl - Benzene	C_7H_8	94
2.56	0.97	戊腈 n - Pentanenitrile	C_5H_9N	90
2.77	4.76	1 - 辛烯 1 - Octene	C_8H_{16}	94
2.92	4.33	辛烷 Octane	C_8H_{18}	76
3.20	1.83	2 - 辛烯 2 - Octene	C_8H_{16}	96
3.67	0.42	环丁酮 Cyclobutanone	C_4H_6O	82
3.73	0.5	4 - 甲基戊腈 Pentanenitrile, 4 - methyl -	$C_6H_{11}N$	72
4.04	3.29	乙苯 Ethylbenzene	C_8H_{10}	94
4.18	1.74	二甲苯（混合物）Xylene	C_8H_{10}	95
4.40	0.62	己腈 Hexanenitrile	$C_6H_{11}N$	91
4.60	6.22	1 - 壬烯 n - Non - 1 - ene	C_9H_{18}	95
4.74	4.06	壬烷 n - Nonane	C_9H_{20}	91
4.83	1.61	2 - 壬烯 2 - Nonene	C_9H_{18}	89
5.10	0.48	异丙基苯 Benzen, (1 - methylethyl) -	C_9H_{12}	91
5.53	1.19	正丙基苯 Benzene, propyl -	C_9H_{12}	90
5.66	0.83	邻乙基甲苯 o - Ethyl toluene	C_9H_{12}	92
5.91	0.54	2 - 乙基甲苯 Benzen, 1 - ethyl - 2 - methyl -	C_9H_{12}	94
6.10	3.68	1 - 癸烯 1 - Decene	$C_{10}H_{20}$	95
6.22	3.0	癸烷 n - Decane	$C_{10}H_{22}$	95
6.39	1.38	3 - 癸烯 3 - Decene	$C_{10}H_{20}$	95
6.64	0.4	茚满 1H - Indene, 2, 3 - dihydro -	C_9H_{10}	93
6.91	0.64	正丁基苯 Benzene, butyl -	$C_{10}H_{14}$	87
7.24	0.8	4 - 甲基苯酚 Phenol, 4 - methyl -	C_7H_8O	91

保留时间 /min	含量/%	化 合 物	分子式	匹配度
7.34	2.15	1 - 十一烯 1 - Undecene	$C_{11}H_{22}$	96
7.44	2.28	十一烷 n - Hendecane	$C_{11}H_{24}$	94
8.07	1.51	正戊基苯 1 - Pentylbenzene	$C_{11}H_{16}$	70
8.43	1.18	1 - 十二烯 1 - Dodecene	$C_{12}H_{24}$	96
8.51	1.36	十二烷 n - Dodecane	$C_{12}H_{26}$	95
9.11	0.2	己基苯 Benzene, hexyl -	$C_{12}H_{18}$	90
9.40	0.63	1 - 十三烯 1 - Tridecene	$C_{13}H_{26}$	95
9.47	1.02	1 - 十三烷 n - Tridecane	$C_{13}H_{28}$	97
9.61	0.12	1 - 甲基萘 Naphthalene, 1 - Methyl -	$C_{11}H_{10}$	94
10.31	0.68	15 烯 Pentadecene	$C_{15}H_{30}$	91
10.37	0.54	14 烷 Tetradecane	$C_{14}H_{30}$	95
11.14	0.18	1 - 十三醇 1 - Tridecanol	$C_{13}H_{28}O$	87
11.21	0.54	正十五烷 n - Pentadecane	$C_{15}H_{32}$	97

由表 6 - 3 可以看出，通过 GC - MS 分析表明轻质组分是成分复杂的混合物，包括不同碳链长度的烷烃、烯烃、酚、芳烃、腈类等，各种有机物的含量相差很大。虽然有机物种类很多，但是大体可以分为四大类，即烷烃类、烯烃类、含 N 和 O 的有机物、芳烃类。

将表 6 - 3 中的有机物归类，得到烷烃为 24.32%、烯烃为 36.33%、芳烃为 22.96%、含有 N 和 O 的化合物为 16.39%。轻质组分中主要为烃类有机物，含 N 和 O 的有机物含量较低，只占总量的 16.39%；轻质组分中含有大量的不饱和有机物，含量占到总有机物的一半以上。在烷烃中含量最大的是辛烷、壬烷和癸烷，比例分别为 4.33%、4.06% 和 3.0%。烯烃是轻质组分中含量最大的一类物质，占到总有机物的 1/3 以上，含量最大的为庚烯，各种异构体占到总量的 5.37%。烷烃和烯烃的碳链长度主要分布在 C6～C13 之间，虽然也有高于 C13 的有机物存在，但是含量比较小，轻质组分的碳链长度与典型汽油的碳链长度相似。芳香烃中最长碳链有机物为己基苯，含量为 0.12%；含量最大的有机物为甲苯，含量为 9.98%。

多环芳烃类有机物因毒性很大一直受到大家的关注，而在轻质组分中，除了含量为 0.12% 甲基萘含有两个苯环以外，未发现其他含有两个苯环以上的有机物，可能的原因是多环芳烃类的沸点较高，在简单蒸馏过程中未被蒸出。含 N 和 O 的有机物在热解油中存在形式复杂，包括低链脂肪酸、吡啶、醛类等，这些有机物也是轻质组分恶臭气味的主要原因，在含 N 和 O 有机物中含量最多的为腈类、吡咯和呋喃，含量分别为 3.97%、1.46% 和 0.97%。轻质组分的硫含量为 1.1%，但在气质联用中并未检出含硫化合物，可能是由于各种含硫物质的含量太低不易检出。

b 轻质组分燃料性质

含水热解油经过简单蒸馏得到的轻质组分为橙色液体，具有强烈的刺激性气味，恶臭强度超过热解油本身。轻质组分在热解油中所占比例约为 15%，其热值为 31MJ/kg，具备作为燃料的基本条件。

（1）燃料油潜质。轻质组分的密度为 $839kg/m^3$，满足 1 号燃料油要求的低于 $846kg/m^3$ 的要求；通过目测轻质组分也可以满足水和沉淀物的要求，但是通过含水测定发现轻质组分中仍然含有 6% 的水分，轻质组分虽然不清澈透明，利用 $0.45\mu m$ 的微孔滤膜过滤后未发现有固体颗粒物。$40℃$ 的运动黏度 $0.8mm^2/s$，低于 1 号燃料油标准要求的高于 $1.3mm^2/s$。轻质组分的初馏点为 $55℃$，10% 馏出温度为 $80℃$，50% 馏出温度为 $132℃$，90% 馏出温度为 $207℃$，最高馏出温度为 $238℃$，最大馏出比例为 97%。通过对比发现 10% 馏出温度低于 1 号燃料油高于 $215℃$ 的要求，表明轻质组分中含有的低沸点有机物较多。

铜片腐蚀性测试结果为 1 级 b，表明轻质组分的腐蚀性不大，可以满足 1 号燃料油要求。在倾点测试过程中，由于测试设备只能将冷媒温度降至 $-20℃$ 左右，为保证设备安全，在 $-18℃$ 时对轻质组分进行倾点测试，发现其并没有发生凝固现象，表明凝点低于 $-18℃$，可满足 1 号燃料油要求。

在闭口闪点测试过程中，室温（15℃）下轻质组分就能够达到闪点，原因是轻质组分中的有机物十分容易挥发，不能满足1号燃料油闪点高于38℃的要求。轻质组分硫含量为1.1%，高于1号燃料油要求，如果想要把轻质组分用作燃料，必须在使用前、使用过程中或燃烧后进行脱硫处理，以防止SO_2对大气的污染。10%蒸余物残炭和灰分大小都可以满足1号燃料油的要求。

通过上述燃料性质分析，认为轻质组分在馏程、运动黏度和闪点等重要性质方面不能满足1号燃料油要求，不可以作为1号燃料油使用。

（2）轻质组分作车用汽油的前景。轻质组分热值高于30MJ/kg，由于燃料性质不满足标准要求，不能作为燃料油使用，如何利用轻质组分是热解油利用过程中必须解决的问题。由于轻质组分中含有大量的易挥发组分，且具有较高热值，本小节通过将轻质组分与车用汽油标准进行对比，对其作为车用汽油的前景进行分析，为解决轻质组分利用提供基础数据。

轻质组分与车用汽油性质对比见表6-4。由表6-4可知，轻质组分的10%、50%、90%馏出温度都比车用汽油相同百分率馏出温度高10~20℃，终馏点比标准要求的205℃高33℃，馏出温度的微小差距反映了两者中有机物沸点之间的差别，这与轻质组分的蒸出温度有关，如控制温度条件减少高沸点有机物蒸出量，可以满足车用汽油的馏程要求。

轻质组分馏程测定过程中的残留量为3%，略高于标准规定的2%，原因可能是热解油具有不稳定性，在高温条件下，会发生化学反应，致使液体有机物反应生成固体残留物。腐蚀性测试结果1级b满足标准规定，轻质组分的pH值为9.1，可能是腐蚀性比较低的一个重要原因。

在轻质组分中肉眼看不到机械杂质和水分，但是通过对比车用汽油，可以明显观察到，轻质组分不如车用汽油清澈。由于气体污染物排放要求的提高，汽油中的硫含量要求也更加严格，标准规定汽油中的硫含量不大于0.1%。

表 6 - 4 轻质组分与车用汽油的性质比较

测 试 项 目		轻 质 组 分	车用汽油标准 GB 17930—2006
馏程/℃	10%	80	70
	50%	132	120
	90%	207	190
	终馏点	238	205
	残渣/%	3	2
铜片腐蚀（50℃，3h）		1 级 b	≤1
pH 值		9.1	—
水和机械杂质		无	无
硫含量 /%		1.1	0.1
苯含量/%		2.1	≤2.5
芳烃含量/%		23.0	≤40
氧含量/%		17.5	2.7
烯烃/%		36.3	≤35
铅含量/g·L^{-1}		0	≤0.005
锰含量/g·L^{-1}		0.008	0.018
铁含量/g·L^{-1}		0.12	0.01

Pb 和 Mn 含量可以满足标准要求，Fe 含量超过标准要求 10 倍左右。苯含量和芳烃含量满足标准要求的 2.5% 及以下和 40% 及以下，烯烃含量的 36.3%，略高于规定的 35% 及以下要求。

轻质组分中 O 含量为 17.5%，O 含量是通过差减法计算得到，在数值上可能会有些误差，但是可以断定的是轻质组分中的 O 含量高于车用汽油标准低于 2.7% 的要求。轻质组分中含有 N、O 的烃的衍生物约为 16%，N 和 O 的存在会降低油的热值，但 O 的存在又能够提高燃烧效率和减少污染物排放，标准中并未对此类物质含量做出要求。

标准中还对其他测试项目进行了要求，包括硫醇、胶质、蒸汽压和抗暴性等，因设备方面不能够满足需要，本研究未做测定。通过所测定的轻质组分性质与车用汽油相比较，认为轻质组分经过适当调整其所含有机物比例和脱硫处理后，有望作为车用汽油的替代燃料。

B 中质组分燃料性质与应用前景

中质组分是热解油在常压情况下低于 325℃ 时得到的馏分，该部分是热解油中量最多的部分，约为热解油总体积的 1/3，中质组分的利用前景直接影响热解油的应用，对该部分的燃料性质和有机组成分析有十分重要的意义。

a 中质组分有机组成

中质组分的有机组成利用 GC - MS 色谱图如图 6 - 12 所示，通过 GC - MS 得到的中质组分有机组分见表 6 - 5。

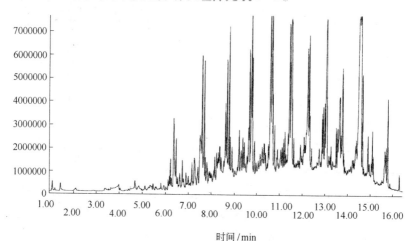

图 6 - 12 中质组分气相色谱图

表 6 - 5 中质组分有机组成

保留时间/min	含量/%	化 合 物	分子式	匹配度
3.98	1.09	丁酸 Butyric acid	$C_4H_8O_2$	90
4.67	1.19	己腈 hexanenitrile	$C_6H_{11}N$	70
5.93	0.09	邻乙基甲苯 benzen，1 - ethyl - 2 - methyl -	C_9H_{12}	95
6.21	0.43	1 - 庚腈 Heptanenitrile	$C_7H_{13}N$	90
6.24	0.16	苯甲腈 Benzonitrile	C_7H_5N	95

保留时间 /min	含量/%	化 合 物	分子式	匹配度
6.35	2.71	苯酚 Phenol	C_6H_6O	93
6.46	0.9	正癸烷 n - Decane	$C_{10}H_{22}$	91
6.62	0.38	吡咯 Pyrrole	C_4H_5N	91
6.73	0.49	1H - 吡咯 1H - pyrrole	C_4H_5N	64
6.89	0.35	2，3 - 二氢茚 2，3 - Dihydro - 1H - indene	C_9H_{10}	95
7	0.23	1H - 茚 1H - Indene	C_9H_8	89
7.27	1.19	邻甲酚 2 - Methylphenol	C_7H_8O	97
7.5	1.5	对甲苯酚 Phenol，4 - methyl -	C_7H_8O	90
7.59	2.17	1 - 十一烯 1 - undecene	$C_{11}H_{22}$	97
7.69	2.35	十一烷 n - Hendecane	$C_{11}H_{24}$	91
8.36	2.9	2，4 - 二甲基苯酚 Phenol，2，4 - dimethyl -	$C_8H_{10}O$	95
8.61	1.25	壬基腈 Nonanenitrile	$C_9H_{17}N$	49
8.67	2.07	1 - 十二烯 1 - Dodecene	$C_{12}H_{24}$	96
8.77	2.74	十二烷 n - Dodecane	$C_{12}H_{26}$	97
9.21	1.01	苯代丙腈 Benzenepropanenitrile	C_9H_9N	93
9.66	1.94	月桂醇 1 - Dodecanol	$C_{12}H_{26}O$	91
9.75	4.05	十三烷 n - Tridecane	$C_{13}H_{28}$	94
9.78	1.41	1H - 吲哚 1H - Indole	C_8H_7N	90
9.89	1.03	2 - 甲基萘 Naphthalene，2 - methyl -	$C_{11}H_{10}$	90
10.3	3.4	2 - 甲基十三烷 2 - methyltridecane	$C_{14}H_{30}$	70
10.58	5.62	十四烯 Tetradecene	$C_{14}H_{28}$	90
10.65	4.83	十四烷 n - Tetradecane	$C_{14}H_{30}$	90
11.42	4.13	十三醇 1 - tridecanol	$C_{13}H_{28}O$	82
11.5	6.27	十五烷 n - Pentadecane	$C_{15}H_{32}$	95
12.22	3.11	十六烯 1 - hexadecene	$C_{16}H_{32}$	90
12.29	1.53	十六烷 Hexadecane	$C_{16}H_{34}$	95
12.86	0.81	癸基苯 Benzene，decyl - ，1 - phenyldecane	$C_{16}H_{26}$	64

保留时间 /min	含量/%	化 合 物	分子式	匹配度
12.91	1.02	1 - 十六烷醇 1 - Hexadecanol	$C_{16}H_{34}O$	90
12.98	0.98	1 - 十八烯 1 - Octadecene	$C_{18}H_{36}$	91
13.05	5.59	十七烷 Heptadecane	$C_{17}H_{36}$	83
13.48	0.72	十二腈 Dodecanenitrile	$C_{12}H_{23}N$	94
13.65	2.81	十四烷酸 Tetradecanoic acid	$C_{14}H_{28}O_2$	86
13.76	2.3	十七烷 n - Heptadecane	$C_{17}H_{36}$	87
14.58	16.6	十六腈 Hexadecanenitrile	$C_{16}H_{31}N$	70
14.64	1.62	十六酸甲酯 Hexadecanoic acid, methyl ester	$C_{17}H_{34}O_2$	97
14.89	0.7	十六烷酸 Hexadecanoic acid	$C_{16}H_{32}O_2$	94
15.09	0.64	二十烷 Eicosane	$C_{20}H_{42}$	93
15.13	0.18	十一烷基腈 Undecanenitrile	$C_{11}H_{21}N$	70
15.65	0.96	2，5 - 二乙基 - 3 - 甲基吡嗪，2，5 - Diethyl - 3 - methylpyrazine	$C_9H_{14}N_2$	77
15.7	0.31	二十一烷 n - Heneicosane	$C_{21}H_{44}$	91
15.77	1.4	十八烷腈 Octadecanenitrile	$C_{18}H_{35}N$	96
16.29	0.3	二十二烷 n - Docosane	$C_{22}H_{46}$	94

对比表 6 - 3 和表 6 - 5 发现，两种热解油加工产品中含有一些相同组分，这些相同组分大都出现在 6 ~ 11min，包括 1H - 吡咯、正癸烷、苯酚、十二烷等，这些相同有机物在两种产品中的含量有很大差别，说明蒸馏虽然能够将有机物按照不同沸点进行分离，但很难做到完全分离。

将表 6 - 5 中的物质归类，得到烷烃为 35.68%、烯烃为 13.48%、芳烃为 2.51%、含有 N 和 O 的化合物为 48.35%。与轻质组分相比，中质组分中含有更多的烷烃类和含有 N 和 O 的有机物，大量含有 N 和 O 的化合物表明中质组分有机物结构更加复杂。

中质组分中烃类有机物占全部有机物的 51.67%，烷烃类有机物占所有烃类有机物的 70% 左右，在烷烃中含量最大的是十四烷、十五烷和十七烷，比例分别为 8.23%、6.27% 和 5.59%。烯烃在中质组分中含量最小,其中含量最大的是十一烯、十四烯和十六烯,含量分别为 2.17%、5.62% 和 3.11%。烷烃和烯烃的碳链长度主要分布在 C10 ~ C20 之间,而柴油的典型碳链长度为 C11 ~ C20,可见中质组分与柴油在碳链长度上很相近。芳烃类有机物在中质组分中含量最小,其中含量最大的是 2 - 甲基萘,为 1.03%,2 - 甲基萘也是中质组分中唯一含有两个苯环的有机物,在中质组分中未发现高于两个苯环的有机物。

中质组分中将近一半的有机物是含 N 和 O 的有机物,这与原料污泥中的有机物种类有关,其中含量最大的是十六腈,含量为16.55%。除了含有大量的腈类有机物外,中质组分中还含有有机酸、醇和酚类等,有机酸含量为 4.6%、醇类的含量为 5.09%、酚类的含量为 8.3%。与轻质组分相比,中质组分有机物种类有很大不同,轻质组分中未检出有机酸和醇类有机物。

b　中质组分燃料特性

目前我国交通运输行业正在迅速发展,柴油需求量不断增长,本研究对中质组分性质与柴油标准要求进行对比,分析中质组分作为柴油替代产品或添加剂的可行性。如果中质组分可以作为柴油的替代品,既可以提高中质组分附加值,也可以减少石油的进口量。中质组分性质与车用柴油的比较见表 6 - 6。

由于设备原因,标准规定但未能测试项目为冷滤点、润滑性能、脂肪酸甲酯和着火性能,规定中的有些项目采用其他方法进行分析说明。十六烷值是表征柴油着火性能的重要指标,柴油标准要求十六烷值高于 49,Bahadur 等研究发现污泥热解油的十六烷值能够满足标准要求,且污泥热解油可以用做增加柴油十六烷值的添加剂。中质组分的十六烷值需要进行测定来明确能否满足标准要求。

氧化安定性是指柴油在储存和运输过程中,在空气和少量水存在的情况下,生成沉淀物和胶质的趋势,生成的沉淀物或胶质会堵塞过滤器或形成积炭,影响燃烧系统。本研究通过分析中质组分的稳定性来判断其氧化安定性。将 300mL 中质组分在室温下存放于干净的密闭玻璃瓶中,3 月后在瓶底部出现黑色胶状物,这类物质是由中质组分中的有机物发生反应生成的,表明中质组分具有不稳定性,

表 6 - 6 中质组分与 5 号和 0 号车用柴油的性质比较

测 试 项 目		中质组分	车用柴油标准 GB 19147—2009	
			5 号	0 号
氧化性安定性/mg·100mL^{-1}		NT	≤ 2.5	
水和机械杂质		无	无	
硫含量/%		0.34	≤ 0.035	
20℃密度/kg·m^{-3}		920 ~ 950	810 ~ 850	
灰分/%		0.01	≤ 0.01	
凝点/℃		−8	≤ 5	≤ 0
冷滤点/℃		NT	≤ 8	≤ 4
闭口闪点/℃		104	≥ 55	
20℃运动黏度/mm^2·s^{-1}		10.0	3.0 ~ 8.0	
润滑性磨痕直径（60℃）/μm		NT	≤ 460	
多环芳烃含量/%		1	≤ 11	
铜片腐蚀（50℃，3h）		1 级 b	≤1	
着火性能	十六烷值	NT	≥49	
	十六烷指数		≥46	
馏程/℃	50%	300	300	
	90%	340	355	
	95%	342（93%）	365	
10% 蒸余物残炭/%		0.5	≤ 0.3	
脂肪酸甲酯（V/V）/%		NT	≤ 0.5	

注：NT 表示未测试项目。

通过 GC - MS 联用得到中质组分中含有大量的有机酸和醇类物质，这些物质在储运过程中会发生反应，是中质组分不稳定的主要原因之一。通过分析认为中质组分的氧化安定性不符合车用柴油标准要求。

由于经过两步蒸馏，水、固体颗粒物及高沸点组分都被分离出来，因此中质组分在水和机械杂质测试中可以满足柴油要求。中质组分硫含量约为柴油标准 0.035% 的 10 倍，不能满足柴油要求。中质组分密度要高于柴油标准要求，灰分含量刚好能够满足柴油标准要求。凝点反应油品的低温流动性能，中质组分的凝点为 -8℃，能够满足 5 号和 0 号柴油的要求；闪点为 104℃，可以满足 0 号柴油的要求；中质组分 20℃运动黏度为 10.0mm²/s，高于 5 号和 0 号柴油标准要求的 3.0 ~ 8.0mm²/s。通过 GC - MS 分析可知，中质组分中多环芳烃含量为 1.03%，能够满足 5 号和 0 号柴油的要求。铜片腐蚀性能测试结果为 1 级 b，可以满足 5 号和 0 号柴油小于 1 的要求。

中质组分蒸馏过程中 50% 和 90% 馏出温度分别为 300℃ 和 340℃，最高馏出比例为 93%，最高馏出温度为 342℃，93% 的馏出比例表明在蒸馏过程中中质组分中有些有机物会变成残余物，这是由于有机物之间受热会发生反应。与 5 号和 0 号柴油相比，50% 和 90% 馏出温度满足要求，但未能满足最大馏出量的要求。

通过对所测试项目与柴油标准进行比较，发现除了 20℃运动黏度、硫含量、密度和氧化性安定性以外，其他性质可满足标准要求，认为中质组分有望作为柴油的替代产品。

C 柴油添加剂应用

中质组分具有替代柴油的潜力，通过上述分析认为其仍与商业柴油具有一定差距，如何能够在现阶段实现中质组分的高附加值利用，是本研究需要解决的问题之一。通过在 5 号柴油中添加中质组分 10%，含有 10% 的中质组分的柴油性质与柴油相比有一些变化，但是对柴油性质的影响不大，混合物各性质都可以满足车用柴油要求。但中质组分与柴油不互溶，两者混合均匀后，经过长时间静置会出现分层现象，且柴油相的颜色会变得不再清澈，表明中质组分中有一部分有机物会溶入柴油中；在短时间内两者的混合物不会出现分层现象。在商业柴油中添加 10% 的中质组分，这样可以减少柴油的使用量，对减缓石油能源枯竭有着十分重要的意义。

6.3.2.4 沥青质特性分析

沥青质在热解油中所占比例约为 30%，没有刺激性气味，表明恶臭物质为沸点较低的易挥发组分，其也是热解油利用过程中不可忽视的一部分。本研究对沥青质中的金属离子进行了分析，并对其应用前景进行预测。

沥青质金属离子含量中除 Cu 以外，其他金属离子含量均高于在热解油中的含量，可能的原因是在热解油加工过程中，由于蒸馏温度较低金属离子大都残留在沥青质中。沥青质中的 Fe 含量为 978mg/kg，远高于热解油中 Fe 离子含量，可能的原因是在蒸馏过程中热解油中的酸性组分对蒸馏塔的不锈钢填料的腐蚀。

沥青质热值为 36MJ/kg，硫含量为 0.5%，可以作为半固体燃料；其具有沥青相似的性质，也可以用做道路用沥青；沥青质中含有大量的 C、H 元素，可以用作裂解法生产裂化油品的原料。

6.3.3 固体产物特性及应用前景

固态半焦为污泥热解结束后残留在反应器内的固体产物，污泥热解过程中，绝大部分的重金属都聚积在固体半焦中，利用 pH 值为 4~4.5 之间的酸性溶液对固体半焦进行淋滤实验，发现重金属离子的稳定性很好，可以利用填埋法处置固体半焦。

半焦作为污泥热解的固体产物，具有较大的孔隙率和巨大的比表面积，可以用作吸附剂，许多学者专门进行了污泥制备吸附材料的研究。

6.3.3.1 污泥制备吸附剂基本原理

利用城市污水处理厂的污泥来制备活性炭的基本原理是：通过将污泥预处理（主要是脱水）后，采用热处理方式将有机固体碳化，再采用各种活化方法使炭活化，形成多孔的微晶结构和巨大的比表面积，最后通过各种后处理工序将活化后的炭化学处理和干燥制成成品。其中活化过程是主要工序，关系到成品的吸附性能，它是根据各种要求，把炭化物变成所需要的多孔结构，活化方法主要有化学法和物理法（气体活化法），国内的活性炭生产主要是化学法，主要采用氯化锌、硫酸、硫化钾作为活化药品，煤基活性炭则主要采用气体活化法。氯化锌法是用氯化锌与含碳原料均匀混合（称为浸渍），达到将炭活化的目的。

对于污泥基活性炭的制备而言，以氯化锌法应用最为广泛。氯化锌法炭得率较高,一般可达 40% (对绝干原料);另外,可以通过调节氯化锌用量来调节所产活性炭的孔隙结构。应当指出的是:这种方法有废气和废液处理问题,也有重金属残留影响成品用途的弊端,因此该方法的应用有减少的趋势。国内已经在开展用磷酸活化和微波碳化方面的研究。

6.3.3.2 工艺过程

目前,由于活性炭制备工艺中存在稳定性、活性、重金属以及制备工艺成熟性等问题,污泥制备活性炭在工业中未得到广泛应用。

(1) 采用氯化锌法制备污泥基活性炭,其工艺过程大致可以分为 5 个工序:原料制备、浸渍、碳化、活化及成品后处理。原料制备工序是指将污泥浓缩、脱水、干燥后,得到含水率低于 10% 的干污泥,采用球磨机磨细和筛选后获得 0.42 ~ 3.36mm (6 ~ 40 目) 原料。浸渍工序中如果是间歇操作,是指将配制好的锌液泵入浸渍池,然后放入筛过的合格原料,原料与锌液按 1:(3.8 ~ 4) 配比,过量的锌液将全部原料浸没,浸渍 8h。连续操作中改浸渍为拌料捏和,用捏和机将一定量的原料和定量的浓锌液搅和。碳化工序是将浸渍好的原料送入碳化炉(回转炉),加热碳化,碳化温度为 400 ~ 450℃,碳化 1h。活化工序操作与碳化工序基本相同,在活化炉中活化 2h,活化温度为 500 ~ 600℃。通常可以将碳化和活化工序在一个回转炉中完成,浸渍好的原料经螺旋加料加入回转炉的上端进料口,活化好的炭由回转炉出料室卸出。回转炉接有废气回收系统。为回收氯化锌,将活化好的炭由斗式提升机加入回收桶回收氯化锌。

(2) 将城市污水处理厂的污泥经沉淀池浓缩后与黏结剂进行混合,按质量百分比污泥为 50% ~ 99%、黏结剂为 1% ~ 50%,混合物经烘干设备在 100 ~ 130℃ 范围内烘干后,在以 1 ~ 20℃/min 速度升温至 400 ~ 1200℃ 时保持 1 ~ 180min,将烘干升温后获得的材料加工成 0.4 ~ 5mm 的粒状过滤吸附材料。

(3) 脱水剩余污泥,含约 5% 的水分、35% 的无机组分和 60% 的有机组分。无机组分主要是一些金属或非金属的氧化物和盐类,有机组分主要是生物法处理产生的死亡生物固体。将污泥恒温干燥一定时间，研磨、筛分成粒径 1~3mm，筛分后的样品采用氯化锌溶液活化，然后烘干，再放入管式电阻炉中氮气作为保护气体，控制温度在 650~850℃进行碳化、活化，氮气中冷却；利用 15%~18% 的稀盐酸浸泡 24h，过滤后用去离子水清洗 3~4 遍，烘干后即获得污泥基多孔吸附材料。

（4）将加入 0.5%~3% 添加剂的城市污水处理厂污泥进行干燥，使污泥含水率降至 10% 左右；用浓度为 20%~60% 的氯化锌作为活化剂溶液，取污泥与活化剂溶液质量比 1:（1~3），浸渍 12~48h 后，在 105℃条件下干燥 20~50min；加入 5%~30% 锯末、果壳、果核作为增炭剂；混合均匀后放入高温炉中升温至活化温度 500~800℃进行碳化活化，碳化活化时间为 15~50min；最后经冷却、洗涤、干燥得到活性炭。

为保证污泥生产的吸附材料满足实际需求，可以从以下几方面采取措施：

（1）由于城市污泥来源不同，含碳量差异很大，对于含碳量较低的污泥，可考虑加入像锯末、果壳或果核等物质，提高原料的含碳量。

（2）活性炭中含有一定量的重金属，且重金属含量随浸出液的 pH 值和组成发生变化，在活性炭的制备过程中应加入添加剂使污泥中的重金属离子固定化，防止制成的活性炭吸附剂在水处理应用中重金属离子的二次污染。

（3）提高污泥活性炭机械强度。

（4）从活化剂的筛选、活化温度、活化时间、活化条件的控制等方面，研究污泥制备活性炭的最佳加工工艺，提高产品的性能。

在活性炭的制备过程中碳化温度、活化温度、活化时间、活化剂的用量（包括配比、浓度等）等因素不同可得到不同孔径范围比例的活性炭。

6.3.3.3 污泥吸附剂的应用

Bagreev 等在 400~950℃范围内利用污泥热解残渣生产活性炭，通过测试发现污泥活性炭的比表面积为 140 m^2/g，含有 70% 的无机物和 30% 的固定碳，无机物中含有大量的金属氧化物和有机氮化物，这些物质的存在有助于对酸性气体的吸收。Bagreev 等研究发现污泥活性炭对湿空气中 H_2S 的吸附能力是椰壳果壳系列活性炭的 2 倍，原因是金属氧化物会与 H_2S 发生反应，在污泥活性炭吸附 H_2S 过程中，化学吸附起着很重要的作用。

Rumphorst 等将污泥热解产生的半焦用于水处理研究，发现加入污泥活性炭，有助于将氨氮转化为 NO_3^-，也可以提高污泥的脱水性能，这与煤质活性炭在水处理中的效果相近。

污泥固体半焦不仅能够吸附酸性气体，对液体有机物也有很好的吸附效果。任爱玲等通过 $ZnCl_2$ 活化法制备污泥吸附剂，得到吸附剂的比表面积为 $635.8 \sim 748.4 \ m^2/g$，经试验发现所得的污泥活性炭可以对苯酚、甲醛、甲醇、乙醇、苯等进行吸附，饱和吸附量分别为 $24.8mg/g$、$26.8mg/g$、$21.76mg/g$、$24.8mg/g$、$30.4mg/g$。

6.4 污泥热解机理与热解动力学

由于城市污泥是一种复杂的混合物，含有多种有机成分和无机成分，污泥的热解过程为复杂反应过程，热解的初始产物还有可能发生二次反应。掌握污泥热解的动力学特征，将有助于增进对污泥热解处理及资源化利用技术的理解，并为污泥热解装置的正确设计、运行提供有用的参考数据。由于目前对复杂反应的研究还处于不断发展阶段，把所有的反应细节都研究得很透彻比较困难。因此，目前对污泥热解过程的研究一般只局限于表观动力学及机理方面的探讨。

热重分析法是研究污泥热解动力学主要方法，是在热重分析程序控制温度下，测量物质质量与温度的关系的一种技术。该法主要应用在物质的成分分析、不同气氛下物质的热性质、物质的热分解过程和热解机理、水分和挥发物的分析、氧化还原反应、高聚物的热氧化降解和化学反应动力学的研究，已被广泛用于煤炭、城市垃圾等有机物的热分解过程。早期对于污泥热解的研究主要基于热重分析（TGA）实验或者是基于热重分析结合差热式扫描量热器（DSC）测定。由于仪器的限制，这些研究仅获得了污泥热解过程中有关质量损失的信息。

随着分析仪器及分析方法的不断改进,热重分析(TG)-傅里叶红外转换光谱仪(FTIR)联用技术、热重分析(TG)-气相色谱(GC)联用技术、热重分析(TG)-质谱(MS)联用技术及热重分析(TG)-气相色谱(GC)-质谱(MS)联用技术已经成功地用于解决分析污泥的热解过程的质量变化及分析产物特征。通过各种分析方法联用技术,可以对污泥热解产物的成分及产量进行分析,对于深入研究污泥热解机理是很有帮助的。但由于受到仪器本身的限制,分析所用物料只有几十毫克,热解产物产量也很少。此外,热重分析仪所测得的温度为反应器底部温度,而不能直接测定物料的温度及温度梯度。因此利用热重分析法得到的实验数据很难在热解工艺设计中直接应用,目前在国内外还缺乏具有实践指导意义的数据。

6.4.1 污泥热解机理

在污泥热解反应过程中,会发生一系列的化学变化和物理变化,前者包括一系列复杂的化学反应,后者包括热量传递和物质传递。通过对国内外的热解机理研究的归纳概括,可从以下几个方面进行分析。

6.4.1.1 污泥组成成分分析

污泥中有机物主要由脂肪、蛋白质、糖类、纤维素等组成。可以假设这几种组成物独立地进行热分解。脂肪的热解温度最低,在150~320℃的加热条件下,任何脂肪都可以发生分解,主要的生成物为各种分子量的饱和脂肪酸和不饱和脂肪酸,而且温度越低,生成物中饱和脂肪酸的量越多,温度越高,不饱和脂肪酸的量越多。纤维素类的分解主要发生在320~450℃,一次产物为左旋葡聚糖焦油,主要最终产物为挥发性可燃气体,其中一次反应为吸热反应,二次反应为放热反应。蛋白质的热解产物主要为腈及酰胺类。糖类的分解温度最高,主要产物为苯系物、酚醛、醚等。

各种有机物化合物的分解温度不同,大致情况见表6-7。

表 6 - 7　各类有机物裂解温度范围　　　　　（℃）

化合物	水	羧酸类	酚醛类	醚类	纤维素	其他含氧化合物
温度范围	<150	150~600	300~600	<600	<650	150~900

通过表 6 - 7 可知，热解体系中的羧酸、酚、醛及其他含氧化合物的 C—O 键都可在 300 ~ 650℃温度范围内断裂，因此，在该温度段热解液的产率应该是较高的。

6.4.1.2　物质与能量的传递分析

首先，热量被传递到污泥颗粒表面，然后再向内部传递。热解过程由内向外逐层进行，污泥被加热的部分迅速分解成炭和挥发分。其中的挥发分由两部分组成：一部分为可凝结气体，另一部分为不凝结气体，可凝结气体经快速冷凝后得到裂解液——生物油。一次热解产物为裂解焦、裂解气和裂解液。随着热量的传递污泥内部的有机物受热后继续裂解，部分一次裂解产物也会发生二次裂解，一次裂解气经二次裂解后生成二次裂解气，一次裂解液发生二次裂解后生成二次裂解气和二次裂解液，并生成少量的炭。污泥中有机物的裂解过程如图 6 - 13 所示。

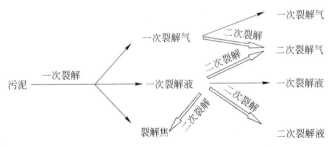

图 6 - 13　污泥中有机物的裂解过程

根据污泥的传热特性，热量在污泥颗粒内部的传递较慢，因此反应进行的时间相对较长，产生二次裂解的几率很高，如果想获得较高的生物油，可采取将挥发分迅速淬冷的方法，使产物在二次裂解前终止，以最大限度地提高油的产率。

6.4.1.3 反应进程分析

根据污泥的热解过程曲线，可将热解分为三个阶段：

（1）脱水阶段（室温到110℃）。在这一阶段污泥只发生物理变化，主要失去外在水分。

（2）主要热解阶段（110～650℃）。在这一阶段污泥在缺氧的条件下分解，随着温度的升高，各种挥发分相继析出，原料发生大部分的质量损失。

（3）碳化阶段（650～750℃）。在这一阶段污泥的分解比较缓慢，产生的质量损失比第二阶段小得多，该阶段主要为 C—C 及 C—H 键的进一步断裂形成的质量的减少。

6.4.1.4 线形分子链分解角度分析

现在的研究已发展到利用简单分子并以蒙特卡洛模拟来描述反应过程。蒙特卡洛模拟适用于研究复杂体系。研究具有多得数不清的结构、状态的体系，对此可以采用蒙特卡洛模拟，用统计的方法寻找出现几率最高的结构、状态，或相应的有关数据。蒙特卡洛法对无规则的数字应用数学算子进行一系列的统计实验以解决许多实际问题。该法用线形链结构代替三维空间结构，可用于解释生物质热解反应过程。

蒙特卡洛方法建立在统计数学的基础上，因此在数学上称为"随机模拟"，它在对高分子问题的研究中，使用真实分子模型，用真实分子的键长、键角，根据实验的各种外部、内部条件，以及化学反应、物质变化的各种物理－化学定律，来考察、计算模型体系的各种统计性质的变化及对所研究的问题给出统计参数。蒙特卡洛把聚合物分解看成是由独立的马尔可夫链分解组成。在假设的模型中，用 N 代表聚合物中每个单体结构的结合总个数，用每条链的长度来代表所形成的气、固、液状态。保持固相状态最小的链长为 N_s^-，保持气相状态的最大链长度为 N_g^+，长度在两者之间的为液体焦油状态。

6.4.2 污泥热解反应动力学

在污泥的热解反应过程中，存在着数以十计，甚至数以百计的反应，由于其复杂程度，至今难以做出清晰的描述。其中大量子反应相互连接，各种产物不断生成，同时又作为反应物继续反应，构成了非常复杂的反应网络。根据复杂反应的特点，可将其分为平行反应、连串反应、平行连串反应、自催化反应及复杂反应网络。

平行反应又称为竞争反应，在该类反应中，反应物以不同的途径形成不同的反应产物。这类反应又可分为单组分反应和双组分反应。若反应物只有一种组分参与，为单组分反应；若有两种组分参与，则为双组分反应。以单组分平行反应为例，反应物 A 平行生成产物 Q、P。总的反应速率方程可写成：

$$r_A = (k_1 + k_2) C_A^n \qquad (6-3)$$

式中 k_1，k_2——分别为生成 Q、P 的速率常数；

n——反应级数。

污泥热解过程中气体产物 CO 和 H_2 的反应就是平行反应。它们反应的产物分别为 CH_4 和 H_2O、CH_3OH、C 和 H_2O 及 C_nH_m 和 H_2O。这几个反应可能同时发生，也可能其中一个反应的作用更为突出，但主要取决于反应的温度、压力及催化条件等。

串级反应是指反应分阶段进行，产物除了最终产物外，还有中间产物存在。很多有机物的分解反应就是串级反应。简单的串级反应过程为：

$$A \xrightarrow{k_1} Q \xrightarrow{k_2} P \qquad (6-4)$$

反应速率方程为：

$$r_A = k_1 C_A^{n_1} \qquad (6-5)$$

$$r_Q = k_1 C_A^{n_1} - k_2 C_Q^{n_2} \qquad (6-6)$$

$$r_P = k_2 C_Q^{n_2} \qquad (6-7)$$

反应物 A 的浓度将随着反应时间的变化递减，产物 P 的浓度则从零递增，中间产物 Q 则由零开始增加到最大值后，又缓慢下降，当 Q 浓度最大时，P 的生成也最快，这是连串反应的一个重要的动力学特点。如果第一个反应进行得很慢而第二个反应进行得很快，要生成产物 Q 将非常困难，若反应物在反应器中停留足够长的时间，反应物将转化为 P。一级连串反应中各组分浓度对时间的变化如图 6-14 所示。

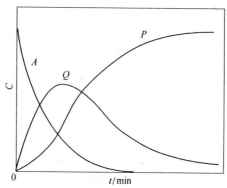

图6-14 一级连串反应中各组分浓度随时间的变化

　　污泥热解过程包含了很多连串反应，如直链烃的芳构化反应，庚二烯先环化生成甲基环己烷，再脱氢生成甲苯并释放出氢气。又如苯的氯化也是连串反应，产物有一氯苯、二氯苯等。再如酯类的水解过程也是典型的连串反应，乙酸甲酯水解产物有乙二酸、乙酸-甲酯、甲醇等。

　　平行连串反应是由平行反应和连串反应两种过程形成的。例如，苯的氯化产物二氯苯，可同时生成对二氯苯和邻二氯苯，则第一阶段为连串反应，第二阶段为平行反应。

　　一些化学反应过程还存在自催化现象，反应的某些生成中间产物具有催化作用，使反应速度加快。热解过程是一个复杂的、同时的、连续的化学反应过程。在反应中包含着复杂的有机物断键、异构化等反应。污泥热解的中间产物一方面进行大分子裂解成小分子直至气体的过程，另一方面又有使小分子聚合成较大的分子的过程。污泥的热解过程十分复杂，形成的反应网络相互连接、相互转化，反应物及生成物都非常复杂。污泥所含的金属氧化物和盐类可对过程起催化作用，无需外加催化剂。

　　在数万种反应混合物中建立每种化合物的反应动力学几乎是不可能的，对于这类问题，可采用"集总"方法处理。所谓集总是按某种原则加以分类，可将污泥热解体系中的所有化合物分成脂肪、蛋白质、糖类、纤维素、裂解气及裂解焦等。如果系统划分得越细，得到的动力学参数越准确。集总法是目前研究复杂反应网络的非常活跃的研究领域，从统计的角度看，集总法有其科学的内涵，复杂反应过程毕竟被简化了。集总法在石油裂解过程中得到了很好的应用。

任何复杂网络的反应动力学研究都是以简单反应的动力学研究为基础的，因此，研究污泥的热解过程动力学，应该与基元反应动力学结合进行研究。本研究采用集总系统对污泥的热解反应系统进行探讨，污泥热解的反应动力学网络可用图6－15表示。

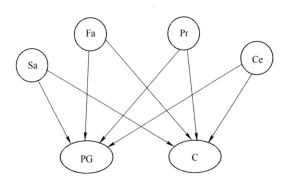

图6－15　污泥热解反应动力学网络

Sa—糖类；Fa—脂肪；Pr—蛋白质；Ce—纤维素；PG—裂解气；C—碳

通过网络图可以看出，总系统共有8个反应，8个相应的反应速率常数。各过程仍可看成是简单反应。用系统中的各组分分别做裂解动力学实验，就可求出各反应的速率常数。这样就可建立用于生产决策的集总裂解动力学速率常数矩阵。以糖类热解反应为例，取 A 为糖类、Q 为半焦、P 为裂解气，该反应是不可逆的。在实验条件下，糖类裂解可近似为二级反应，该反应的速率可写为：

$$-\frac{dC_A}{dt} = k_1 C_A^2 + k_3 C_A^2 = k_A C_A^2 \tag{6-8}$$

$$\frac{dC_Q}{dt} = k_1 C_A^2 \tag{6-9}$$

$$\frac{dC_P}{dt} = k_3 C_A^2 \tag{6-10}$$

如果把糖类裂解看成整个复杂反应体系中平行反应的一支相对独立的体系，那么三组分的浓度之和等于：

$$C_A + C_Q + C_P = 1 \tag{6-11}$$

将以上各式积分后，就可得出物料的转化率及产物的产率。

目前国内外研究者普遍认为，若污泥的热解反应基本类型为：

$$A(s) \rightarrow B(s) + C(g) \qquad (6-12)$$

炉内气氛对热解反应影响很小，试样温度与炉内温度相同，不考虑温度梯度时，污泥的热解过程遵循 Arrhenius 公式，反应速率基本方程为：

$$d\alpha/dt = k \cdot f(\alpha) = A \cdot \exp(-E_a/RT) \cdot (1-\alpha)^n \qquad (6-13)$$

或

$$\frac{d\alpha}{dT} = \frac{A}{\beta} e^{-E/RT} (1-\alpha)^n \qquad (6-13a)$$

式中 A ——与温度无关的常数，称为指前因子或频率；

$\quad$ R ——气体常数，$8.314J/(mol \cdot K)$；

$\quad$ E_a ——反应的活化能，J/mol。

对于基元反应过程，活化能 E 的物理意义是把反应分子"激发"到可进行反应的"活化状态"时所需的能量。α 为热解失重率。$f(\alpha)$ 为固体反应物中未反应产物与反应速率有关的函数，取决于反应机理。n 为反应级数，是由实验获得的经验值，只能在实验条件范围内加以应用，反应级数在数值上可以是整数、分数，也可以为负数。

根据热解反应速率方程，主要的数据处理方法有微分法和积分法两类。常用的微分法有 Freeman – Carroll 法、Kissinger 法和最大速率法，常用的积分法有 Doyle 法、Ozawa – Flynn – Wall 法、Maccallum – Tammer 法。微分法的优点在于简单、直观、方便，但在数据处理过程中要使用到 DTG 曲线的数值，此曲线易受外界各种因素的影响，如实验过程中载气的瞬间不平稳、热重天平实验台的轻微震动等，这些因素都将导致 TG 曲线有一个微量的变化，DTG 曲线随之有较大的波动。因此，利用微分法会导致求得的动力学参数准确性较差。积分法则直接利用 TG 曲线，计算过程较为简单，且准确性好。积分法克服了微分法的缺点，TG 曲线的瞬间变化值相对其总的积分值很小，不会对结果产生很大的影响，实验数据较为准确。

6.4.2.1 微分法求解过程

所用实验数据热解失重曲线（TG 曲线）如图 6 – 16 所示。

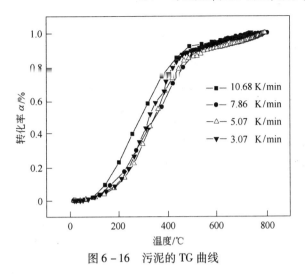

图 6 - 16 污泥的 TG 曲线

污泥热解的热解微分失重曲线（DTG 曲线）如图 6 - 17 所示。

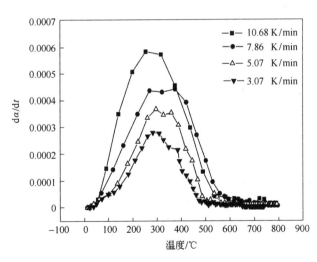

图 6 - 17 污泥的 DTG 曲线

从 DTG 曲线可以看出，整个热解过程主要发生在 70 ~ 650℃，在 300℃附近热解速率最大，DTG 曲线上有两个明显的峰值，曲线上峰的位置与 DTA 曲线的吸热峰的位置相吻合，进一步说明了反应是分段进行的，而且加热速率越低，第二个峰越明显，可以说第二个峰是因为又有新的物质参与热解反应产生的。热解速率受加热速度的影响较大，而且加热速率越快，热解速率也随着加快，但是随着加热速率增大，由于停留时间短，热解过程中脂肪类与蛋白质、糖类等有机物质的分解阶段变得不明显。

根据解强等的研究表明，固体废弃物热解近似于基元反应。为使反应体系简化，本研究也利用基元反应分析方法对污泥热解的表观动力学参数进行计算。

首先，对式（6-13）两边取对数后得到下式：

$$\ln[(d\alpha/dt)/(1-\alpha)^n] = \ln A - [E/(2.303R)](1/T) \qquad (6-14)$$

令

$$Y = \ln[(d\alpha/dt)/(1-\alpha)^n], \quad M - \ln A$$

$$N = -E/(2.303R), X = 1/T$$

则

$$Y = M + NX \qquad (6-15)$$

由热解失重曲线和热解微分失重曲线，可以得到不同 X 下 Y 的值，然后根据方程可得到 M 和 N 值，从而求出活化能和指前因子。活化能和指前因子结果见表6-8。污泥中有机组分不同加热速率下在 n 取不同数值时的热解动力学拟合曲线如图6-18所示。

表6-8 微分法计算的污泥热解动力学参数

加热速率 /K·min⁻¹	n	R	M	A/s^{-1}	N	$E/kJ·mol^{-1}$
	1.4	-0.99667	4.013	55.313	-2684.8	22.32
3.07	1.5	-0.99837	4.350	77.478	-2832.4	23.55
	1.6	-0.99914	4.686	108.419	-2979.9	24.77
	1.4	-0.99853	4.292	73.113	-2715.7	22.58
5.07	1.5	-0.99906	4.554	95.012	-2826.1	23.50
	1.6	-0.99907	4.817	123.594	-2936.4	24.41
	1.4	-0.99719	3.991	54.109	-2327.9	19.35
7.86	1.5	-0.99564	4.316	74.888	-2467.9	20.52
	1.6	-0.99369	4.641	103.648	-2608.0	19.35
	1.4	-0.99723	4.572	96.737	-2292.8	20.80
10.68	1.5	-0.99688	5.048	155.711	-2501.3	19.06
	1.6	-0.99574	5.523	250.385	-2709.9	19.35

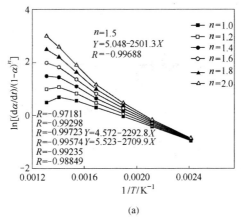

(a)

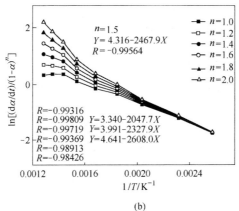

(b)

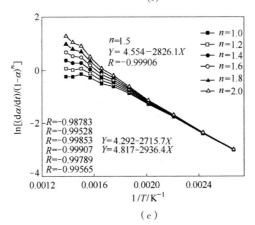

(c)

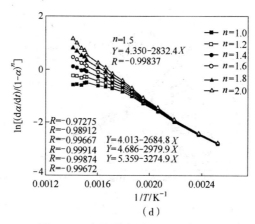

图 6-18 污泥热解动力学拟合曲线

（a）加热速率为 10.68K/min；（b）加热速率为 7.86K/min；
（c）加热速率为 5.07K/min；（d）加热速率为 3.07K/min

由以上研究结果可知，采用基元反应的分析方法得出的污泥热解表观动力学参数在 $n=1.5$ 左右时与理论结果吻合得最好，而且不同加热条件下相关系数绝对值都能达到 0.99 以上。因此，污泥的热解反应在表观反应级数可认为是 1.5 级。在此需要指出的是，反应级数与反应分子数不同，不能由反应式确定，它的大小与物料组分的分子结构、浓度、温度及催化剂种类等因素有关。

在所研究的温度范围内，加热速率越快，热解所需的活化能越低。也就是说，热解加热过程中加热速率越快，反应越容易发生。

6.4.2.2 积分法求结果过程

利用积分法求解反应动力学参数可以克服微分法的缺点，TG 曲线的瞬间变化对总的积分值影响很小。对于污泥及城市垃圾等复杂的热解过程，采用积分法求出的动力学参数适应范围更宽，结果更精确。

首先对式（6-13）积分后得：

$$\int_0^\alpha \frac{\mathrm{d}\alpha}{(1-\alpha)^n} = \frac{AE}{\beta R}\int_{x_0}^x \frac{\mathrm{e}^x}{x^2}\mathrm{d}x = \frac{AE}{\beta R}\left(-\frac{\mathrm{e}^x}{x} + \int_{-\infty}^x \frac{\mathrm{e}^x}{x}\mathrm{d}x\right) = \frac{AE}{\beta R}P(x)$$

$$(6-16)$$

式中 $x = -\dfrac{E}{RT}$，$P(x)$ 的值可选择 Lyon 近似计算公式：

$$P(x) = \frac{e^x}{x(x-2)} \tag{6-17}$$

热解方程式变为：

$$1 - \alpha = \left(1 - (1-n)\frac{AR}{\beta}\frac{T^2}{E+2RT}e^{-E/RT}\right)^{\frac{1}{1-n}} \tag{6-18}$$

或 $\dfrac{m}{m_0} = \dfrac{m_\infty}{m_0} + \left(1 - \dfrac{m_\infty}{m_0}\right)\left(1 - (1-n)\dfrac{AR}{\beta}\dfrac{T^2}{E+2RT}e^{-E/RT}\right)^{\frac{1}{1-n}}$ (6-18a)

本研究采用非线性最小二乘法求解污泥热解表观动力学参数。非线性回归是目前研究动力学领域十分活跃的方法，它能解决线性回归难于解决的一些问题。由于大多数的速率方程都是非线性方程，能够进行线性化的并不多。用非线性回归求反应级数更直接，它不必通过微分求反应速率。

研究中分别计算了指前因子、活化能及反应级数，采用的非线性最小二乘法目标函数的最小值为：

$$x^2 = \sum_{i=1}^{N}\left(\frac{(\alpha)_i^{\exp} - (\alpha)_i^{\text{calc}}}{\sigma_i}\right)^2 \tag{6-19}$$

式中 $(\alpha)_i^{\exp}$ ——由 TG 曲线所得的实验值；

$(\alpha)_i^{\text{calc}}$ ——通过给定的动力学参数按照公式所得的计算值。

利用非线性最小二乘法算出的动力学参数结果见表 6-9。

表 6-9 积分法计算的污泥热解动力学参数

加热速率/K·min^{-1}	A/s^{-1}	E/J·mol^{-1}	n	R^2
3.07	0.358 ± 0.111	31303.15 ± 1265.75	1.795 ± 0.055	0.9989
5.07	0.371 ± 0.124	30280.58 ± 1390.37	1.794 ± 0.065	0.99928
7.86	0.141 ± 0.036	20777.25 ± 941.57	1.595 ± 0.063	0.99964
10.68	0.033 ± 0.005	18705.63 ± 548.40	1.149 ± 0.033	0.99977

根据积分法求出的动力学参数，本研究对理论计算的 TG 曲线与实验值进行了模拟，不同加热速率下的模拟曲线如图 6-19 所示。

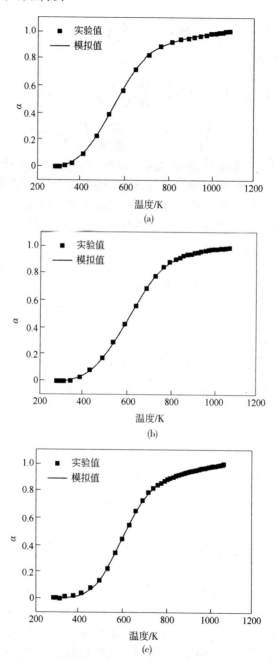

(a)

(b)

(c)

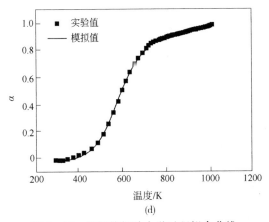

图 6-19 污泥热解动力学过程拟合曲线
（a）加热速率为 10.68K/min；（b）加热速率为 7.86K/min；
（c）加热速率为 5.07K/min；（d）加热速率为 3.07K/min

从模拟的结果可以看出，利用非线性最小二乘法计算的动力学参数与实验结果相当吻合，相关系数都在 0.99 以上。积分法求出的热解表观动力学参数也是随着加热速率的增加，反应的活化能降低。

经过比较微分法与积分法对热解过程方程式的求解结果，其遵循的基本规律是一致的，即在所研究的加热速率范围内，加热速率越高，热解所需的活化能越低，这表明热解过程也越容易发生。在污泥热解过程发生的整个温度范围内，积分法求得的结果与实验结果吻合得非常好，其相关系数很高。

6.4.2.3 动力学求解新方法

按照传统方法，要想求得动力学参数，必须将式（6-13a）进行积分或求微分，本研究将式（6-13a）左侧 $\dfrac{\mathrm{d}\alpha}{\mathrm{d}t}$ 项进行数学变换，得到：

$$\frac{\mathrm{d}\alpha_i}{\mathrm{d}T_i} = \frac{\Delta\alpha_i}{\Delta T_i} = \frac{\alpha_{i+1} - \alpha_i}{T_{i+1} - T_i} = \frac{A}{\beta}\exp(-E/RT_i)(1-\alpha_i)^n \qquad (T_{i+1} > T_i)$$

$$(6-20)$$

式中　　$\Delta\alpha_i$——在 ΔT_i 时间段内的转化率变化量；

T_i，T_{i+1}——分别表示 ΔT_i 时间段内开始时刻和终了时刻；

α_i，α_{i+1}——分别表示在 T_i、T_{i+1} 的转化率。

因为 TG 曲线记录了污泥分解过程的温度变化的全部数据，从 TG 曲线上可以得到满足式（6-20）所需的 T 和 α 数值。

当 $\Delta T_i = \Delta T_{i+1} = \Delta T_{i+2} = \cdots = \Delta T_{i+m}$（$m$ 是整数），且 $\Delta T_i \to 0$ 时，可以得到：

$$\frac{\Delta\alpha_i + \Delta\alpha_{i+1}}{\Delta T_i + \Delta T_{i+1}} = \frac{\alpha_{i+2} - \alpha_i}{T_{i+2} - T_i}, \quad \frac{\Delta\alpha_i + \Delta\alpha_{i+1} + \Delta\alpha_{i+2}}{\Delta T_i + \Delta T_{i+1} + \Delta T_{i+2}} = \frac{\alpha_{i+3} - \alpha_i}{T_{i+3} - T_i}, \quad \cdots,$$

$$\frac{\Delta\alpha_i + \Delta\alpha_{i+1} + \cdots + \Delta\alpha_{i+m-1}}{\Delta T_i + \Delta T_{i+1} + \cdots + \Delta T_{i+m-1}} = \frac{\alpha_{i+m} - \alpha_i}{T_{i+m} - T_i} \qquad (6-21)$$

根据式（6-21）可知，当分解温度范围很宽时，可以适当放大 ΔT 数值以减少计算量，本书在求解动力学参数的过程中，取 ΔT 的温度间隔为 3℃ 或 5℃，相对于较宽污泥分解温度范围来说，不会影响计算结果，另一方面适当放大 ΔT 也可以减少极短时间间隔内仪器测温的误差。

对式（6-20）进行移项后求自然对数，可以得到：

$$\ln\left[\frac{\alpha_{i+1} - \alpha_i}{(T_{i+1} - T_i) \times (1 - \alpha_i)^n}\right] = \ln\left(\frac{A}{\beta}\right) - \frac{E}{R}\frac{1}{T_i} \qquad (6-22)$$

由式（6-22）可以看出，如果 n 值取得合适，等式左侧的 $\ln[(\alpha_{i+1} - \alpha_i)/(T_{i+1} - T_i)(1 - \alpha_i)^n]$ 与 $\frac{1}{T_i}$ 呈直线关系，这时直线的斜率为 $-\frac{E}{R}$、截距为 $\ln\left(\frac{A}{\beta}\right)$，根据斜率和截距可以求得反应活化能 E 和指前因子 A。

由式（6-21）可以导出：

$$\alpha_{i+1}^{cal} = \frac{A}{\beta}\exp(-E/RT_i)(1 - \alpha_i^{cal})^n(T_{i+1} - T_i) + \alpha_i^{cal} \qquad (6-23)$$

第一个数据点 α_0 选取 TG 曲线上的点，代入 E、A、n 和 β 的值，并按照式（6-23）可以依次求得各实验温度下的计算值。

实验用污泥热重曲线（TG 曲线）如图 6-20 所示。

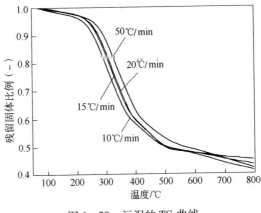

图 6 - 20　污泥的 TG 曲线

　　TG 曲线大致可以分为 4 段趋近于直线的线段，通过作图法可以确定污泥的热解过程，具体做法是：过 TG 曲线的初始点做第一段的切线；过第二段的拐点做切线；做第三段的切线；过终点做第四段的切线。所做的 4 条切线会出现 3 个交点，通过这 3 个交点，可以将整条 TG 曲线分为三部分，这三部分与热解过程中的三个阶段相对应。这三个反应区分别是初反应区、主反应区和未反应区，其中初反应区为脱水区、主反应区为有机物降解区、未反应区为无机物分解区。

　　在各升温速率下，初反应区的质量减少在 5% ~ 6% 之间，这与污泥的含水率大小相对应，可以认为初反应区为热解过程的脱水区。各升温速率下，主反应区间的温度范围分别为 257℃（232 ~ 489℃）、258℃（243 ~ 501℃）、261℃（251 ~ 512℃）和 263℃（266 ~ 529℃），并且随着升温速率的增大，主反应区的温度区间往后推移。在升温速率为 10℃/min、15℃/min、20℃/min 和 50℃/min 时，在各主反应区内有机物的分解量分别占污泥损失质量的 74.6%、78.8%、82.1% 和 73.8%。不同升温速率下的温度区域划分如图 6 - 21 所示，反应级数 n 拟合图如图 6 - 22 所示。

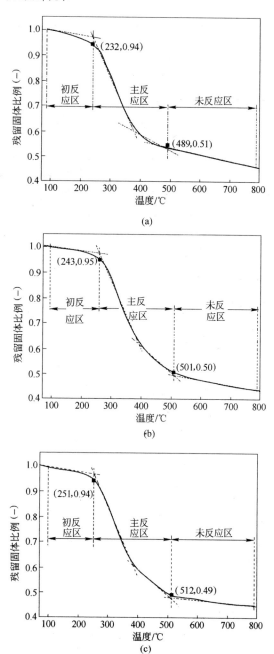

(a)

(b)

(c)

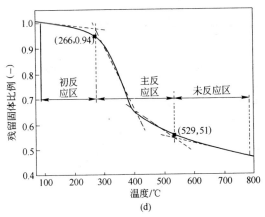

图 6 - 21　温度区域划分

（a）升温速率为10℃/min；（b）升温速率为15℃/min；
（c）升温速率为20℃/min；（d）升温速率为50℃/min

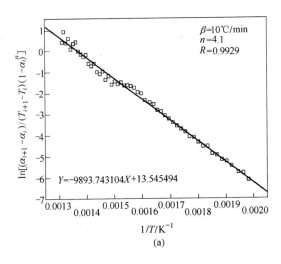

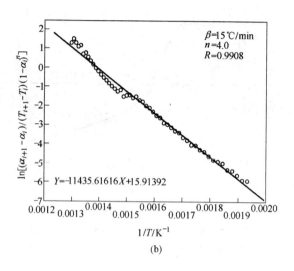

(b)

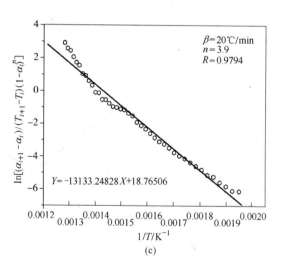

(c)

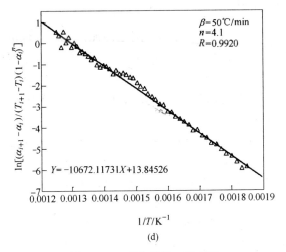

图 6 - 22　反应级数 n 拟合图
(a) 升温速率为 10℃/min；(b) 升温速率为 15℃/min；
(c) 升温速率为 20℃/min；(d) 升温速率为 50℃/min

　　根据拟合结果得到反应级数 n 值求得污泥热解反应的动力学参数，见表 6 - 10。

表 6 - 10　污泥热解动力学参数

加热速率/℃·min⁻¹	反应级数 n	活化能 E /kJ·mol⁻¹	指前因子 A/min⁻¹
10	4.1	82.3	7.7×10^6
15	4.0	95.1	1.2×10^8
20	3.9	109.2	2.8×10^9
50	4.1	88.7	5.1×10^7

　　通过总结前人的研究工作，发现污泥热解动力学参数的大小存在于某一范围内，其中反应级数 n 的正常范围在 1.0 ~ 4.13 之间，而 Urban 等得到的反应级数 n 达到 10，反应级数达到 10 以上的反应即使在化学中也是不常见的；活化能在 17 ~ 350kJ/mol 之间，A 小于 4.1×10^{29}。通过对比发现，利用新方法求解得到的动力学参数在上述参数范围内。

6.5 工程实例

以 Subiaco 污水处理厂为例来阐述污泥热化学处理的工艺过程。整个 Subiaco 污水处理厂的 Enersludge 工艺装置是完全封闭的，其中包括污泥处理工艺，如脱水、干化、转化、能量回收和气体清洗。装置处理该厂产生的初沉污泥和剩余活性污泥，目前每天处理干污泥量达 15 ~ 18t/d。

具体过程为在 450℃ 和大气压下，将双反应器中污泥中的有机物转换成四种燃料。在第一个反应器内，干污泥被加热，直到约 60% 的污泥颗粒转变成热解气体。热解气和焦炭在第二个反应器内接触，加速催化气化反应，在这段提炼气体并产生碳氢化合物，在污泥自身铝硅酸盐和重金属催化剂作用下进行转化。热气发生器燃烧的燃料为三种低级燃料（焦炭、不凝性气体和反应水），用于污泥烘干。

目前，Subiaco 污水处理厂所产生的热解油被外运至工厂取代石化燃料，并作为蒸汽锅炉的燃料。自投入运行以来，该厂已处理了约 $55 \times 10^4 \ m^3$ 的液体污泥，产生石灰稳定污泥 $23 \times 10^3 \ m^3$、干污泥 8700t、灰渣 275t、热解油超过 250t，并且大部分干污泥和石灰稳定污泥回用到农田上。

Enersludge 工艺转换以四种燃料的方式回收了污泥中的能量。

（1）能量平衡。1t 干污泥所含能量为 19.3GJ。在转化器中有 45% 的能量（8.7GJ）转移到热解油中，剩余的 10.6GJ 转移到干污泥中，这部分能量足以从 3.85t 26% TS 的污泥中脱掉 2.8t 水产生干污泥颗粒。因此，该污水厂的数据表明，工厂毛能量输出为 8.7GJ/t 干污泥。反应器经过液化石油气加热，耗能为 1GJ/t 干污泥，所以该工艺净能力输出为 7.7GJ/t。

（2）环境输出。与其他污泥处理工艺相比较，该工艺环境效益明显，污泥中存在的污染物质不需要控制。第一个单元操作是转换重金属的操作，在 450℃、还原条件下，金属汞蒸发，形成硫化汞，然后从精炼油的盘式离心机再次回收为工艺污泥，将它送到工业废物处理设施予以处理，因此这四种主要的转换燃料含汞量很低。污泥中存在的其他重金属，大部分都进入到焦炭中。

　　在热气发生器中焦炭燃烧，其中大部分重金属进入灰渣中，仅有小部分镉和铅发生气化。灰渣中的重金属主要以硅酸盐和氧化物的形式存在　是非溶解性的，这样的灰渣就可以回用作为混凝土材料。

　　在该工艺中，因为很好地控制了重金属（以及有机氯化物），所以产生的气体仅需进行简单清洗就可以满足气体排放标准。气体清洗主要是用文丘里洗涤器去除颗粒物，然后是 SO_2 洗脱装置。

7 污泥碳化与直接液化

城镇污水厂污泥热处理过程中还有两种比较有前途的方式，分别为低温碳化和直接液化。这两种方式均是在特定温度和压力下，促使污泥中有机物发生变化，从而达到污泥资源化处置的目的。污泥直接液化目的是为了将有机物直接转化为可燃液体，而低温碳化的目的是将污泥中的碳最大程度地留存在固体产物中。下面分别对两种方式进行叙述。

7.1 污泥碳化

将市政生化污泥中的细胞裂解，强制脱出污泥中水分，使污泥中碳含量比例大幅度提高的过程称为污泥碳化。由于生化污泥中大量生物细胞的存在，采用机械方法将其中的水分脱出十分困难，若将其中的细胞破解，其中的固体物质和水分将很容易分离。脱水后的污泥碳化物含水量极小，发热值相对较高，孔隙率大，松散，黑色，与煤炭外观极为相似。

7.1.1 污泥碳化基本原理及发展现状

低温碳化技术主要由 EnerTech（能源技术）公司研发推广，技术名称为 SlurrycarbTM，该工艺是连续式的。其工艺是将污泥加压至 6 ~ 10MPa，通过热交换器，加温至 400 ~ 450℃。热化分解反应时，污泥中的有机物被分解，二氧化碳气体从固体中被分离，同时又最大限度地保留了污泥中的碳值，使最终产物中的碳含量大幅提高。

其作用原理为：破坏污泥细胞，释放细胞内水分——基于对污泥细胞结构和水分布的原理；热作用下有机物水解，破坏胶体结构——基于对污泥胶体结构和物理化学降黏度的原理。

7.1.1.1 污泥碳化的分类

A 高温碳化

高温碳化时不加压，温度为 1200 ~ 1800°F（649 ~ 982℃）。先将污泥干化至含水率约 30%，然后进入碳化炉高温碳化造粒。碳化颗粒可以作为低级燃料使用，其热值为 2000 ~ 3000kcal/kg（1kcal = 4.183kJ）（在日本或美国）。技术上较为成熟的公司包括日本的荏原、三菱重工、巴工业以及美国的 IES 等。该技术可以实现污泥的减量化和资源化；但由于其技术复杂、运行成本高、产品中的热值含量低，目前还没有大规模地应用，最大规模的为 30t 湿污泥/d。

B 中温碳化

碳化时不加压，温度为 800 ~ 1000°F（426 ~ 537℃）。先将污泥干化至含水率约 90%，然后进入碳化炉分解。工艺中产生油、反应水（蒸汽冷凝水）、沼气（未冷凝的空气）和固体碳化物。该技术的代表为澳大利亚 ESI 公司。该公司在澳州建设了一座 100t/d 的处理厂。该技术可以实现污泥的减量化和资源化，但由于污泥最终的产物过于多样化，利用十分困难。另外，该技术是在干化后对污泥实行碳化，其经济效益不明显，除澳洲一家处理厂外，目前还没有其他潜在的用户。

C 低温碳化

碳化前无需干化，碳化时加压至 10MPa 左右，碳化温度为 600°F 左右（315℃），碳化后的污泥成液态，脱水后的含水率达 50% 以下，经干化造粒后可以作为低级燃料使用，其热值约 3600 ~ 4900kcal/kg（1kcal = 4.183kJ）（在美国）。

该技术的特点是，通过加温加压使得污泥中的生物质全部裂解，仅通过机械方法即可将污泥中 75% 的水分脱除，极大地节省了运行中的能源消耗。污泥全部裂解保证了污泥的彻底稳定。污泥碳化过程中保留了绝大部分污泥中热值，为裂解后的能源再利用创造了条件。

7.1.1.2 发展现状

污泥碳化技术的发展分为以下三个阶段：

（1）理论研究阶段（1980～1990年）。这个阶段的研究集中在污泥碳化机理的研究上。这个阶段一个突出特点就是大量的专利申请。Fassb ender、A. G等人的STORS专利，Dickinson N. L污泥碳化专利都是在这期间申请和批准的。

（2）小规模生产试验阶段（1990～2000年）。随着污泥碳化理论研究的深入和实验室试验的成功，人们开始思考将污泥碳化技术转变成为真正商业化污泥处理的装置。在大规模商业化之前，为了减少投资风险，需要对该技术进行小规模生产性试验（Pilot Trial）。通过这些试验，污泥碳化技术开始从实验室走向工厂。这期间设计和制造了许多专用设备，解决了大量实际工厂化的技术问题。这个阶段的特点如下：

1）规模小。例如1997年日本三菱在宇部的污泥碳化厂规模为20t/d；1992年，日本ORGANO公司在东京郊区建了一个污泥碳化试验厂；1997年Thermo Energy在加利福尼亚州Colton市建立了一个污泥碳化实验厂规模为每天处理5t干泥。

2）试验资金来自大公司和政府，而不是商业用户。例如，在日本的试验均来自大公司，在加州的试验资金是来自美国EPA。

（3）大规模的商业推广阶段（2000年以后）。除了污泥碳化技术逐渐成熟的因素以外，导致污泥碳化技术大规模商业推广还有其他因素。

在日本，80%的污泥的最终处置方法是焚烧。但由于近年来发现焚烧存在二噁英污染的隐患，因此日本环保部门对焚烧排除的气体提出了更加严格的要求，使得本来成本就很高的焚烧工艺的成本更加提高。为了取代焚烧工艺，目前日本已经有多家公司生产和销售碳化装置，比较著名的有荏原公司的碳化炉、三菱公司横滨制作所的污泥碳化装置、巴工业公司每天处理10t、30t的污泥碳化装置。2005年日本东京下水道技术展览会上，日本日环特殊株式会社甚至推出了标准的污泥碳化减量车，该车可以随时到任何有污泥的场所对污泥进行碳化。这些发展表明，碳化技术已趋于成熟。

在美国，很多州的污泥过去都采用填埋。由于发现污泥中包含的有害物质对地下水的污染，未处理污泥填埋后造成填埋场对环境的危害，美国 EPA 颁布了新的填埋标准。过去的未达标的污泥（Class B 污泥）将不再允许填埋，只有达标污泥（Class A 污泥）才允许填埋。这项标准的颁布，使得现有的污水处理厂只有投入巨大的污泥处置成本，才能对其污泥进行处置。另外，现有的填埋场已经接近饱和，开辟新的填埋厂越来越困难。为了达到 EPA 新的污泥处置标准和解决填埋场逐渐用尽的问题，2000 年以后，在美国各个州，各个县（County）的政府内都建立了专门的污泥处置研究机构，对可能的解决方案进行可行性研究。在研究了一些传统的污泥处置方案（如焚烧、堆肥、干化）的同时，新的污泥碳化技术开始进入了政府的考虑范围，如在南加州大洛杉矶地区，经过近 2 年的考察、比较，已经决定要建立一个每天处理 675t 污泥的碳化厂，由能源技术公司（Enertech Environmental Co.）建设、运行。

　　中国在 2000 年以前还没有一个真正的污泥热分解试验装置。1996 年，何品晶、顾国维、绍立明等人就曾经在《中国环境科学》杂志上介绍过污泥热分解技术。在这之后，武汉工业大学和上海同济大学均在试验室中进行过污泥热分解的试验。试验结果与目前国外几个厂家所得出的结论基本相同。

　　2005 年，日本高温碳化技术开始在中国几个大城市宣传和推广，但由于当时污泥处置问题在各个城市中还没有得到高度重视，加之高温碳化设备价格高昂，技术推广在中国受阻。2012 年初，采用日本高温碳化技术，日处理能力为 10t 脱水污泥的生产线在武汉正式投产运行。

　　2006 年，天津机电进出口有限公司开始了污泥低温碳化的研究。2009 年 3 月，日处理能力为 5t 脱水污泥的生产线通过了天津科学技术中心的鉴定。2010 年，山西国际能源集团与天津机电成立了以推广污泥低温碳化技术为主要目标的正阳环境工程有限公司，天津机电以污泥低温碳化技术入股，山西国际能源以现金方式入股。2010 年 6 月，山西国际能源决定在其自有的晋中市第二污水处理厂内建设一座日处理脱水污泥 100t 的污泥低温碳化示范工程，并得到山西省发改委的批准和部分资助。2011 年 8 月，中国第一座采用污泥低温碳化技术的污泥处置工厂正式运行。2012 年 9 月，该项目通过了山西省科技厅组织的技术鉴定。

7.1.2 污泥低温碳化工艺过程

污泥低温碳化的基本工艺流程如图7-1所示。

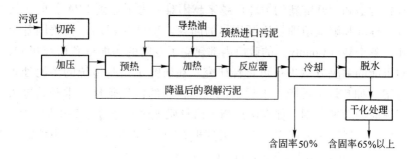

图7-1 污泥低温碳化基本工艺流程

含水约80%的污泥首先切碎，进入高压泵，经过预热和加热进入反应釜，在反应釜反应15~20min后，经过冷却器就变成了裂解液，污泥从原来的半固体状态变成了液态。液态裂解液经普通脱水装置即可将其中75%的水分脱出，达到含水率50%，体积减小为原来的40%以下。如果脱水后的污泥进一步烘干，即可达到含水率30%以下。

7.1.3 低温碳化技术设备

污泥低温碳化技术的厂家：

（1）EnerTech。该公司1992年成立，技术名称为SlurrycarbTM，该工艺是连续式的。其工艺是将污泥加压至7~10MPa，通过热交换器，加温至204~232℃。热化分解反应时，污泥中的有机物被分解，二氧化碳气从固体中被分离。

1999年8月美国能源部（DOE）拨款50万美元，支持能源技术公司的污泥碳化技术开发，制造碳化中试装置PDU。2001年1月，能源技术公司与美国太空总署签订了2年的合同，能源公司利用污泥碳化技术开发出在太空舱转化太空垃圾的原型装置。2005年4月，在美国加州Railto建立一座日处理625t污泥的处理厂。工厂占地

0.026km², 建在 Rialto 污水处理厂旁, 每天约可生产 140t 干的碳化颗粒。该工厂已经于 2006 年 4 月在 Rialto 破土动工, 加州共有 5 个地区向该厂提供污泥, 已经全部与 EnerTech 签署了协议书。该厂已经于 2009 年初完工投产。该厂生产的碳化物全部销售给距该厂80.5km 外的三菱水泥厂。

(2) ThermoEnergy。热能的工艺与 EnerTech 的工艺类似, 热能用活塞压力系统, 污泥是注入的而不是泵入的, 有热交换器, 要求的温度是 315℃、压力是 13.8MPa。

热能的工艺是批处理, 每批需 20min 的反应时间, 有两个并行的压力活塞和反应罐, 这样可以使整个工艺连续。处理后的污泥经过压力释放系统, 然后用离心方式脱水至 50% 的含固率。这个工艺产生的碳化物与 EnerTech 产生的碳化物相同。该公司曾在美国加州Colton 污水处理厂做了一个试验厂, 目前没有推广报道。

7.1.4 污泥碳化的技术优势

污泥碳化的技术优势有如下几方面:

(1) 低温碳化后的污泥更加有利于厌氧消化和堆肥, 为污泥的资源化处置提供了广泛的前景。

(2) 物料在整个工艺流程中都能用特种泵泵送, 省去了大量固态污泥传输、返混设备和惰性气体保护系统, 降低了投资成本、操作难度和爆炸危险。

(3) 产生的废气较少, 减少了对环境的二次污染。

(4) 碳化后污泥的高位发热值达到 13MJ/kg 污泥, 比碳化前污泥的热值减少了 6.8%, 污泥热值得以最大限度保留, 为后续资源化处置创造了有利的基础。

7.2 污泥直接液化

直接液化是指在高温 (≥350℃)、高压 (≥30MPa) 条件下, 将固体有机物分解为液体有机物的过程, 液化过程中容许加入催化剂和其他反应物。

在液化过程中, 污泥中的有机物分解为含 N、O 和低 C 链的有机物以及碳氢化合物等多种油状液体有机物及低分子气体，油产率可以达到24%，如果液化温度达到550℃，气体产率可以达到37%。液化产物的热值为 30 ~ 40 MJ/kg，可以作为燃料用于产热或发电。直接液化法可以直接处理高含水率的污泥，可以节省污泥干燥过程耗能。由于对设备和操作条件要求严格，且成本较高，国内外对污泥直接液化的工程实例很少，大多只停留在实验室研究阶段。污泥直接液化制油装置如图 7 – 2 所示。

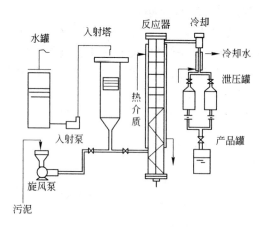

图 7 – 2　污泥直接液化制油装置

参 考 文 献

[1] 谷晋川，蒋文举，雍毅. 城市污水厂污泥处理与资源化 [M]. 第1版. 北京：化学工业出版社，2008.

[2] 中华人民共和国环境保护部. 全国环境统计公报（2008年）. http：//zls. mep. gov. cn/ hjtj/qghjtjgb/200909/t20090928_161740. htm.

[3] 王绍文，秦华. 城市污泥资源利用与污水土地处理技术 [M]. 北京：中国建筑工业出版社，2007.

[4] 何品晶，顾国维，李笃中. 城市污泥处理与利用 [M]. 北京：科学出版社，2003.

[5] 中华人民共和国住房和城乡建设部，中华人民共和国国家发展和改革委员会.《城镇污水处理厂污泥处理处置及污染防治技术政策（试行）》. 建城 [2009] 23号.

[6] Rockefeller A, Sewers A. Sewage Treatment, Sludge：Damage without End [J]. New Solutions,2002, 12 (4)：341~346.

[7] Harrison E Z, Oakes S R, Hysell M, et al. Organic chemicals in sewage sludges [J]. Science of the Total Environment, 2006, 367 (2~3)：481~497.

[8] 金儒霖，刘永龄. 污泥处置 [M]. 北京：中国建筑工业出版社，1982.

[9] Werther J, Ogada T. Sewage sludge combustion [J]. Progress in Energy and Combustion Science,1999, 25 (1)：55~116.

[10] 张辰，张善发，王国华. 污泥处理处置研究进展 [M]. 北京：化学工业出版社，2005.

[11] Hartman R B, Smith D G. Sludge stabilization through aerobic digestion [J]. WPCF, 1979, 51 (10)：2353~2365.

[12] 涂玉. 污泥调理中混凝剂对污泥脱水性能影响研究 [D]. 南昌：南昌大学，2008.

[13] 殷绚，胡正猛，吕效平. 超声辅助污泥脱水的研究 [J]. 南京工业大学学报，2006, 28 (1)：58~61.

[14] 李丹阳，陈刚，张光明. 超声波预处理污泥研究进展 [J]. 环境污染治理技术与设备，2003, 4 (8)：70~72.

[15] 于晓燕. 生物污泥的电渗透高干脱水 [D]. 天津：天津大学，2010.

[16] 孙鹏，邢国平，林蔓. 静电与反静电改善污泥脱水性能的研究 [J]. 中国给水排水，2004, 20 (5)：41~43.

[17] 高廷耀，顾国维. 水污染控制工程（下）[M]. 北京：高等教育出版社，2003.

[18] 马娜，陈玲，等. 我国城市污泥的处置与利用 [J]. 生态环境，2003, 12 (1)：92~95.

[19] 赵乐军，戴树桂，辜显华. 污泥填埋技术应用进展 [J]. 中国给水排水，2004, 20 (4)：27~30.

[20] Planquart P, Bonin G, Prone A, et al. Distribution, movement and plant availability of

trace metals in soils amended with sewage sludge composts: application to low metal loadings [J]. Science of the Total Environment, 1999, 241 (1~3): 161~179.

[21] Kidd P S, Domínguez - Rodríguez M J, Díez J, et al. Bioavailability and plant accumulation of heavy metals and phosphorus in agricultural soils amended by long - term application of sewage sludge [J]. Chemosphere, 2007, 66 (8): 1458~1467.

[22] Rideout K, Teschke K. Potential for increased human food borne exposure to PCDD/F when recycling sewage sludge on agricultural land [J]. Environmental Health Perspectives, 2004, 112 (9): 959~969.

[23] Eduljee G. Secondary exposure to dioxins through exposure to PCP and its derivatives [J]. Science of the Total Environment, 1999, 232 (3): 193~214.

[24] Oleszczuk P. Persistence of polycyclic aromatic hydrocarbons (PAHs) in sewage sludge-amended soil [J]. Chemosphere, 2006, 65 (9): 1616~1626.

[25] 黄凌军, 杜红, 鲁承虎, 等. 欧洲污泥干化焚烧处理技术的应用与发展趋势 [J]. 给水排水, 2003, 29 (11): 19~22.

[26] 刘亮, 张翠珍. 污泥燃烧热解特性及其焚烧技术 [M]. 长沙: 中南大学出版社, 2006.

[27] Lee D H, Yan R, Shao J, et al. Combustion characteristics of sewage sludge in a bench-scale fluidized bed reactor [J]. Energy & Fuels, 2007, 22 (1): 2~8.

[28] Lopes M H, Gulyurtlu I, Cabrita I. Control of pollutants during Fbc combustion of sewage sludge [J]. Industrial & Engineering Chemistry Research, 2004, 43 (18): 5540~5547.

[29] Yao H, Naruse I. Combustion characteristics of dried sewage sludge and control of trace-metal emission [J]. Energy & Fuels, 2005, 19 (6): 2298~2303.

[30] Shao J, Yan R, Chen H, et al. Emission characteristics of heavy metals and organic pollutants from the combustion of sewage sludge in a fluidized bed combustor [J]. Energy & Fuels, 2008, 22 (4): 2278~2283.

[31] Zhang L, Masui M, Mizukoshi H, et al. Formation of submicron particulates (Pml) from the oxygen-enriched combustion of dried sewage sludge and their properties [J]. Energy & Fuels, 2006, 21 (1): 88~98.

[32] 矫维红, 那永洁, 郑明辉, 等. 城市下水污泥焚烧过程中二次污染物排放特性的试验研究 [J]. 环境污染治理技术与设备, 2006, 7 (4): 74~77.

[33] 闫振甲, 何艳君. 陶粒实用生产技术 [M]. 北京: 化学工业出版社, 2006.

[34] 谢峻林, 王桂民, 李军. 水泥生产过程处理城市污泥的实验研究 [J]. 国外建材科技, 2002, 23 (1): 5~7.

[35] 白礼懋. 水泥厂工艺设计实用手册 [M]. 北京: 中国建筑工业出版社, 1997.

[36] 张辰, 王国华, 孙晓. 污泥处理处置技术与工程实例 [M]. 北京: 化学工业出版社, 2006.

[37] 赵庆祥. 污泥资源化技术 [M]. 北京: 化学工业出版社, 2002.

[38] Weng C H, Lin D F, Chiang P C. Utilization of sludge as brick materials [J]. Advances in Environmental Research, 2003, 7 (3): 679~685.

[39] 王中平, 徐基璇. 利用苏州河底泥制备陶粒 [J]. 建筑材料学报, 1999, 2 (2): 176 ~181.

[40] Furness T, Hoggett L A, Judd S J. Thermochemical treatment of sewage sludge [J]. Journal – The Chartered Institution of Water and Environmental Management, 2000 (20): 57 ~65.

[41] Suzuki A, Yokoyama S Y, Murakami M, et al. A new treatment of sewage sludge by direct thermochemical liquefaction [J]. Chemistry Letters, 1986, 15 (9): 1425~1428.

[42] Zhang L, Xu C, Champagne P. Energy recovery from secondary pulp/paper – mill sludge and sewage sludge with supercritical water treatment [J]. Bioresource Technology, 2010, 101 (8): 2713~2721.

[43] 李桂菊, 王子曦, 赵茹玉. 直接热化学液化法污泥制油技术研究进展 [J]. 天津科技大学学报, 2009, 24 (2): 74~78.

[44] Rulkens W H, Bien J D. Recovery of energy from sludge-comparison of the various options [J]. Water Science and Technology, 2004, 50 (9): 213~221.

[45] 李海英. 生物污泥热解及资源化技术研究 [D]. 天津: 天津大学, 2006.

[46] 姬爱民. 污泥热解液加工方法及其产品的燃料特性研究 [D]. 天津: 天津大学, 2010.

[47] Rumphorst M P, Ringel H D. Pyrolysis of sewage sludge and use of pyrolysis coke [J]. Journal of Analytical and Applied Pyrolysis, 1994, 28 (1): 137~155.

[48] Bagreev A, Bandosz T J, Locke D C. Pore structure and surface chemistry of adsorbents obtained by pyrolysis of sewage sludge-derived fertilizer [J]. Carbon, 2001, 39 (13): 1971~1979.

[49] Bagreev A, Bashkova S, Locke D C, et al. Sewage sludge-derived materials as efficient adsorbents for removal of hydrogen sulfide [J]. Environmental Science & Technology, 2001, 35 (7): 1537~1543.

[50] 任爱玲, 王启山, 郭斌. 污泥活性炭的结构特征及表面分形分析 [J]. 化学学报, 2006, 64 (10): 1068~1072.

[51] Fonts I, Kuoppala E, Oasmaa A. physicochemical properties of product liquid from pyrolysis of sewage sludge [J]. Energy & Fuels, 2009, 23 (8): 4121~4128.

[52] Dominguez A, Menendez J A, Pis J J. Hydrogen rich fuel gas production from the pyrolysis of wet sewage sludge at high temperature [J]. Journal of Analytical and Applied Pyrolysis, 2006, 77 (2): 127~132.

[53] Karayildirim T, Yanik J, Yuksel M, et al. Characterisation of products from pyrolysis of waste sludges [J]. Fuel, 2006, 85 (10~11): 1498~1508.

[54] Elliott D C. Analysis and comparison of biomass pyrolysis/gasification condensates:

final report [R]. Pacific Northwest Laboratory Richland, Washington, 1986.

[55] Urban D L, Antal J M J. Study of the kinetics of sewage sludge pyrolysis using dsc and tga [J]. Fuel, 1982, 61 (9): 799~806.

[56] Freeman E S, Carroll B. The application of thermo analytical techniques to reaction kinetics. The thermogravimetric evaluation of the kinetics of the decomposition of calcium oxalate monohydrate [J]. Journal of Physical Chemistry 1958, 62 (4): 394~397.

[57] 于洪江, 杨金凯. 污泥低温碳化技术的中试研究 [J]. 中国建设信息水工业市场, 2009 (3): 55~57.

[58] 毕三山. 污泥碳化工艺的特点与发展展望 [J]. 人力资源管理, 2010 (5): 263~264.

[59] Dote Y, Hayashi T, Suzuki A, et al. Analysis of oil derived from liquefaction of sewage sludge [J]. Fuel, 1992, 71 (9): 1071~1073.

[60] Inoue S, Sawayama S, Dote Y, et al. Behaviour of nitrogen during liquefaction of dewatered sewage sludge [J]. Biomass and Bioenergy, 1997, 12 (6): 473~475.

[61] Xu C, Lancaster J. Conversion of secondary pulp/paper sludge powder to liquid oil products for energy recovery by direct liquefaction in hot-compressed water [J]. Water Research, 2008, 42 (6~7): 1571~1582.

[62] Zhang L, Xu C, Champagne P. Energy recovery from secondary pulp/paper-mill sludge and sewage sludge with supercritical water treatment [J]. Bioresource Technology, 2010, 101 (8): 2713~2721.

冶金工业出版社部分图书推荐

书　　名	定价(元)
钢铁冶金的环保与节能（第2版）	56.00
钢铁产业节能减排技术路线图	32.00
冶金工业节能与余热利用技术指南	58.00
冶金工业节水减排与废水回用技术指南	79.00
钢铁工业烟尘减排与回收利用技术指南	58.00
冶金工业节能减排技术	69.00
冶金过程污染控制与资源化丛书	
绿色冶金与清洁生产	49.00
冶金过程固体废物处理与资源化	39.00
冶金过程废水处理与利用	30.00
冶金过程废气污染控制与资源化	40.00
冶金企业污染土壤和地下水整治与修复	29.00
冶金企业废弃生产设备设施处理与利用	36.00
矿山固体废物处理与资源化	26.00
电炉炼钢除尘与节能技术问答	29.00
钢铁工业废水资源回用技术与应用	68.00
电子废弃物的处理处置与资源化	29.00
工业固体废物处理与资源	39.00
生活垃圾处理与资源化技术手册	180.00
冶金资源高效利用	56.00
物理性污染控制	48.00
冶金资源综合利用（本科教材）	46.00
固体废物污染控制原理与资源化技术（本科教材）	39.00